科技
啟示錄

從想像到實現，
一窺發明與創新偉人的思維世界

金湧 編著

從哈里森的航海鐘到愛因斯坦的相對論！
跨越學科對話，孕育創新火花

一部探討科技創新和科學家貢獻的專業著作
近百位學術大師的故事，向讀者闡述了創新的力量和價值

創新背後的理念、知識、能力、品格以及實施方法
從多角度分析推動社會進步和科技革新的關鍵因素
【預測未來創新領域，為讀者呈現了一幅科技全景圖】

目錄

序一

　　本書記載了近百位科技大師在作出巨大原發性創新成果過程中的不同經歷。透過娓娓道來的講述，我們可以窺其思維發展的脈絡，感受到大師們取得科技成果的艱辛，理解偉大的發明和發現不是可以憑空規劃出來的，也沒有什麼固定的方法可以催生。只有堅定踏上科技創新征程的決心，才能在奮鬥中實現自己的夢想！

序二

　　把近百位科技大師創造出的科技成果所包含的深邃內容，通俗地解釋給世人，著重於問題的背景、起因和結論。如能不失其科學性，增進其趣味性，也是一種挑戰。特別是抓住這些科技帶給人的深思、喜悅、失落、悔恨、驚嘆等，每一個細節都是綜合了科學家肖像不同側面的微型縮影。

　　這無論對於尚處於知識累積過程的未來科技創新者，還是初始涉足於這一征程的年輕學者，或許能透過這些故事中大師們的音容笑貌、奮鬥歷程獲得有益的啟示，此書如能成為床頭、躺椅邊的休閒科普讀物，那作者的目的已經達到了。

　　本書的重點不止於傳授知識，而是透過講述故事，體會和領悟大師們的想像力、聯想力、思辨力等創新能力的迸發，和其科學素養的凝練過程等。

　　著名記者阿爾特·布赫瓦爾德在其著作《巴黎永存我心》中記錄過，他的朋友向海明威詢問，想成為作家需要做些什麼？海明威慢悠悠地回答道：「首先你得給冰箱除霜。」可見，靈感的湧現是沒有方法、規律可循的，在這點上作家和科學家是相通的。

陳佳洱

序三

在 11 月初冬的暖陽中，我去清華大學金湧院士的家中去拜訪他，因為之前已有很長時間沒有見到他了。金湧先生儘管感冒初癒，但精神矍鑠，從科學談到人文，還談了化工，包括專用化學品，隨後還談到了收藏！我有幸看了金先生用幾十年時間所收集的印章、鼻菸壺、海螺殼、古錢幣、平劇唱片等博物藏品，從古到今，蔚為大觀，令人驚嘆！金先生的頭腦是永不休息的，即使他認為自己不足掛齒的業餘愛好，在我看來，在他手裡已成了系統而深入並蘊含新意的學問。

臨別時，金先生拿出這本書的草稿，邀我寫序，這讓我大吃一驚，也受寵若驚！金先生是我尊敬的前輩、學界泰斗，我怎敢為先生寫序，故再三推辭，但先生則堅持並非常認真。金先生多年來在學術上提攜我，對我有知遇之恩，實在恭敬不如從命。於是，我答應從學習和觀摩本書的角度，為先生的大作擬一感言式樣的序言。

金先生是愛新覺羅後裔，是清華大學資深的、貢獻傑出的教授。他從無半點學界權威的架子或官氣，平易近人，永遠保留著孩童才有的純真和好奇，以及科學家的嚴謹和認真。在他心目中，世界上一切都是學問，世界就是琳瑯滿目的、引人入勝的和令人興奮的，是五彩繽紛的各類系統之學問。

金先生對百多位科技大師所創造的科技成果，以及所包含的深邃內容，進行了系統的解析、歸納、總結和提煉，以通俗的方式解釋給世人，並著重於問題的背景、起因和結論，既不失科學性，又增加趣味性，特別是抓住了這些科技帶給人的深思。從每一個感人至深之處，如

喜悅、失落、悔恨、驚嘆等細節綜合出科學家肖像的側面。

認真閱讀發現，金先生的書稿正像金先生的學識一樣博大精深，涉及創新的社會價值和意義、創新的類型和所需的知識結構與學術基礎、科學／工程／人文／藝術的相互關係、創新能力和素養與方法，包括想像力／聯想力／觀察力／思辨力／探究力、曲線思維／逆向思維／批判性思考、好奇心／上進心、發現／發明／創造／創業的四個創新層次，等等。

我想，金先生寫作此書的目的，不止於傳授知識，而是透過講授故事中大師們的想像力、聯想力、思辨力等創新思考能力的迸發，解析科學素養的凝練過程，以啟迪人們改變思維、提煉方法、落實能力、昇華精神。

金先生曾自謙地表示，他寫這本書的目的只是希望此書能成為人們床前、枕邊的休閒普及讀物。事實上，這本著作對那些尚處於知識累積過程的未來科技創新者，或是涉足於這一征程初始的年輕學者，都非常重要，因為他們能從這些故事所描述的大師的音容笑貌和奮鬥歷程中獲得難得的、重要的有益啟示。

同樣，此書對於科學技術工程的研究與開發者、對於啟發智慧並呵護青年人的教育工作者、對於在知識和市場之間搭建橋梁的創新創業者，都是難得的科學人文著作。

閱讀金先生的這一著作，更讓我獲益匪淺，我們應該向金先生學習；像金先生那樣，在傳承和創新中，擔負文明的歷史責任，把多樣、差異的思維方式和途徑呈現給後人，在科學中展現人文精神，在人文中展現科學精神。

錢旭紅

總綱

1. 引言 —— 我們自身即創造性演化的產物
2. 理念 —— 為什麼要創新？創新者如何養成
3. 知識 —— 有知識不等於會創新，但沒有知識的創新是萬萬不能的
4. 能力 —— 創新能力的養成是創新的核心問題
5. 品格 —— 創新者的品德修養與人生智慧
6. 方法 —— 創新也有一些技巧可循
7. 願景 —— 對未來創新的憧憬

導讀

　　作者對本書的閱讀順序建議為：對青少年讀者可以是 $1 \to 4 \to 5 \to 3 \to 6 \to 7 \to 2$ 章；如此，會感覺興趣盎然。對其他讀者則可按正文順序閱讀，理解起來可能更有系統性。

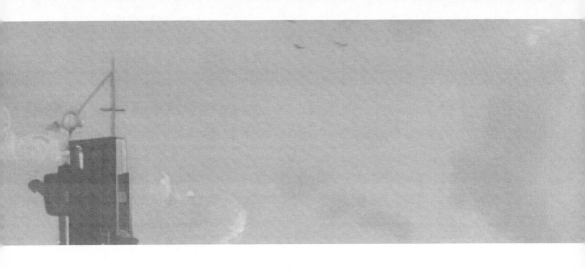

1 引言
INTRODUCTION

創新是自然界演化的永恆規律，人類自身就是這一創新的產物。

人類所處的宇宙，誕生於 138 億年前的一次大爆炸。從那一刻開始，宇宙就不停地在創新中變化著。人類生存的地球是宇宙中一個普通的恆星系裡的一顆小行星。科學家對這個恆星系 —— 銀河系結構共同研究的最新成果，歸納銀河系結構。

地球所屬的太陽系，並不在主旋臂上，避免了大量星球間的碰撞。太陽系圍繞銀河中心旋轉一周約需 2.25 到 2.5 億年，太陽距離銀河中心約 3 萬光年左右。

我們的太陽系正是淹沒於幾千億顆恆星星系的銀河系中。此外，宇宙中另外還有 1,000 億個類銀河系存在，但在這茫茫的宇宙中，至今並沒有發現第二個像地球一樣，有著如此美好生態系統的星球。這顆藍色星球如果不是宇宙中唯一的，也是極其罕見、珍貴的。我們自身就是宇宙不斷演化創新的產物。

這一創新演化過程是闖過了重重難關，在極其偶然機遇下形成的。首先，我們的宇宙必須像現在這樣大，宇宙越小，它從膨脹再收縮而後絕滅的過程所需時間越短。對地球來而言，為了取得進化出智慧生物的足夠時間，宇宙必須像它現在這樣大。

宇宙的演化過程是從混沌一片的基本粒子中開始的，首先形成原子、分子、宇宙塵埃，再凝聚成星系，而太陽系位於銀河物質的非密集區，避開了大量星球間碰撞，且大小適中，壽命長，已有 45 億年壽命，還能穩定存在 45 億年。因此，它有足夠的時間進化出人類。

地球在太陽系的位置適中，而太陽系又不是銀河系內常見的聯星系統（binary star systems），所以地球軌道近圓形，接收陽光適中、穩定，而且地球繞太陽執行的公轉軸與地球自轉軸平面的夾角為 23.5 度，使地球有四季和晝夜變化，大部分地球表面接受陽光均勻。

地球存在磁極，使太陽輻射出來的大量高強度帶電粒子流，集中於地球兩極。大氣層中出現臭氧層，封鎖了太陽光中過量紫外線輻射，有利於單細胞生物的出現，進而發展成植物、動物、微生物的生態循環系統。

地球形成的早期，收穫了大量水氣而形成海洋，因為地球引力大小適中，既形成了大氣層，又形成地球／月球系統，產生了潮汐現象，這可能對孕育生命有重要作用。

地球內部的板塊運動，不斷更新陸地、海洋、山脈、地形結構，使地球創造性地演化出形形色色的生物，終於有了今天物種複雜的地球生態系統。

我們的地球和我們自身是在符合自然規律，又巧妙地利用了這些機遇，創造後才形成的。人擇原理告訴我們，宇宙一定會誕生有智慧的生物，但宇宙若以另外方式演化，地球將會出現完全不同的生態系統，也許就不是我們出現在這裡了。

自寒武紀生物物種大爆發開始，地球上逐漸形成了成熟的自然生態系統。它具有以下特徵。

1. 自然生態的可持續性。成熟的自然生態系統存在生物多樣性，物種之間形成複雜的食物鏈關係，植物 - 動物 - 微生物之間食物鏈循環，生產者（植物）- 消費者（動物）- 分解者（微生物）各司其職。資源被充分循環利用，不存在資源匱乏和環境汙染問題，循環的推動力僅靠能量密度很低的陽光，透過光合作用就能執行了。

2. 自然生態的和諧性、穩定性。自然生物充分利用陽光、水、空氣和礦物營養元素和諧發展。自然生態歷經多次隕石撞擊等天然災變、冰河期、地球板塊重組，都透過自身的功能修復，保證了自然生態的穩定執行。

3. 最為重要的是，自然生態具有創新性。生物個體發展中透過基因突變，不斷進化，創造出新的功能、新的生存方式，在與環境互動中進化得更為改善、完善。譬如寒武紀以後，生物進化出視覺細胞，資訊的獲得提升了捕食者與被捕食者的攻防手段，使生物進化有了形形色色的策略，加速了進化過程。

人類自身就是自然創新的產物，又具有根植於生物界基因創新的本能。它既展現於環境的客觀演化，也是高等生物的主觀追求。生物界與自然界、客觀與主觀相互融合、促進，創新是其發展本質的展現。

人類作為宇宙創造的珍稀的智慧生物，他們先天有兩大稟賦，第一是繁殖，雖然每個生物個體會在不長的生存時間內，經歷孕育、誕生、成長、衰老、死亡，但透過遺傳繁殖，可使其基因千萬年乃至億萬年地保持下去。第二是創新，透過不斷改善生物個體的生存環境，使其有更優異的演化條件。人類既是自然環境演化創新的產物，又是在遵循自然規律條件下，改造生存環境的創新主體。

近年來，人們在不斷思考，我們從哪裡來？如何發展至今？又將何去何從？尤其是最先進的宇宙觀測發現，人類所認識的物質世界僅占宇宙整體構成的約 4%，還有 96% 竟是人類還不了解的「暗物質」和「暗能量」，這無疑是物質科學大廈上空的一團「烏雲」。對於它們的科學認識必將形成人類新的時空觀、運動觀和物質觀，並對整個自然科學和哲學產生難以估量的影響，遠望使我深陷一片遐想。

人類也逐漸明白了所有創新和創造必須順應自然規律。地球上的自然資源是有限的，而人類改善自身生存條件的要求是無限的，人類必須與地球這個母親和諧相處，在創新與和諧中不斷創造更幸福的生活。

從蠻荒進化到現代文明社會是源於人類天生的稟賦，是不停求新求變、創新創造產生的，人類沒有理由不繼續在遵循自然規律的前提下，繼續透過不斷地創新創造，使我們生存的地球更完美、更宜居，這是自然界賦予我們的神聖使命。

2 理念
IDEA

為什麼要創新？
創新是社會永恆發展的驅動力。

2.1
創新是社會永恆發展的驅動力

科技發明與創造對歷史的推動，可以從一個古老的故事開始講起。

從 15 世紀起，歐洲各國便開啟了海上擴張的時代，越來越多的航船啟程去海外開闢貿易市場和殖民地，為此不惜發動戰爭，在海外爭奪金銀財寶。率先行動並占有優勢的國家為西班牙、荷蘭。

但大海茫茫，風暴、驟雨、濃霧等惡劣的天氣時常出現。當時航海技術有限，航船常常會迷失方向，走錯航道，以致觸礁沉沒；或者在戰場上找不到指定位置，或者找不到陸地無法補給，船毀人亡的事件頻繁發生，這些都是由於不能在海上準確定位所導致的。

18 世紀初英國航海事業要奮起直追。1707 年，英國海軍上將克勞德斯利·雪弗爾爵士（Cloudesley Shovell）率領的艦隊，在地中海打敗了法國艦隊，返航途中遇到了大霧，有 12 天見不到太陽，只能憑猜想判斷自己的位置。當雪弗爾爵士驚恐地發現艦隊已駛入了夕利群島中間時，為時已晚，在大霧瀰漫的晚上，艦隊的 5 艘軍艦中，有 4 艘撞上暗礁迅速沉沒，1,600 多名水兵被淹死。這一事件震驚了英國政府。

現在人們都知道，只要把地球表面用經度和緯度劃分，經過準確的經、緯度測量，就可以知道航船在海面上的位置。早期，船長們已經都能夠利用太陽昇起的高度，或在北半球航行時，透過測量北極星在地平線上的高度來確定緯度，但對於經度的準確測量卻一直是困擾著世界的大難題。

巨大沉船事件，促使英國國會專門成立了一個「經度委員會」（The Board of Longitude），並設立了高額的「經度獎金」。同時，西班牙、葡

萄牙、荷蘭、法國、義大利，也相繼發表了獎勵措施。

其實，科學家一直都在努力試圖解決這一課題。早在 1530 年，荷蘭天文學家海馬‧弗里修斯（Gemma Frisius）就提出「以時間差確定經度」的原理，即利用鐘錶來測量時間差。地球徑向劃分 360 度，其自轉一周是 24 小時，一小時轉 15 度，4 分鐘轉一度。他設想攜帶鐘錶去航海，在航行中利用太陽高度，測量當地的時間，再與從出發港攜帶的鐘錶指示的時間進行對比，若相差一小時，則可算出當地經度與出發港經度相差 15 度。艾薩克‧牛頓（Isaac Newton）也曾肯定鐘錶法是可行的。

發現了科學原理，但技術問題卻無法順利解決。當時世界上最準的鐘，便是英國格林威治天文臺時鐘，每天誤差不超過兩秒。但它的鐘擺長達 4 公尺。這樣一個龐然大物，如何安放在航船上呢？何況，遠航中溫度、溼度和各地重力的不斷變化，船體的強烈顛簸，海鹽的侵蝕等各種因素的影響，鐘錶也很難準確執行。

這時出現的一個天才解決了技術難題。約翰‧哈里遜（John Harrison, 1693–1776），1693 年出生於英國的約克郡，從小跟父親學習木工，19 歲時無師自通地製造出一臺木頭擺鐘，27 歲時為當地莊園主建造了一座塔鐘，完工後，人們驚訝地發現，它每個月誤差不超過一秒，在準確性上遠遠超過了格林威治天文臺的時鐘。

在「經度委員會」的資助下，哈里遜開始了航海鐘的開發工作。1735 年，他成功地製造出第 1 臺航海天文鐘 H1，之後的 20 多年他不斷改進，相繼造出 H2、H3 型航海天文鐘，雖然已彌補溫度的影響，解決了離心力帶來的誤差等，但他仍不滿意，苦苦追求、精益求精。終於，1759 年，世界上最精確的航海天文鐘 H4 問世。H4 直徑 13 公分，重 1.45 公斤，在海上漂泊了 3 個月的使用中，只慢了 5 秒鐘，經過委員會鑑定

發現，H4 能夠將經度確定在 10 英里（約 16 公里）範圍內。這在當時，可稱為重大科學和技術成就，哈里遜的貢獻受到英國皇家的高度表彰，本人被授予爵士爵位。英國對此項技術嚴格保密，並利用這一準確定位技術，先後打敗了西班牙、葡萄牙、荷蘭等國艦隊，成就了數百年的海上霸業，成為「日不落帝國」。

故事雖然已過去數百年，回憶起來仍意味深長。科技創新對推進社會發展的巨大作用應是永恆不變的。

2.2
創新發展是社會持續發展的必經之路

劇烈的時代浪潮洶湧澎湃，人類對自然界的規律認知累積到一定程度，就開始思考利用它們進一步降低勞動強度和改善生活品質。正是由於科技的創新發展，歷經千年如詩如歌、慢悠悠的田園文明開始解體。人們已不滿足於原始器具或單純的人力使用，大型手工業演變成工廠，第一次工業革命發明了軸承、螺栓、蒸汽機、平版印刷，接踵而來的是紡織、礦業、煉鋼、鐵路、電動機等。擁有巨型工廠的大城市飛躍發展，出現了法國的魯爾、英國的曼徹斯特、美國的底特律、德國的埃森、俄羅斯的烏拉爾等城市群，其他國家也都在這一兩百年內建成這類工業群。

工業化使生產能力迅速擴張，社會進入市場經濟競爭的時代。市場經濟發展的本質就是競爭，依賴的就是對科學技術的創新。從機械化時代 —— 蒸汽機、內燃機、電動機等，到電氣化時代 —— 機械電子學、

自動化、機器人等，再到資訊時代 —— 大型電腦、網路、物聯網，以及同時出現的生物與生命科學時代，靠的全是科技進步，生生不息。

建設「自主創新型」國家對於實現社會和經濟的可持續發展具有十分重要的意義。在建設資源節約型和生態環境友好型的和諧社會中，自主創新有著核心作用，創新能力已成為國際合作和競爭的主要內容。整體來看，世界各國社會發展模式大致可分為：

1. Harrod-Domar model：認為經濟發展的驅動因素是資本，發展取決於投資。這個成長模式已被證明是不完善的。
2. 市場拉動模式：認為經濟發展取決於市場需求的拉動。盲目加快發展，會導致技術水準較低的產能重複建設，造成低品質產品過剩，發展常常難以持續。
3. 梭羅發展模式：認為經濟發展的驅動因素是科技進步，但科技進步被論述為額外變數，即可透過國際間轉移引進來實現，但實際上先進技術在國際間轉移是會有極大阻礙的。
4. 現代發展模式：認為經濟發展是由科技進步推動的，同時也強調即使科學知識可以自由交流，但其中涉及的技術核心機密則不同，它只能是社會的內生要素。沒有企業願意把自有的先進技術賣給潛在的競爭者，如果真的可以實現技術轉移，世界各地區發展程度會趨同，這與現實世界發展趨勢不盡相同。技術在不同國家間轉移會遇到很大的內部限制和外部扼制。

1990 年代以前，日本一直著重於模仿。蘇聯解體使得世界形成美國一家獨大的局面，日本作為其亞洲盟友的地位下降，再加上高新科技產品更新換代速度極快，美國政府透過一系列加強智慧財產權保護政策，壓制日本的發展。日本不得不走自己科技創新之路，同時，日本大國意

識有所抬頭,想甩掉「技術上的巨人,科學上的矮子」、「搭便車者」的標籤,渴望像歐美等國一樣,湧現出一批為人類作出貢獻的科學家,被各國所尊重。

1990 年代中期以後,日本改變了科技發展策略,把「科技創新立國」作為基本國策。戰後,日本透過大量引進、消化和吸收歐美科技成果,於 1960 年代後期超過西德,成為僅次於美國的第二大經濟強國。日本與西方已開發國家的技術差距已大幅縮小,不再是追隨者,日本企業的國際競爭力已對美國企業構成威脅。我們應該從日本的創新經歷中得到有益的啟發。

創新是引領發展的第一動力,而原始性創新則是最根本的創新,是智者和強者所必為。

成為「領跑者」不僅需要智慧、眼光、策略,更需要創新系統中的各種要素合作發展。科學研究要從「跟跑者」到「並跑者」再到超越對手,需要質的飛躍,需要從各個層面研討創新的全方位要素,這也是本書立論的努力方向。

◆ 技術進步是否會造成社會危機

這是一個與全民科普和技能教育密切相關的問題。美國麻省理工學院艾瑞克・布林優夫森教授(Erik Brynjolfsson)十分關注技術進步與就業成長的關聯問題,他在《*Race Against the Machine*》一書中提到,工業機器人、自動翻譯服務等電腦技術發展飛速,不僅在製造、行政和零售領域被大量採用,而且法律、金融、教育和醫學等專業領域快速滲透,未來許多行業的前景恐將無比慘淡。教授認為,快速的技術變革摧毀舊時代工作的速度,遠甚於建立新時代工作的速度。技術提高了生產率,

使社會更富裕，使許多工作更安全、更方便和更高效，但同時也降低了對人力勞動的多種需求。

　　過去幾十年裡，已開發國家正發生著勞動力市場「兩極化」、中產階級「空洞化」的趨勢。從 18 世紀初工業革命開始，工業技術進步就改變了就業性質。1900 年，41% 的美國人從事農業生產，到 2000 年時下降到只有 2%。同樣，美國人在製造業的就業比例已從後「二戰」時期的 30% 下降到 21 世紀初的 10% 左右。新的技術正在以前所未有的方式侵蝕著人類技能，許多中產階級的工作恰恰正處於靶心，難道科技進步真的要對「中產階級似乎越來越少、貧富差距被拉得越來越大」負責嗎？科技進步真的會造成社會危機嗎？

　　持相反觀點的哈佛大學經濟學家 Lawrence Katz 認為「工人的技能不再符合現在的需求」自然是痛苦的，19 世紀中葉就曾出現高度熟練的工匠被工廠裡使用機器的一般工人所取代的現象，而工人獲得新工種所需的專業知識要花上若干年，雪上加霜的是，這些悲觀論調使「失業問題」上升到「人類命運問題」。雷‧庫茲威爾（Ray Kurzweil）在《*The Singularity Is Near: When Humans Transcend Biology*》一書中大膽預言：「在 21 世紀中葉，人工智慧會超過人類，並導致人類歷史結構破裂」。史蒂芬‧霍金（Stephen Hawking）、比爾蓋茲（Bill Gates）等科技界的領袖，也多次在公開場合表達過對「人工智慧崛起」的憂慮，甚至將人工智慧比作核武器。

　　肇始於 1811 年 3 月並持續 10 年之久的「盧德運動」（Luddite），是人類歷史上第一次大規模「搗毀機器，抵制新技術」的運動，它宣洩著人類在面對機器「非對等優勢」時的焦慮與恐慌。但這一問題不會是長期的，美國 20 世紀初的繁榮得益於當時的人們開始接受高中教育，而農

業就業則不斷下降。到 1980 年代，越來越多受過更高等教育的人在新職位找到工作，提高了收入，減少了不平等。

從另外一個角度看，幻想用機器人做任何事在目前是不切實際的，最大的挑戰就是不確定性，人類在處理環境變化及突發事件中作出反應要比機器人強得多。

例如，Rethink 公司設計的機器人「巴克斯特」就十分靈巧，「巴克斯特」很熱衷於取悅人們，它感到疑惑時，顯示器上會揚起「眉毛」。在碰撞時，手臂會拱起並輕柔地退讓。但被問及這種先進的工業機器人是否會消減工作職位時，公司領導人卻不這樣看，他認為「巴克斯特」仍是人類手中的工具，不會偷走人類工作機會。

但是，自動化和數位技術引發就業機會缺失的擔心和疑慮還未消失。

如何解決這個矛盾的問題，取決於我們是否充分認識技術進步帶來的社會問題。一次科技智能會議中，有一組數據顯示，儘管未來人工智慧「在工業、農業和建築業等行業中可取代 26% 的工作職位，但在以服務業為主的行業中創造了 38% 的額外就業機會」，人類必將在更高級別的勞動中盡情展示才能。機器人的出現只會使人從繁重的、重複性勞動時間中解放出來，有更多的時間去創新，發揮人類特有的想像力、創造力和去休閒娛樂。

真正應該恐懼的是人們對「落後工作」的過度依賴和迷戀，為此必須採取措施，解決經濟進步和就業率低的問題，如多投資於科普工作和工人的培訓與教育。

技術進步促進經濟成長和創造財富是不言而喻的，但還沒有一條經濟學條文說，我們每一個人都會因之受益。換句話說，在人類與機器的比賽中，有些人會勝出，而許多人或許會落敗。

◆ 社會價值趨向對創新的影響

社會對人才需求和評價最為直接的表現是在薪資待遇這個指揮棒上。以日本為例，1980 年代以後，隨著以金融、證券、房地產為代表的泡沫經濟高速發展，相關從業員工收入迅速提高，與泡沫經濟相關的財經類文職迅速升溫。而高中畢業生對理工科報考熱情急遽下降，報考大學工科人數從 1986 年的 18%，下降到 1991 年的 8.7%，而且學生素養也不高，多數是因為考不上第一志願才改讀工科的。日本輿論界指出「考生疏遠工科」、「年輕一代疏遠技術」現象後果嚴重，大聲疾呼「回歸工科」。

工科畢業生的數量與能力下降，也成為 21 世紀初日本製造業競爭力下降的重要原因。一向以優質聞名全球的日本產品，如 Sony、三洋（Sanyo）、豐田（Toyota）等著名品牌產品在國際市場上都發生過嚴重品質問題。這不僅讓企業損失巨大，還一度折損了消費者的信心。據《日經商業週刊》當時的調查，日本七成消費者認為，日本製造產品近年來確有品質下降的情形，可見社會對於職業價值的趨向會迅速反映到工業和工業科技創新上。

為什麼要推動公民科學素養的提升呢？它的重大意義在於：

1. 若一個國家公民的科學素養水準太低，就很難培養大批高科技人才，從而導致科學發展存在人才瓶頸。科技人才的成長需要合適的土壤，需要源源不絕地補充高素養人才，而一個人科學思想、科學精神的塑造，以及創新性意識的培養，沒有從幼小心靈上種下種子，沒有良好的成長環境，都是難以實現的。

2. 社會整體科學素養低下，偽科學和迷信就會廣泛盛行，從而成為國家科技及社會經濟發展的絆腳石。大量的假藥、偽劣藥危害健康甚

至生命，大量的金融詐騙、謠言傳播破壞社會穩定，而且還會影響最新科學思想、創新型產品的應用和推廣。要使新的創造成果得到公正的評價、賞識，能迅速工業化，並在市場上實現其價值，就要求社會各層次的非專業人士、廣大民眾有對新技術和新產品的認知能力，這樣才能使創新價值得以實現，並進入良性循環。

3. 科技不斷進步，原有技術消失，低技術勞動的工作會不停地被淘汰，社會大眾需要跟上新技術的應用以適應新的職業。只有社會大眾的科學素養的水準與科學技術水準同步發展，才能避免社會底層對新技術發展的牴觸，從而維持社會穩定。

由此可見科普教育對社會發展的重要性。科普教育與科技創新是社會進步的兩翼這一論斷是十分有遠見的。

◆ 關注近代科學觀的變革

「科學哲學追問科學究竟是什麼？」這也是科學家進行創新工作時必須思考的問題。

20 世紀中期前，人們普遍接受了「科學是真理的集合，科學是純客觀的，應完全排除主觀的成分，科學的理性思維方法是唯一的合理方法」，為社會進步和人類幸福作出了貢獻。

自稱是「達爾文的鬥犬」的阿道斯·赫胥黎（Aldous Huxley）曾說，在大自然面前要做謙遜的小學生，虛心傾聽自然的聲音。愛因斯坦也肯定和承認，有一個獨立於主體的客觀存在，是一切科學的工作前提。

近年來，量子力學迅速發展，量子力學表明量子既是粒子又是波，它究竟是什麼？物理學家維爾納·海森堡（Werner Heisenberg）認為「我們不能再談論獨立於觀察過程的粒子行為了」，「在量子力學中形成的

數位化的自然規律，不再處理基本粒子自身，而是處理我們對它們的認識，也不能再問這些粒子是否是客觀地存在於時間和空間中。」

　　我們對物質構成的本質尚有諸多未知領域，也引發了許多思潮的出現，無情地動搖了我們原有對科學本身的定義。「科學家不再是一個作為客觀的觀察者來面對自然，而是把自己視為一個在人與自然的相互作用中的演員。」，這一思潮是從 16 世紀笛卡爾（Descartes）哲學框架內繼承下來的。笛卡爾懷疑主義的哲學認為，世界上唯一可以確定存在真實性的，是懷疑著的自我。自我只是一個精神實體，而不是物質實體，不僅物質的第二屬性（顏色、氣味、重量等）是主觀的，物質第一屬性（廣延性）也是主觀的。

　　再者，科學的真理性也受到質疑和挑戰。愛因斯坦信奉「對真理的追求比對真理的占有更可貴。」而「否證論或批判理性主義」的倡導者卡爾・波普（Karl Popper）則認為，一部科學史並非真理的歷史，而是一個不斷尋求錯誤、排除錯誤、從錯誤中學習的歷史。湯瑪斯・孔恩（Thomas Kuhn）在《科學革命的結構》（*The Structure of Scientific Revolutions*）一書中進一步宣稱，科學革命好像政治革命一樣，誰勝利了，誰就宣布掌握了真理，其實「科學家並沒有發現自然界的真理，他們也沒有越來越接近真理」。

　　這些似是而非的思潮，是在消解科學的文化地位。若科學不是什麼真理性的知識，那它與宗教、神話、迷信、巫術之類不都是一樣的嗎？科學的理性方法受到質疑時，所謂顛覆創新就會走入歧途，就會為形形色色的「返老還童」、「水上漂流」等謠言開啟大門，對各種科學騙術喪失警惕。

　　愛因斯坦曾對科學的形成和發展概括地指出，科學方法主要表現為：

一是運用邏輯和數學來發現和論證因果關係；二是透過實驗來檢驗和證明科學發現。這是我們進行原始創新時必須遵從的。

我們堅持科學的客觀性、真理性，堅信存在著獨立於人類又與人類密切相關的自然界。科學對自然進行的探索和研究已令人信服地表明，它可以正確認識和揭示其研究對象的規律，並也將繼續經受實踐的嚴格檢驗。科學的客觀性和真理性是科學的根本屬性，是科學工作者進行原始創新、破壞性創新（Disruptive innovation）中永遠要堅持的原則。

但同時，我們也要警惕「科學主義」和「反科學主義」。「科學主義」把科學神話為唯一的絕對，推崇「科學萬能」、「專家治國」之類的社會政治理念，因而也是錯誤的。無論科學如何發達，也不可能解決所有問題。

科學與人文是相通的，要使科學更好地為人類造福，就需要在科學中注入人文的情懷和規範。

另一類思潮則是「反科學主義」，他們把當今時代的各種社會問題，如環境汙染、生態破壞、能源短缺、資源匱乏、人口爆炸，甚至人情淡漠、道德墮落等都追溯為對科學技術的濫用，甚至斷言科學技術從本質上講就是惡的，環保主義者還主張倒退到農耕社會等。

實際上「科學主義」和「反科學主義」殊途同歸，都是把科學與人文割裂開來、對立起來的結果。我們應該謙虛地意識到，科學雖然有了很大的進步，但我們在很多領域仍是無知的。我們可以用科學方法了解的，唯有自然的因果關係。

科學方法雖有用，但對於超出它目前範疇的事物，科學必須保持緘默。根據定義，超自然力量的假定本來就超越了自然定律，因此也超越了自然科學的範疇。

2.3
原始創新根植於基礎科學研究

◆ 基礎科學研究對推動創新的重要作用

　　基礎科學是科技創新的源頭，是科技創新的關鍵動力。一方面基礎科學研究的重大成果是一個民族對世界文明的貢獻，可以使先進國家在國際競爭中取得更多話語權。

　　西方文明發展的脈絡是從基督神學信仰出發，本意是透過發展自然學科知識來更好地頌揚上帝的功德。但在實際發展過程中，「信仰」和「理性」不斷相互滲透，又不斷衝突，終於導致文藝復興運動的爆發。科學擊碎了宗教的水晶球，實現了科學革命和工業文明。

　　這一過程主要繼承了希臘六大科學思維方法，即：

1. 從假定進行推理；
2. 透過實驗去證實推理或證偽；
3. 建立假說，演繹出規律、原理；
4. 對複雜現象進行系統分類，如植物學等；
5. 從機率分析到統計分析方法的建立；
6. 時間推演法，從現實發現推演歷史，進而推論未來。

　　這些科學思維研究方法成就了西方文明，也成為當今科學研究方法的共識。

　　對基礎研究目標的定義為：

1. 聯合國教科文組織（UNESCO）——主要是為獲得關於現象和可觀察的事實之基本原理，在利用新知識進行實驗或理論探討，不以任何專門或特定的應用或使用為目的。

2. 美國國家科學基金會（NSF）——增加新的科學知識的活動，沒有特定的、直接的商業目的，但不排除會在當前或其他潛在領域具有商業價值。

基礎研究需要長期累積，成績的取得不可能一蹴而就，投入也不一定能獲得預期的成果，但由於科技的相關性，這些投入通常都可能有連帶效應。如美國的 LIGO（雷射干涉引力波天文臺）在未能探測到重力波之前，它在抗震技術、雷射技術和極低噪聲技術上都帶來了收益。

日本在 20 世紀時也曾過多看重技術和經濟發展，對基礎科學研究不甚重視，甚至到了被稱為「經濟動物」的地步。但 20 世紀末期，美國收緊了對它的技術轉移控制，日本經濟陷入停滯，從而迫使它開始意識到基礎研究的重要性。眾所周知，日本曾在 21 世紀之初（2001 年 3 月）明確提出「50 年內要培養 30 名諾貝爾獎得主」的宏偉計畫，並以此作為促進基礎研究的明顯成果。這一目標的提出曾引起了強烈爭議，因為基礎研究具有很大的不確定性。但到 2019 年，距離目標提出的時間僅僅過去了 2/5，日本就產生了 20 位自然科學類的諾貝爾獎得主。這說明有了一定經濟基礎的條件，又從政策上真正地意識到基礎研究的重要性，基礎研究是可以得到巨大推動的。

◆ 原始創新與破壞式技術

科學社會學家羅伯特·莫頓（Robert Merton）提出，原創性是科學的最高價值。科學，作為一種社會行為，將原創性視為最頂級成就。他將

原創性納入人類文明的五種精神氣質之中，即：公有主義、普遍主義、無私利性、原創性和懷疑主義。正是透過原創性的科學研究成果，人類的知識才得以不斷成長。

原始創新（original innovation）被進一步定義為，其科學研究成果應是做出新的實證發現，或發現新材料以及對這些新發現或新材料做出新解釋、解決新問題；開發出創新性的研究方法、方法論和分析儀器裝置；拓展出富有想像力和創造性的研究視野，提出新論證或新表述、新解釋，或新洞見；獲得或採集到新數據，或對社會政策實踐提出新理論、新分析或新表述。

原創性科學研究成果的價值大小，在於它的認知對自然或對生產過程的「首發性」、「嚴謹性」、「社會影響力」，以及對改變舊認知所帶來的貢獻，所以它是對人類文明進步作出貢獻的重要展現。

哈佛商學院克萊頓‧克里斯坦森（Clayton Christensen）教授首先提出「破壞式技術」（overturn technique）一詞，用以指打破傳統技術的思維和發展路線，開闢新市場，最終取代已有技術，形成新的價值體系的技術。

人類的計算工具就歷經過數次破壞性創新過程，從古代利用棒狀算籌，發展到今天超級電腦的出現，並由此進入了大數據時代，不斷更新換代的計算工具影響到人類社會執行的各方面，著實令人感嘆。

元代後期，中國計算工具發展出現第一次重大改革，算盤代替了算籌，它輕巧靈活，應用極為廣泛，先後流傳到日本、朝鮮和東南亞各國。1621 年英國數學家威廉‧奧特雷德（William Oughtred）發明了對數刻度的計算尺，可以進行加、減、乘、除、乘方、開方、三角函數、指數的運算，十分方便。這是計算工具的第二次飛躍創新，直到 20 世紀中

葉仍被廣泛使用，但它的計算精度一般僅為三位有效數字，難以滿足複雜的工程需求。

　　17 世紀，歐洲出現了利用齒輪原理的計算工具。1642 年，法國數學家布萊茲·帕斯卡（Blaise Pascal）發明的「加法器（Pascaline）」，是第一臺機械式計算工具。到了 1832 年，英國數學家查爾斯·巴貝奇（Charles Babbage）成功研製的「分析機（Analytical Engine）」，使機械式計算工具有了突破性進展，計算工具從手動機械進入自動機械時代，並廣泛用於商業運算。

　　下一個突破性創新是電子電腦的出現。1939 年美國愛荷華州立大學約翰·阿塔納索夫（John Atanasoff）教授提出以電子技術來提高電腦的運算速度。美國賓夕法尼亞大學約翰·莫奇利（John Mauchly）教授於 1946 年建成了電子數值積分儀暨計算機（ENIAC），ENIAC 共使用了約 18,000 個真空管、1,500 個繼電器、10,000 個電容器和 70,000 個電阻，占地 167 平方公尺，重達 30 噸，從此開創了電子電腦時代。

　　1959 年美國快捷半導體（Fairchild Semiconductor）用電晶體取代真空管，研製成功第 1 臺電晶體電腦。電晶體體積小、重量輕、耗電小、速度快、壽命長，使電子電腦和電腦軟體技術有了飛速的發展。美國德州儀器（Texas Instruments）工程師傑克·基爾比（Jack Kilby）使積體電路晶片工業化，電腦的計算速度越來越快。摩爾定律（Moore's law）曾預言積體電路上可容納的電晶體數量，約每 18 個月便會增加 1 倍，電腦的效能也將提升 1 倍，這一說法正不斷變為現實。電腦體積越來越小，處理能力越來越強，可靠性越來越高。如今，IBM 公司使晶片上的工藝節點下降到 7 奈米至 5 奈米，7 奈米的晶片已於 2018 年量產。

　　21 世紀初，電腦面臨著又一次顛覆性的變革，即從應用電子技術發展到基於光量子的量子電腦的挑戰。量子具有「糾纏態」和「疊加態」，可以大幅提高電腦效能，稱為「量子優勢」。但量子態的穩定時間較短，難以保證其糾錯能力，且要使其發展成熟、投入工業化生產，仍有許多難點需要克服、有大量工作要做。

　　Google 公司研究團隊於 2019 年 10 月 23 日在英國《自然》（*Nature*）雜誌上發表論文，稱已成功演示了「量子優勢」，讓量子系統僅花費了 200 秒就完成了傳統超級電腦用幾天時間才能完成的任務，量子電腦的工業化應用值得期待。

　　美國軍方將破壞式技術定義為：「支撐非常規作戰和非對稱作戰能力的技術」，並先後將網際網路、低可偵測性技術、全球衛星定位系統、雷射武器、無人系統等，判斷為破壞式技術。

　　總之，破壞式技術具有前瞻性、不確定性、突變性、超越性和時效性等特點，也必然是跨學科、跨領域的。

　　破壞式技術，是一種另闢蹊徑，會對已有傳統或主流技術及其產業和市場產生全新的破壞性效果，有可能完全淘汰原技術效果的技術。該技術可能是過去完全沒有的，也可能是基於現有技術的跨學科、跨領域的創新應用。

　　破壞式技術雖對傳統和主流技術有毀滅性的替代，但基本上可基於已有知識實現。它並不一定是有科學原理上的創新，但應在經濟成本下降、資源節約、減少能耗，或消除汙染、改善生態等方面有大規模的成效。破壞式技術可以創造出一個新產業，甚至推動一次工業革命。

　　但破壞式技術的預測、識別具有挑戰性，需要技術開發群體長時間知識和經驗的累積、發酵，並在此基礎上進行知識提取、觀念轉換和聯

想，以及類比推理等。破壞式技術的預見過程中，可能存在著發明人自己的炒作，也有利益集團或國家層面的策略欺騙，所以具備挑戰性。

例如，戰國末年時期，農業水利工程可稱為破壞式技術。韓國為了遏阻秦國向東進攻各國，便派遣水利專家鄭國（人名）入秦，說服秦王鑿渠引水，欲使其消耗大量人力和物力，而無暇顧及向東征伐。秦國自仲山引涇水至瓠口，沿北山向東流經三原，工程浩大。工程即將成功時，秦王知道了這是韓國的計謀，欲殺鄭國。鄭國辯解道，這工程雖「為韓國延數歲之命」，但為秦國建立了萬世之功。後來，水利工程的成功，確使秦國更為富強，鄭國本人也被赦免。可見破壞式技術的詭異性、時效性、不確定性和突變性。

冷戰後期，美國提出戰略防禦計畫，宣稱計劃在外太空和地面部署定向能（如雷射）武器等。蘇聯被引誘投入大量人力、物力，以擴充核軍備，研究部署新一代策略指揮系統，導致國民經濟比例嚴重失調，加劇了經濟衰退，促使矛盾集中爆發，最終以國家解體告終。而美國在多年內，並沒有認真施行戰略防禦計畫。可見，對破壞式技術的誤判可能具有嚴重後果。

20 世紀，美國前總統喬治·布希（George Bush），以及 21 世紀初的日本都鼓吹「氫能是終級能源」，希望大力開發氫燃料電池汽車，這一現象值得我們認真思考。許多科學家提出，目前氫氣的工業製備、運輸和儲存都存在許多難題，用煤製氫會產生大量二氧化碳，而用光電、風電製氫，其總成本會更高。總之，氫是社會經濟所需要的重要化學品，可適度發展，但不是萬能的最終綠色能源，要從技術、經濟、資源、天賦諸多方面全方位評估。

◆ 學術交流與爭論是科學創新的沃土

重大科學理論往往在交流中產生、在爭論中發展、在合作中完善。作為現代物理學的兩大基石之一，量子論給我們提供了新的、關於自然界的表述方法和思考方法，揭示了微觀物質世界的基本規律，為原子物理、固體物理、半導體物理、核物理、粒子物理等學科奠定了理論基礎。它的創立和發展正是各學派諸多學者交流、爭論、合作的結果。

量子的發現要從紫外災變（ultraviolet catastrophe）說起。1900 年，德國物理學家馬克斯·普朗克（Max Planck）在研究黑體輻射時發現，按馬克士威方程式計算，黑體光譜紫外部分的能量是無限的，而實際的實驗數據卻趨向於零，這種經典理論無法解釋黑體輻射規律的怪象便是「紫外災變」。為了解決這一困境，普朗克引入輻射能譜量子概念，首次指出能量是不連續分布的。隨後愛因斯坦針對光電效應實驗與經典理論的矛盾，提出了光量子假說，並在固體比熱問題上成功運用能量的概念，推動了量子理論的發展。

1913 年，尼爾斯·波耳（Niels Bohr）在拉塞福模型（Rutherford model）的基礎上運用量子化概念，提出了波耳的原子理論，對氫光譜作出了滿意的解釋，從而將量子論推上了物理學研究討論最前沿。1923 年，路易·德布羅意（Louis de Broglie）提出物質波假說，將波粒二象性運用於電子等之類的粒子束，將量子論發展到一個新高度。1925 年至 1926 年，艾爾溫·薛丁格（Erwin Schrödinger, 1887–1961）率先沿著物質波概念，成功地確立了電子的波動方式，為量子理論找到了一個基本公式，並建立了波動力學。幾乎在同一時期，維爾納·海森堡（Werner Heisenberg）發表了運動學與力學關係的量子論之重新解釋的論文，創立了解決量子波動理論的矩陣方法。1925 年 9 月，兩位物理學家馬克斯·

玻恩（Max Born）和約爾丹（Pascual Jordan） 將海森堡的思想發展成系統的矩陣力學理論，保羅・狄拉克（Paul Dirac）又改進了矩陣力學的數學形式，使其成為一個概念完整、邏輯通順的理論體系。

1926 年薛丁格論證了他提出的波動力學和矩陣力學在數學上是完全等價的，由此統一將二者稱之為量子力學。

薛丁格的成果在剛提出時，曾遭到海森堡的強烈質疑。1927 年 7 月 23 日，薛丁格在一次學會上，做關於波動力學的報告。量子力學的矩陣力學創始者海森堡也到場了。在薛丁格作報告的時候，海森堡耐心地靜聽，一言不發。報告即將結束時，海森堡終於忍耐不住站了起來。他不客氣地指出，薛丁格的波動力學不能解釋一些基本的物理現象，例如不能解釋普朗克的輻射定律，不能解釋康普頓效應，甚至連原子的特徵譜線的強度都不解釋。因為這些都表現出不連續性的量子特徵，或者說與量子躍遷的特徵有關。在這一連串的攻擊之下，會議的主持人，也是海森堡的老對頭，哥廷根大學的實驗物理學家威廉・維因（Wilhelm Wien）強令海森堡坐下，還不客氣地喝斥他閉嘴。薛丁格沒做任何解釋，就此散會了。事後海森堡對他的師兄沃夫岡・包立（Wolfgang Pauli）說，維因「幾乎要把我從屋子裡扔出去」。

事實上，薛丁格的波動方程式由於比海森堡的矩陣更易理解，反而成為量子力學的基本方程式。量子力學的形成是在新的發現，並否定了原有假設，又建立新的假說，和再次做出新的發現，完善原來的假說，這樣一步步完成的，與相對論的形成過程完全不同。

量子力學的物理解釋總是很抽象，眾說不一。如大家所熟知的「薛丁格的貓」，就是量子力學中的不確定性問題。波耳在不確定性原理中，表徵了其經典概念的局限性，認為在量子領域總是存在互相排斥的

兩種經典特徵,正是它們的互補構成了量子力學的基本特徵,由此提出了「互補原理」,該原理被認為是哥本哈根學派對量子力學的正統解釋。而愛因斯坦卻不同意,他認為自然界各種事物都應有確定的因果關係,而具有統計性特徵的量子力學是不完備的,它無法對自然界進行完全地描述,互補原理只是一種綏靖主義的哲學。愛因斯坦與波耳之間進行了長達三四十年的爭論,直到他們去世,也沒有作出定論。但毫無疑問的是,這些爭論促進了科學思想的萌芽、發展,很多著名的科學定律、理論都是科學家思想交流、思維碰撞的結晶。

◆ 複雜性科學 —— 物理學中另一個未知領域

日常生活中很多的離奇現象常常被我們忽略。例如一枚受精的雞蛋,如果保持攝氏 38 度的恆溫,它將會孵化出小雞,這是從簡單向複雜演化。如果把它放在攝氏 100 度的沸水中,它會變成一枚熟雞蛋,而若將它長期處於攝氏 60 度下,它將腐敗,成為臭雞蛋,這又是從有序向無序演化。事情就是如此奇妙,生物進化並不存在某些中心線索來引導發展,在連續和極端複雜分支化的演化中,任何一個偶然因素都會影響那些現存物種,會使之與現在完全不同。

為什麼按熱力學第二定律,無機自然界自發過程總是從有序向無序方向演化?如一滴墨汁在水中消散。為什麼地球上無機界和有機界演化的方向截然不同?這些問題直到 20 世紀中葉仍一直困擾著科學家們。

複雜性既是一種福音又可能是一種禍害,它使理性預測處於尷尬境地。在簡單且布局和攻防都有定式可循的圍棋競賽中,棋手表現出來的水準則完全不同。水流總是應以最小阻力路徑前行,但一條河流又總是流出蜿蜒曲折的河道。科學技術越進步越完美,但像一架飛機有數百萬

個零件，管理它，控制它，分析它出現事故的原因，又將十分複雜。

物理學的前沿問題主要是研究時間、空間和物質的本質，可分為宏觀尺度和微觀尺度兩方面。

宇觀的時間尺度的研究已延伸到 150 億年前的大霹靂，而誕生的時刻，空間尺度是 150 億光年，由此追溯大爆炸後以光速膨脹著的宇宙的全部歷程，利用大霹靂模型研究宇宙從初始到誕生，從塵埃到星系的形成、星系的分布、星系的演化等問題。

近三四十年，物理學從非線性科學引發出對複雜系統的興趣，開始研究由於外界多種誘因集合而一起產生的現象。比如湍流，飛機起飛、火箭上天等與空氣相互作用，都會形成湍流，湍流會造成幾乎 90% 的阻力，它決定了飛行器的姿態。如波音 737MAX 飛機在 2018 年至 2019 年不到 5 個月的時間裡出現的兩次機毀人亡的慘劇，就是和湍流控制不當有關。如果建造高馬赫數的超高速飛行器，遇到的問題也在於此。

再如，凝聚態物理要研究的新型半導體物理、高溫超導等，它們呈現出的一些新規律不是單一理論可以描述的。複雜系統研究也可擴充套件到社會學、經濟學方面，如博弈論、股票、市場動力學等也都屬於複雜系統科學研究範疇，可見複雜系統的研究更貼近於生活。

複雜系統是一種我們還沒有有效方法作出可靠預測的系統，現在的數學和物理手段還沒有發展到能對這樣系統作出定量的預測。實際上，在科學發展過程中，有很多系統原來被認為是複雜系統，新科學手段的出現又使它變成了簡單系統，如天體行星的執行軌道，如果沒有牛頓力學，它仍是複雜系統，但現在我們已經能非常精確地預測了。所以定義是否為複雜系統，是可以改變的。

複雜系統應有以下特徵：

1. 非線性：非線性系統會產生躍變，即從一種狀態突然轉變到另一種狀態，稱之為湧現變數和因變數之間的非正比關係。

2. 強關聯性：很難找到一個描述行為的近似方程式，如高溫超導雖已發現了幾十年，但至今仍沒有找到一種理論能完美地解釋它。

3. 平均場理論失效：如用瓶內水分子的平均值代表所有水分子的運動情態，這是物理的平均場理論，但如果這樣會導致極大誤差，則表明平均場理論在複雜系統中失效。

4. 主動性系統：指研究對象會根據不同環境有不同行為，從研究者不同的視角，可以有不同認知。這其中存在一個主動思維過程，從而使自身利益最大化，如博弈論中金融行為等。

5. 難以反向追溯系統：比如生物進化過程，常常由於隨機突變產生分岔，很難從後來的現狀去推斷過去的現象，所以稱之為難以反向追溯系統，或者稱分岔系統。

混沌系統：隨時間有規律變化的資訊可用傅立葉級數解析（fourier series），稱為脈動訊號，而完全沒有規律的資訊稱為隨機訊號；介於兩者之間，近程無序、遠端有序者，稱為混沌資訊，如股價資訊波動。

研究非線性複雜系統可以揭示行為多穩態現象，如行走在鋼絲上的雜技演員，努力保持自己站在鋼絲上，就是處於暫穩態；如果掉到右邊或左邊的地上，就是處於完全穩定態；所以該系統有兩個穩態。又如有放熱效應的化學反應過程，在一定約束條件下操作可穩定執行，處於暫穩態；一旦受到外界輕微干擾，會迅速滑向熄火或過熱爆炸而進入失態；整個過程就稱之為多穩態過程。

也可以研究系統的「災變」現象，如我們常說的「壓倒駱駝的最後一根稻草」，就是在一個敏感點上，發生微小的變化就可以引出強大的反

應後果。如地震的發生是因為地殼板塊相互擠壓，造成微小變形和壓力的累積，自發地觸發到達臨界點，最終造成地震爆發，這被稱為自組織臨界系統，所以很難預測地震發生的時間和強度。

非線性系統的另一個特點是反應擴散模型（reaction-diffusion model），動物如斑馬身上斑圖的形成，是由於體內生物化學反應與生物分子隨機擴散的交替控制造成的，可以隨機形成不同花紋。上述行為都是屬於複雜性科學所研究的範疇。

◆ 化學中迫切需要突破的創新領域 ── 綠色化學化工

化學和化學工程是一門古老的科學，始於幾千年前的煉丹術、煉金術和釀酒術等。時至今日，它在推動社會進步方面仍發揮著越來越重要的作用。現代文明社會，人類的衣食住行都依賴於大宗化學品的製造。

先進的高階製造業引導著尖端產業的發展，而先進的材料是其發端和支撐。如高強度、高耐熱、高耐磨、高耐蝕、超純度、超細、超導、自組裝材料等化學合成材料，無不依賴於化學科學的進步。

21 世紀以來，化學科學已進入超「分子科學」時代。多尺度、跨尺度的研究不斷取得進展。如計算化學已貫通量子尺度與分子尺度界限。奈米材料（石墨奈米管、石墨烯、石墨炔等）的合成，使超分子化學組裝獲得快速發展。

但所有化學合成的進步都必須與現代社會綠色發展相契合，綠色化學合成必然是當今創新的最重要的關注點之一。

近代化學的研究和方法可以劃分為：

1. 合成化學：合成方法學、不對稱合成、電腦輔助合成、相轉移合成、範本合成、自組織合成、原子經濟合成、綠色合成等，並打通無機

　　合成與有機合成的界限。

2. 分離化學：蒸餾、滲透、逆滲透、吸附、吸收、萃取、提取、結晶等。

3. 分析化學：生命科學的基因等分析化學、電分析化學、光和波譜分析化學、線上分析和原位分析等。

4. 物理化學：化學熱力學、非平衡態熱力學、結構化學、光譜學、電磁波、超音波、雷射和輻射化學、超高溫高壓化學等。

5. 化學合成：超高分子量聚合、奈米材料合成、高分子之自組裝奈米合成等。

6. 理論化學：量子化學、化學統計力學、計算化學、分形、混沌、耗散結構的非線性化學等。

　　由此可見，化學研究與多種學科交叉發展已深入到多個領域之中了。

◆ 創新需寬闊深邃的時空視野

　　原始創新需要有寬闊深邃的時空視野，才能聚焦於有重大社會價值的問題。即從地球自然歷史、人類的進化史出發，深入分析人類社會發展現狀，並對未來作出科學分析和預測等，從中作出巨大貢獻。例如在試圖科學評估我們賴以生存的星球現狀和資源局限性基礎上，探討使人類在地球上繼續生存 10 萬年至數百萬年所引發出來的科學問題。

1. 是人口問題，據現有科技水準猜想，地球的資源和土地可能只能承載不超過 110 億至 150 億居民。要想使人類長期、舒適、有尊嚴地生存，將人口長期穩定在一個水準上就顯得十分重要，這將牽涉科

技、人文倫理、經濟等多種學科的各方面，展現出當代科學的複雜
性與多面性。

2. 充足的能量供應是人類文明得以存續的一個基本需求。現在能源主
要源於化石能源，這是數百萬年至數億年前的生物化石，屬於不可
再生能源，猜想在數百年後將不復存在。可再生能源，如風能、水
能、太陽能和核能等的開發，才是解決能源問題的根本，由此引發
的科技問題當然是必須關注的課題。

3. 地球上的資源是有限的，而人類對於改善生活品質所產生的消費的
成長是無限的，從物質不滅角度出發，如何循環利用資源、提高資
源產出率也是一個基本課題。

4. 是全球氣候變化問題，近年來出現的全球變暖、海平面上升等對於
人類長期生存的影響，也要引起更多的關注。

另外一個會長期困擾我們的問題是，我們人類究竟是從何而來，是
一個生物學進化的意外產物（進化論），還是宇宙有目的的一項神聖任務
（神創論）呢？在我們還不能對生命的起源和人類的起源問題給出一個清
澈的科學解釋時，它永遠是重大科學創新的命題。

當然這些根本的重大科學問題的破解，不可能一蹴而就，需要逐步
累積，科學家也不斷取得了對一些深邃時空視野問題的研究成果。例如：

人類是否能逃離地球？目前看來地球仍是我們最宜居的星球，將人
類的未來寄託在地球之上是我們唯一可信、可行的選項，這也是需要我
們不斷證實或證偽的題目。

又例如：

20 世紀「三大地學突破」中的兩項，即板塊構造理論和米蘭科維
奇氣候理論，均誕生於美國哥倫比亞大學拉蒙特 - 多爾蒂地球觀測所

（LDEO），顯示出該站在科學研究上深遠的時空視野。LDEO 科學家們透過全球範圍海洋測量，掌握了大量海底地貌數據並獲取了大量深海椎心樣品，經過近 20 年海底地貌數據收集，於 1968 年完成了全球海底地貌圖，以無可辯駁的數據表達、證實了阿爾弗雷德·韋格納（Alfred Wegener）於 1912 年提出的大陸漂移學說，使之成功上升為板塊理論。為此，板塊理論的代表威廉·摩根（Willim Morgan, 1935–2023）獲得了美國國家科學獎。該理論認為，全球岩石圈基本構造由六大板塊，即歐亞、美洲、非洲、太平洋、澳洲、南極板塊和若干小板塊構成。世界面貌是由板塊活動在地函上形成的，這為礦脈的形成、地震的發生理論奠定了堅實的基礎。

　　1976 年，LDEO 的科學家詹姆斯·海斯（James Heskett）等首次根據累積的大量數據說明，1940 年代由南斯拉夫數學家、天文學家米蘭科維奇（Milutin Milanković）提出的氣候變化的假說，可以上升到理論了。該理論認為：過去 200 萬年（甚至更早），地球氣候長週期的變化的主導因子是源於地球公轉軌道的離心率（約 10 萬年週期）、地球自轉軸的傾斜角（約 4.1 萬年週期）和近日點的躍動（約 2.3 萬年週期）三者週期變化的疊加，排除了前人所迷信的「第四紀冰河時期」的粗糙理論。

◆ 跨越科技創新「死亡谷」

　　科技創新從發明到工程應用，需要從實驗室的樣品製備、中試調整，到放大量產等長時間的再創造過程。這一過程需要不斷擴大投入，風險巨大，且時常得不到經濟回報，所以從實驗成果到創造產業，是許多企業無力涉足的跨越過程，又被稱為科技創新的「死亡谷」。

　　解決從創新到創業的跨越是一個複雜的社會問題，涉及各方面：

1. 從源頭上講，可能是學術界的成果與產業界的需求不合拍。當前國內大部分開發專案的指南來源於學術界和管理部門，可能並非市場亟須解決的問題，而一些涉及產業前景的科學研究專案指南，其實可以吸收企業參加編寫。

2. 鼓勵科學研究創新者參加產業轉化的積極性，如果對工程科學研究人員的考核標準只是 SCI 論文的數量，實驗成果一經發表就束之高閣，其轉化應用與否與科學研究創新人員無關，就會使創新 - 創業鏈中斷。所以，一方面要延伸責任鏈，讓創新者充分參與實驗成果的轉化；另一方面要從制度上保證創新發明者在轉化中的經濟利益，吸引他們積極參與放大量產的全過程。

3. 全面落實「企業是創新主體」的國家政策。

企業是創新的主要受益者，當然也應該承擔創新中的種種責任。實際上創新產業已經成為財富的重要來源，聯合國報告顯示，全球創意產品的貿易是一個不斷擴大並具有彈性的行業，2002 年至 2015 年間，全球創意產品市場價值翻了一波，從 2,080 億美元增加到 5,090 億美元，13 年間創意產品的出口年成長率超過 7%。

所以，對大部分企業參與創新和投入精力不足的現象應該分類研究，逐一解決。如國有大企業主管人員是任期制，一個創新專案不可能在任期內見到成果，一方面要承擔風險且全生命週期問責；另一方面就算成功了也沒有任何回饋獎勵，導致他們沒有熱情和積極性。而中小企業或有創新動力及靈活創新的能力，但卻存在資金不足等問題。

4. 技術人員的培養機制。由於研究院所與企業資訊不對稱，企業不會判別各個研究成果的實在價值，也找不到有責任的合作夥伴，而研究院所又不知道哪家企業有需求有實力接力開發，所以好的技術人員或公

司就成了將學術成果與產業連結的潤滑劑，把科學家系統、工程師系統和管理營運階層整體融合起來，使整個創新 - 創業鏈執行無阻。

5. 風險基金的高效運作。大量資本持有者並不知道自己的資金如何投入創新以謀求最大的效益，這需要真正有識之士的辨別力、前瞻力。

6. 創新 - 創業鏈成功的引路典型。典型的力量是巨大的，這也是全社會科普宣傳的重要任務，他們是全民支持創新、勇於創新、形成創新型社會必需的排頭兵。

創新要「頂天立地」，「頂天」即創新成果能發現未知自然規律，而所謂「立地」則是創新成果可促進經濟成長。隨著市場競爭的日趨激烈，企業只有不斷更新自己產品，提高產品的品質才能生存，才能發展。這對企業家、政府主管人員的判斷能力、決策能力提出了更迫切的要求。

2.4
創造能力研究的 P4 要素

創造力是根據一定目的在頭腦中創造出新產品並使之實現的能力，它包含四大要素：對創造者（Person）人格特質的剖析；對創造歷程（Process）的研究，著重於創造者的心理歷程研究；對創造產品（Product）的研究及創造產品的涵蓋範圍及分類；對創造環境的推動（Press）的研究，著重研究人與環境的互動作用。這些概括稱為對於創造的 P4 要素，它們的共同作用，推動著創新社會的發展與進步。

◆ 創造者（Person）的人格特質

心理學家認為創造能力的潛質是人人都具備的，但「創造性的行為」卻並非人人都能作出。學富五車的人，可以作為百科大辭典來諮詢，但窮其一生也不一定有創造性的行為。然而知識和經驗又是創造的素材，是創新所必需的。

人與人之間確有天資才能的差異，主要反映在以下幾方面：

1. 數學定量分析能力。
2. 空間建構能力。這是初等幾何要發展的能力，也是建築師、飛行員、職業運動員、舞蹈演員等要具有的素養。
3. 邏輯推演能力。表現人文領域因果關係的判斷能力，是推理小說作者、偵察員等職業專長。
4. 綜合判斷能力。如在複雜形勢下的決策能力。

能力所長之處必定會使人在某一領域具有優勢，但其中並不包括創新能力。富於創新思考的人格特質，需要後天自我修養和累積形成，天才不等於有創造優勢，善於創造的人格素養主要表現在想像力、聯想力、觀察力……這些素養的內容將在後續章節中詳細討論。

◆ 創造歷程（Process）

國學大師王國維在論及文學創作時，提出作家在文學創作時可能經歷的心理歷程，可以用三句宋詞來描述，第一層「昨夜西風凋碧樹，獨上高樓，望盡天涯路。」（晏殊·蝶戀花），說明作者已陷入深思醞釀境界。第二層「衣帶漸寬終不悔，為伊消得人憔悴。」（柳永·蝶戀花）表明作者在苦苦思索，為了卓越好詞而不放棄。第三層「眾裡尋他千百

度。驀然回首，那人卻在，燈火闌珊處。」（辛棄疾‧青玉案‧元夕）表明經艱苦努力後得知於意外這一頓悟過程的驚喜。這與佛教禪宗六祖慧能大師的哲學主張「萬法盡在自心中，頓見真如本性」的禪修思想也是相通的。

近代科學研究者也會有一個大致相同的心理歷程，可分為：

1. 準備期，指從小受教育的知識累積和經驗的薰陶時期，為創造作了支撐準備；
2. 孕育期是創造目標定位聚焦後的思考及研究過程；
3. 爆發期，指正確答案在久思不解後而突然萌發，甚至在想放棄的瞬間豁然開朗與頓悟的過程；
4. 驗證期，科技開發常常不能一蹴而就，是一個需要對細節周密完善，要對所有可能影響因素進行剖解，給出數學模擬，反覆實驗驗證並不斷更新完善的過程。這一精益求精、追求完美的過程，若像前三個歷程一樣找一個詩意的表述，也許可用「萬種思量，多方開解，只憑寂寞厭厭地。系我一生心……」（柳永‧憶帝京）。

人們的創新過程可比喻為，在漆黑無盡隧道中匍匐而行，依靠上天所賜予的四支火炬或所謂四種能力，持懷疑的目光在探索中前進。這四把火炬分別是理性思維、邏輯推理、數學運算和實驗能力。經常是經過漫長的潛行，漸漸聽到濤聲，在無限欣喜中，以為出口在即，但隨即發現，這一出口又把我們匯入了一個新的迷宮。以形象思維開始，以理性思維結束，即是一個創造歷程的循環。

工程創造開發歷程一定要遵循「樸素原則」，就是在研究中要善於抓主要矛盾和整體把握，善於擺脫枝節問題的困擾，而不是把問題越搞越複雜。最簡單的求解，結果一定是最可靠、最完美的。14 世紀邏輯學

家、聖方濟各會修士曾提出「如無必要，勿增實體」，即簡單有效原理，
而那些空洞無物的普遍性要領都是無用的累贅，應當被無情地「剃除」。
這又被稱為「奧卡姆剃刀原理（Ockham's Razor）」。

　　太空時代早期，蘇聯有全方位優勢，發射第一顆人造衛星、進入太
空第一人、第一次太空行走，都是蘇聯太空領域的「功勳章」。但 1960
到 1970 年代，在與美國的登月競爭中，蘇聯卻遭慘敗。蘇聯開發的大
推力火箭上安裝著並行執行的數十個噴氣嘴的發動機，幾次實驗都是因
為其中兩三個噴嘴故障導致全域性失敗，而美國的「土星」火箭並行執
行的發動機數量僅為 6 個左右，由於結構簡單，又創新性地採用往返地
月的航天器，航天器只繞月飛行，不在月球上著陸，僅派小型登月艙往
返於月球和航天器之間，終於用簡單、推力較小的火箭先於蘇聯登月。
1969 年 7 月 3 日，蘇聯 N1 火箭爆炸，而同年 7 月 20 日美國「阿波羅 11
號」使阿姆斯壯成功登月，兩個超級大國登月競賽終於分出了勝負。

　　成功來源於創新思考，而非複雜堆砌。

　　創新過程本無一定之法，需要根據實際情況靈活應對。靈活應對其
實是一種智慧，甚至是發揮到極致的智慧。

　　神話往往是人們想像力發揮到極致的表現之一，我們也可以從古代
神話故事中吸取智慧，借鑑思想方法。婆羅門教三大主神的梵天大神錯
誤地答應了大魔王的請求，就是不可以由人或獸，在白晝或者黑夜，在
房內或在房外用任何武器把他殺死。曾在大水中救出了大地母親的毗溼
奴決心除去魔頭，但又不能違反梵天大神原來的承諾。為此，毗溼奴變
成了半獅半人的生物，在傍晚把魔王拖到門檻上，用爪把魔王前胸撕
開，而除掉了魔王。所以，只要有足夠的聰明才智，原本乍看起來無解
的難題，也可以順利得到解決。

　　創新也是一個對已有知識的融會貫通的過程。奇幻小說《哈利波特》（*Harry Potter*）裡有這樣一段情節描述，當法力強大的巫師，在無法預測某件事物的未來發展趨勢時，就會把腦海裡所有有關的事件都抽出來，丟進一個「儲思盆」裡，再不斷新增一些事件進展的點滴，同時不斷地攪動，最後他竟能在這「儲思盆」中看到事件的真相原委和發展結局。其實，人的大腦就是這樣能融合多方已有知識，透過想像力、聯想力把它們連結起來並啟用，迸發出全新認知過程的「儲思盆」。這些創新的成果，需要透過驗證，修正、補充、系統化的過程，來完善創新的最初靈感，這個階段是創新成果的演繹和推廣的交流期，也要透過跨學科交流、數學分析進行成果的伸張、凝聚、昇華和清晰表達，最後形成智慧財產權。

◆ 創造產品（Product）的分析

　　創造能力的成果展現於發明和發現，發明與發現的可能範圍可以概括如下：

1. 提出創造性概念。如霍金延伸愛因斯坦的理論，提出對黑洞結構的新認識，說明在黑洞終極引力圈外還有輻射發生等。對新概念完美解釋永存於追求過程中，創新空間永存，命題的出現常常來自於新科學不斷發現和累積，是一定歷史階段的產物。
2. 揭示新的自然現象。這種成果的產生多源於對自然的觀察、審視，進而人工再現自然，演繹自然規律、預測自然規律、利用自然規律，這種成果不可能只靠邏輯推理和數學演繹完成，一般需要靠實驗方面的工作。

3. 證明前人的猜想命題。許多重大科學發現起源於前人的猜想命題的證實或證偽，如哥德巴赫猜想（Goldbach's conjecture）、黎曼猜想（Riemann hypothesis）等，至今仍吸引著世界無數的數學家為之奮戰。

4. 對原科學成果的再判斷。對原學說的質疑也是重要的研究創新領域，真理是有相對性的，它都有適用範圍，如牛頓力學完美適用於視覺空間，而相對論則適用於宇宙空間的描述。尋找理論的適用邊界劃分，也是巨大的科學貢獻。

5. 發明與發現導致技術和工藝的突破。許多核心技術的突破改變了歷史程序，如網路技術、雷射技術、晶片技術等都對現代社會進步起了巨大的推動作用，技術和工藝的突破是基礎科學和工程科學的歸宿。

上述這些領域都是創新者發揮創造能力的空間，且永續不斷。

◆ 社會環境、國家政策對創新的推動（Press）

一篇關於討論車輛交通史的文章中寫道，經考古發現，美洲馬雅文明曾十分昌盛，修築多條高等級道路，但在遇到上坡、下坡時，路是階梯形的，這說明馬雅人並沒有使用有輪的車輛；而非洲很早就出現了獨輪車，讓車輛與地面相對滾動前行，大大節省了體力。許多人猜想，諸葛亮的「木牛流馬」，可能也是用於山地運輸的獨輪車。中西古代戰車都曾出現雙輪車。輪子的應用應是古代巨大的發明創造，但中國人直至清末民初都僅止步於雙輪馬車而已，而歐洲皇室的四輪馬車，由於解決了前輪轉向結構難題而極其豪華，成為近代汽車、火車等交通工具發展的模式。

參觀山西博物院時，會發現一輛西周時期的青銅模型車，稱「刖人

守圍車」，這是一個受了足刑的車伕在駕駛一輛寵物運送車的模型。車有六個輪子，後面有一對大輪承重，前軸有兩對小輪子可以靈活轉向，解決了車輛與車輪的連線和轉向問題，這說明在兩千多年前中國已經有了多輪馬車技術。

戰爭對於創新程序的影響是巨大的。第二次世界大戰前，在德國的反猶太人政策推動下，歐洲大批世界頂尖級專家學者移民美國。亞歷山大・弗萊明（Alexander Fleming）發明的抗生素，莫里斯・威爾克斯（Maurice Wilkes）發明的商用電腦，法蘭克・惠特爾（Frank Whittle）發明的噴射引擎之製造技術等，一大批源於歐洲的發明，因時局所迫轉移至美國而形成創新產業。

大批頂級歐洲物理學家移民美國，成就了美國的核技術、航空航天技術、雷達技術、雷射技術等，使美國的科技創新水準迅速攀升到世界頂峰。1901年至1933年美國諾貝爾物理學獎得主僅為3人，化學獎2人，生理學或醫學獎1人。而1934年到2011年間，美國諾貝爾物理學獎得主已達到84人，化學獎63人，生理學或醫學獎104人，遠遠超過同一時期英、德、法等國的獲獎人數，由此完成了科學研究中心從歐洲向北美的轉移。

技術的發明與發現不僅會受社會環境和國家政策的推動，反過來也會作用於社會環境，甚至是改變一個國家的發展策略。

1997年德克薩斯州一家小型天然氣公司，因油氣資源枯竭近乎破產。78歲的總裁喬治・米切爾（George Mitchell）孤注一擲，決定開採頁岩氣，並成功研究了水平鑽井技術，但還是由於技術難度大，產氣量小，一年時間內並無進展。絕望之際，因為一名工人配錯配方的比例，提高了頁岩氣的滲出速率，竟使頁岩氣產量大增。此後，技術人員在此

基礎上不斷改進技術，終於開發出頁岩氣大批次產出的創新工藝。

美國作為最強大的工業國，對石油的依賴十分嚴重。在 1973 年第四次中東戰爭中，美國由於支持以色列，遭到了阿拉伯世界的集體報復。海灣六國對出口西方的原油施行漲價、減產、禁運等政策，製造了 1973 年石油危機，並進而演變成席捲西方的經濟危機。

在充分意識到能源供給重要性後，美國歷屆政府頒布了一系列的政策措施，以期減少對進口石油的依賴。除政策扶持外，1980 年代開始，得益於水平鑽井和水力壓裂兩項關鍵技術的突破，美國逐步實現了低成本、大規模的頁岩氣開發。

2.5
人才培育是創新的百年大計

◆ 尊重知識，尊重人才

重大的創新成果，只有在尊重知識、尊重人才的土壤中才會大量產生。在商業社會裡，不能要求所有的人都淡泊名利，要給那些願意潛心研究、耐得住寂寞的人更多的生存空間。德國作為一個老牌的歐洲國家，對知識和人才的尊重給人留下深刻印象。與眾不同，早年德國貨幣馬克上印的是德國歷史上的著名科學家、哲學家、藝術家的頭像，而不是政治家。城市街道公園用他們的名字來命名的也比比皆是。德國社會對學者、教授、科學家的尊重遠超商業巨擘、銀行家、歌星、影星等。

德國歷史上不僅出現過黑格爾（Georg Hegel）、費希特（Johann

Fichte)、阿圖爾·叔本華（Arthur Schopenhauer）、弗德里希·尼采（Friedrich Nietzsche）等偉大哲學家和思想家，出現過近代數學奠基人之一高斯，微積分創始人萊布尼茲（Gottfried Leibniz），哥德巴赫猜想（Goldbach's conjecture）提出者克里斯蒂安·哥德巴赫（Christian Gold-bach），黎曼幾何（Riemannian geometry）創始人黎曼（Georg Riemann）等偉大數學家，還產生了提出熱力學第一定律（First Law of Thermody-namics）的魯道夫·克勞修斯（Rudolf Clausius），現代物理學家普朗克、愛因斯坦、玻恩等傑出的科學家。

此外，天體力學奠基人約翰尼斯·克卜勒（Johannes Kepler），星雲假說（Nebular hypothesis）提出者伊曼努爾·康德（Immanuel Kant），合成氨的發明家哈伯（Fritz Haber），合成燃料的發明人阿道夫·拜爾（Adolf von Baeyer），地理學、氣候學家亞歷山大·洪堡德（Alexander von Humboldt），等均誕生在德國。1901 年到 2011 年期間，德國獲得諾貝爾物理學、化學、生理學或醫學獎共計 76 項，僅次於美國 257 項，高於英國的 73 項，位居世界第二，其原因是大眾尊重知識的社會基礎。

德國人對科學家們的尊重源於他們的實際業績，民眾從中享受到實際的利益，且看到他們對德國社會發展帶來的推動作用。

縱觀 24 大發明，有一個現象發人深思。這 24 項發明中，有 4 項始自史前、3 項始自夏至春秋、7 項始自戰國秦漢時期，其他 10 項分屬中古和近古，其中唐代 2 項，宋代 6 項，元明各 1 項，至清代便再也沒出現過任何原創性重大發明。

創新的動力源於民智的開發、心靈的解放、志趣的追求和功利的激勵。所有這一切都需以一定的社會條件為其前提。中國近古時期之所以欠缺甚至全無重大的原創性發明，皆在於歷史包袱太重，對祖先空洞的

崇拜，許多誇讚之詞是「古方」、「古法」、「祖傳八輩」之類，政治經濟體制遲遲不能更新，對知識和人才缺乏尊重，眾多的發明及主要貢獻者卻淹沒在歷史長河之中，不甚了了，從而導致社會發展滯緩、民智閉塞、心靈禁錮、鮮有志趣的追求和功利的激勵。這一沉重的歷史教訓，我們理應牢牢記取。

◆ 創新創業需要能工巧匠和工匠精神

一個重大工程的實施，其成功是由「科學家＋工程師＋能工巧匠」三駕馬車共同完成的，如數百公尺跨海大橋的精確合龍、600 公尺以上摩天大樓的建設、500 公尺直徑電波望遠鏡鏡面拼接等，這些工程都要求誤差控制在幾毫米之內，沒有能工巧匠長期實踐的累積，完成它們是不可想像的。

在世界發明史上具有顯赫地位的詹姆斯·瓦特（James Watt）實際上也是一個能工巧匠。21 歲時，他還只是格拉斯哥大學的教具實驗員，性格內向，但心靈手巧，有鑽研精神，在校園內開設了一間修理教具的小鋪。他想要把實驗用的一臺老式蒸汽機修理好，可修理蒸汽機涉及多個學科知識，他擔心自己力所不及，好在教授們看中他的決心和動手能力，決定義務傳授他有關知識。老式蒸汽機的運作原理是先往氣缸中加蒸汽，使其膨脹，再用冷水使其冷凝、收縮，從而實現活塞的往復運動，這使得蒸汽絕大部分熱量都耗費在維持氣缸的溫度上。瓦特想到了改善之法，他把氣缸與冷凝器分離，氣缸裡的溫度不必交替加熱和冷卻，氣缸中蒸汽溫度也大大提高，從而提升了蒸汽機的熱效率。就這樣，他成功組裝了可連續穩定運轉的新型蒸汽機模型。

但要將模型變成一臺實際的蒸汽機，路還很長。首先是多次遇到加

工困難，特別是資金短缺問題，使瓦特幾乎灰心喪氣。關鍵時刻，一個鑄造廠老闆慧眼識珠，看到這項技術的價值，買斷了所有專利。有了資金保障後，瓦特克服材料和工藝上的缺陷，不斷打磨，第一批新型蒸汽機於 1776 年量產。他邀請大批礦主、工程師甚至英國王室成員前來參觀，由於新式蒸汽機效能優異，效率高，可穩定執行，隨後的大批訂單如雪片般飛來，英國也迎來了世界第一次工業革命的高潮。

雖然蒸汽機已成功應用於工業生產，但其科學原理仍然不是很清楚。直到 1824 年法國物理學家尼古拉·卡諾（Nicolas Carnot）發表了「論火的原動力」一文，才首次對蒸汽對外作用的「卡諾循環（Carnot cycle）」原理進行了科學分析。

能工巧匠需要精益求精、一絲不苟的精神。一百年以來，德國、日本等國的許多產品之所以享有很好的聲譽，工匠精神的發揚起了重大作用。2014 年美國在經歷了經濟危機後，希望重新奪回高階製造業的地位，時任總統歐巴馬曾宣布不惜重金，推進「學徒計畫」，設想要培養 300 萬名高技術工人。

此外，成功取決於對細節的把握。

1976 年美國進行導彈實驗時，操作員少轉了半圈螺絲，導致飛行失敗。

1980 年法國亞利安火箭第二次試飛時，由於操作員不慎，一枚非常小的異物堵塞了燃燒室的噴嘴，導致發射失敗。

1989 年美國利用火箭發射衛星時，由於工作人員疏忽，少加了 26 磅（約 24 公斤）推進劑導致兩顆衛星未能進入預定軌道。

工匠精神就是在每一個細節上都精益求精、精雕細琢。

但工匠精神需要長期有計畫地培養。

德國的職業教育久負盛名，支撐了德國高階產業的正是「工匠精神」。「工匠精神」的培養絕不是簡單低端的事業，需要注入許多科學的、技術的、經濟的知識。

「如果讓你經營一個擁有 150 頭牛的牧場，你如何精確計算出所需的水、電、農業機械、精粗飼料、藥物的用量及僱員的薪資、稅收等各項費用？」這是德國一所農業職業學校課堂上的題目，經同學熱烈討論後，教員會拿出畜牧研究所的權威報告，再結合自己的經驗分析、解釋、點評學生的方案。

當然工匠精神的訓練，也是給學生謀生的一技之長，這必然要求工匠對自己的產品精雕細琢，對細節也有很高的要求，甚至追求完美極致，努力把品質從 99% 提高 99.99%，並把這種追求轉變成工匠自己的享受和理想。

◆ 拒絕平庸、寬容失敗

社會上盛行「以成敗論英雄」的論調，致使很多人對創新抱有急功近利的態度，恨不能「今天給雞撒把米，明天就要雞下金蛋」，若無法獲得可見的收益，許多人就會轉而求穩，不願挑戰風險。另外，科學研究人員在申請立項時，若坦言這項研究結果不確定、成功機率較低，多數情況下可能就不會被批准立項，這也會迫使科學研究人員選擇風險小的道路，最後以平庸的成果交差。

拒絕平庸的失敗一定不要與失責、失職、失誤等混淆起來，需要有專業的評估機制，為合理失敗正名，要讓真正勇於探索的創新者哪怕「失敗」了，其辛勤的付出依然能得到尊重和回報，不會因此挫傷前進的動力。有一些重大的創新專案，常需要數十年幾代人的努力才能獲得成

功，這些前輩的工作雖沒有成功，但也不是失敗，他們作為鋪路石子的墾荒者默默奉獻，更應給予回報。

對「失敗」寬容是為了充分挖掘出失敗的價值，從中獲取走向成功的養分，激發進一步探索的動力，使創新者能卸下沉重的心理壓力，潛下心來釋放更多的創新活力。

美國 3M 公司成立於 1902 年，該公司擁有 9 萬名員工（含 8,100 名開發人員，分布於 36 個國家）、200 間製造廠、86 間實驗室和 46 個門類的技術平臺，目前年度開發經費投入 170 多億美元。它擁有 5.5 萬多種技術產品，每週釋出 25 種新產品，截至 2017 年 7 月，3M 公司已累計獲得 112,043 項專利。

3M 公司成功的祕訣中最關鍵的一點是「僱用能力強的人員，信任他們的能力，放手讓他們做，拒絕平庸，容忍失誤」。總裁相信他選擇的有能力的員工，只要做他們有興趣的題目，便會主動去學習鑽研，絕大多數一定能夠成功。公司給員工 15% 的自由時間，讓他們根據自己發現的、醉心的課題進行自由探索，鼓勵員工從客戶那裡找需求、找難題，而不把員工的創新思想放在世俗淺薄的「模具」裡擠壓「成型」。追求卓越，就必須允許在張揚個性中包容出現的曲折失誤。員工也會從失誤、失敗中學習，找到解決關鍵難題的方案。

◆ 在繼承、競爭、合作中成長

在漢代桓寬《鹽鐵論・和親》一節中，「丁壯弧弦而出門，老者超越而入葆」，這句話的哲學邏輯內涵，是在對某一個思想基礎的包容、承認與合理性傳承中，發現其矛盾性、無效性和不合理性，而後在這個基礎上進行提升和跨越，重新認知並展現出其中的解釋力、概括力和實踐

力。在超越語境中，並沒有徹底否定或全面替代的意味，而是再吸收、反思、傳承和躍遷，即「創新」的同義詞。

另外，在實踐中提倡不因循導歸、求新求變的思想在中國古籍中也頻頻出現，如：

窮則變，變則通，通則久

—— 《周易》

苟日新，日日新，又日新

—— 《禮記》

苟利於民，不必法古，苟周於使，不必循舊

—— 《淮南子》

可惜我們對這種思想教導的弘揚，很長時間裡都做得太不夠了。

人類所有的文明成就是可學習、可傳承、可交流和可持續性生存和發展的，文明的傳播和發展就是不斷解決其不完整性、悖論和矛盾，並不斷創新的程序。所以文明的本性就是超越，就是在包容、學習、借鑑、競爭、糾錯和創新的昇華過程，就是「站在巨人的肩膀上」而不是「跪在巨人的腳下」，就是不斷揭示從宇宙到地球生態規律的過程。如果不是這樣，人類就走不到今天，更沒有未來。

世界的科學中心曾發生過多次轉移。

例如從 1930 到 1940 年代起，特別是第二次世界大戰，促使科學中

心向美國轉移。歐洲對電磁學的研究也成為美國的研究前沿，特別是半導體電晶體的發現。電晶體雖為電子技術的發展開啟了大門，但不同部件如果依然要靠手工銲接到電路板上，生產會受到很大的制約。

1958 年 7 月，美國德州儀器的傑克‧基爾比提出了一個新想法，他在專利申請中，將其描述為「一種由半導體材料製成的新型微型電子電路，它包含一些擴散式 p-n 結，電子電路的所有元件都被完全整合到半導體材料的主體中」。基爾比強調：「這種方式製成的電路，其複雜性和結構是沒有限制的。」並表示他這一堪稱完美的想法正在克服困難的實施過程中。

英雄所見略同，近似想法經常在相同時間產生。1959 年 1 月，美國快捷半導體公司的羅伯特‧諾伊斯（Robert Noyce）在其實驗室筆記中記述了該想法的改進版。諾伊斯寫道：「最理想的方法是把多種元件連線在同一矽片上，使不同元件之間的互聯作為製造過程的一部分，從而減小尺寸、減輕重量等，並降低每個有源元件的成本」，且「真空沉積形成的導線或其他方式形成的金屬條遍布並貼附在絕緣氧化層上……」

由此可見，現代積體電路的思想已完整形成。諾伊斯專利在 1961 年 4 月獲審批，基爾比則在 1964 年 7 月獲專利權，兩家相互訴訟對方專利無效，這場官司一路打到美國聯邦最高法院。1970 年高院支持了下級法院對諾伊斯優先權的裁決。

但兩家公司激烈競爭後，發現可能合作更有利，尤其是在技術上可以相互補充，於是在 1966 年達成了共享生產許可證的協定。兩位發明者均獲得美國國家科學獎，併入選美國的發明家名人堂，諾伊斯享年 62 歲，而基爾比在 82 歲時獲得了 2000 年諾貝爾物理學獎。

積體電路的發明價值是巨大的，到 1971 年它已演變成為擁有數千個元件的簡單微處理器，到 2003 年其處理器上元件總量已超過 1 億個，到

2015 年可擴充處理器架構（SPARC）整合的電晶體數量達到 100 億個。
這意味著 1965 年以來，電晶體整合數量累計成長了約 8 個數量級，平均
每年成長約 37%，正如摩爾定律預測的一樣。

　　積體電路已經應用在家用電器、手機、洲際彈道導彈等幾乎一切與
電子元裝置相關的產品和產業。

　　科技進步從量變累積，到突發質變飛躍，產生巨大的科技發明，可
能在不同人群中、在相近時間產生，這種情況是屢見不鮮的常態，創新
就意味著時刻準備競爭，但也要準備著妥協、合作。從幹細胞的研究程
序就可看出學術合作與交流對促進科技創新的巨大作用。

　　1981 年英國科學家 Martin Evans 成功從小鼠胚胎內細胞分離出這尚
未分化的細胞系，並將它們無限期地保持在這種狀態之中，這代表著人
們對 ES 細胞進行系統研究成為可能。

　　2000 年美國科學家詹姆斯·湯姆森（James Thomson）從人類胚胎中
首次分離出 ES 細胞，意味著有可能使胚胎幹細胞形成一個生命個體並能
傳代的細胞。胚胎幹細胞可以分化形成人體各種不同類型的組織細胞，
是一種全能幹細胞，未來潛在的巨大醫學價值進一步激發了研究熱情。

　　2002 年 3 月美國華特·里德國家軍事醫療中心（Walter Reed National
Military Medical Center）藉助複製技術成功對實驗鼠進行了胚胎幹細胞治
療，首次在動物身上證實體細胞核移植是可行的。

　　2004 年 4 月，日本物理化學研究所宣布，在世界上首次用猴胚胎幹
細胞生成兩種末梢神經，這一成果拓寬了再生醫療的前景。同年 5 月世
界首個國家胚胎幹細胞庫在英國倫敦建立，它可為糖尿病、癌症、帕金
森氏症和早老年性痴呆等疾病研究和治療提供幹細胞。

　　2004 年 9 月美國馬薩諸塞州細胞技術公司宣布，首次用人類胚胎幹

細胞成功培育出了視網膜細胞,該技術有望用於治療視網膜退化造成的失明。

2005 年 1 月,日本京都大學首次報告說,將猴胚胎幹細胞分化成神經幹細胞再植入 6 隻患有帕金森氏症的猴子腦部,結果牠們的病情明顯好轉。

2006 年 8 月,日本京都大學宣布其利用實驗鼠皮膚細胞製成可分化為各種組織和器官的「多能細胞」,這一成果為利用人類皮膚細胞「仿製」胚胎幹細胞打下了技術基礎。

2008 年 1 月,美國 Stemagen 生物技術公司發表論文稱首次透過克隆的方法,由成體皮膚細胞得到了人造胚晶。

幹細胞研究的重要性毋庸置疑,它對人造器官等多種醫學進步都有重大作用。但從某種意義上說,科學雖然是無國界的,但科學家是有家鄉的,任何一個國家都會對攸關自身策略安全的核心科技採取一定的保密防範措施。如智慧財產權保護,其目的是保護智慧財產權所有者的切身利益,維護科學體系的公平。這是合理的,有章可循。

但在這種保護措施和領域外,科學和人才交流也是必要、必需和不可阻礙的,特別是在公共科學領域,科學和人才交流的重要性和必需性已被絕大多數人意識到。以柯林斯所屬的醫學和生物醫學界為例,沒有頻繁、密切、制度性的國際人才、科技、數據的交流,任何國家也難以全面掌握生物和疾病的多樣性,勢必難有針對性地對許多疾病、病理、醫學和藥學問題開展系統而又深入的研究,最後也會有害其自身。

3 知識

KNOWLEDGE

有知識不等於會創新，但沒有知識的創新是萬萬不能的。
知識的獲取是對前人創新成果的繼承。

教育對於創新的重要性毋庸置疑。《大學》開篇中就提出：「大學之道，在明明德，在親民，在止於至善。」在《禮記·學記》中還說：「九年知類通達，強立而不反，謂之大成；夫然後足以化民易俗，近者說服，而遠者懷之，此大學之道也。」兩者說法互為解釋，「知類通達」、「強立而不反」為「明明德」的註腳，「化民易俗」、「近者悅服」、「遠者懷之」可以是「親民」的註腳。由此可見先人對「學習」和「實踐」的關係感悟至深。

而當今大學教育常以知識灌輸為主，以培養能力為輔。許多教育家都說過「授人以魚，不如授人以漁」，對於科技類教育來說，創造能力的培養就更加重要。由於國家對人才的需求是多層次的，各大學的辦學條件也有明顯差別，正如孔子的《論語·子路》裡所說「君子和而不同」。各個大學可以分別發揮自己的優勢，實現「我願天公重抖擻，不拘一格降人才」的願望。

實際上，知識獲取正是對前人創新成果的繼承。只有站在巨人的肩膀上才能看得更遠、更深，才能有新的發現和創造。教育的目的是培養人的科學素養，根據經濟合作暨發展組織釋出的「PISA 全球素養架構（PISA global competence framework）」的定義，科學素養是要培養人們的──

1. 科學精神：指好奇心、質疑、批判和創新能力。
2. 科學方法：指掌握用形式邏輯推理和實驗科學方法，證實和證偽某種假定、猜想的能力。

本節中僅提出了工科建設的新思路和所需改進的問題，後續章節中還將討論創造者所需知識結構及如何建立起這種結構的細節問題，並討論解決時代變化所面臨的大學使命。

3.1
知識的獲取路徑

◆ 繼承前人知識的創新成果與大學使命

世界各國對青年人如何繼承好前人所創造的知識都十分重視，各方面的重要人物都曾出面諄諄教導。

美國第 56 屆總統巴拉克・歐巴馬（Barack Obama）於 2009 年 9 月面對弗吉尼亞州高三學生，有過一次推心置腹的對話，鼓勵他們接受教育。他說：

「教育給你們提供了發現自己才能的機會，無論你選擇哪一種職業，良好的教育都必不可少。我父親在我兩歲時就離開了家庭，是母親一人將我們扶養大，有時她付不起帳單，有時我們得不到其他孩子都有的東西，因此我並不總是能專心學習。我做過許多自己都覺得丟臉的事情，也惹出過許多不該惹的麻煩，但也很幸運，有了重來的機會，有了去大學讀法律的機會。你的生活狀況，你的長相、出身、經濟條件、家庭氛圍都不是疏忽學業和態度惡劣的藉口，這些都不是你去跟老師頂嘴、逃課，或是輟學的藉口，沒有人為你編排好你的命運，你的命運由你自己書寫，你的未來由你自己掌握。」

「250 年前，有一群和你們一樣的學生，他們奮起努力用一場革命最終造就了這個國家；75 年前有一群和你們一樣的學生，他們戰勝了大蕭條，贏得了第二次世界大戰勝利。就是 20 年前和你們一樣的學生，他們後來創立了 Google、X（前 Twitter）和 Facebook，改變了人與人之間溝通的方式。假如 20 年、50 年、100 年之後，那時美國總統也來做一次開

學演講，他們怎樣描述你們對這個國家所做的一切呢？」

貴為總統的歐巴馬，能以這樣一個聲情並茂、完全沒有說教式的且平易近人、坦誠的口吻對中學生講解接受教育對人生的重要意義，實屬難能可貴。

大學教育十分重要，大學辦學理念、使命的確立是首要的。一所大學的辦學成敗與其校長的關係十分緊密。大學的校長要想有所作為，其使命就是要促進大學順應時代的變革，就是要在該大學的特色中增添新的元素。歷史越悠久、名聲越大的大學就像一個「古董瓷器博物館」，進入這所博物館的校長，戰戰兢兢不行，大大咧咧不行，悄無聲息不行，轟轟烈烈也不行。

就以年富力強的哈佛大學校長薩默斯為例，任職不足 5 年，卻在悲情湧動中辭職，在自己的母校折戟覆舟。他引領大學成敗的故事值得深思，從中可以悟出他想做貢獻的願望和努力，以及壯志未酬的慘痛教訓。

勞倫斯・薩默斯（Lawrence Summers, 1954–）出身於經濟學「豪門」，父母都是賓夕法尼亞大學教授，伯父和舅舅先後獲得過諾貝爾獎。1982 年薩默斯獲哈佛大學經濟學博士學位，28 歲成為哈佛大學終身教授，1991 年離校任世界銀行首席經濟學家，1999 年至 2001 年任美國財政部長。

2001 年 10 月，薩默斯帶著強烈的緊迫感和責任感，躊躇滿志地回到哈佛大學任校長。他在就職演講中，對哈佛的輝煌歷史深表敬意，同時指出大學的成功和持續進步，取決於一代又一代人變革創新的激情和踏實作風。表明要超越既定思維框架，要在開放和懷疑之間保持平衡，在傳統與創新之間保持平衡。

　　薩默斯援引羅斯福總統 1943 年在哈佛大學的演講語錄:「捍衛人類的精神自由,傳遞真理的火炬,是美國的責任,是哈佛的責任。」他提出大學不應該成為教條的奴隸,不應是時尚的盲目跟隨者,不應僅為新奇而標新立異,也不能堅守正統而裹足不前。真理應是正確的、深刻的、能促進人們理解世界的知識。薩默斯這隻闖進「世界級古董瓷器博物館」的公牛,就這樣開始履行其責任了。

　　他大手筆地每年吸收 1,650 名世界上最出色的大學生,選派優秀教師主持新生研討班,並向所有學生開放。在通識教育和主修領域增加學生的選擇性和靈活性,把包括音樂創作、視覺藝術、電影和寫作在內的藝術實踐,全面納入大學課程。他打破學科間的壁壘,將經濟、社會和倫理方面的問題融入課程計畫。學生在海外遊學的人數迅速攀升。對中低收入家庭學生免收學費,幫助學生尋求公共服務獎學金專案,使這類學生人數成長了 1/3。為提高教學品質,教學能手也能獲得終身教職。他大刀闊斧的改革可圈可點。

　　任何一項改革都意味著理念的再塑造、利益的再分配,他的一些激進或冒失的舉措,也使他深陷重圍。他對大學教育展開了全面調查,並力推改革。「衝擊波」直擊一些趨於保守的教師和院長,使他們突然離任,也衝擊了當紅的非洲裔美國學者,使他成為眾矢之的,有的批評者將他謾罵為幻想狂,或斥之為麥卡錫主義(McCarthyism)。但「壓倒駱駝的最後一根稻草」的,是他在一次經濟學研討會上提出的、「令人震驚」的假設,即「在數學、科學和工程方面女性學者較少,或許與兩性之間的先天差異有關,與她們的社會角色有關」的論點。這一說法被解釋為對女性的性別歧視,燃起了女性學者心底的怒火,掀起軒然大波,最終導致董事會只好讓薩默斯「策略性」體面辭職。

　　各大學經年積澱的名人軼事、歷史傳說、文化習俗等，無不透視出不同大學的性格。薩默斯的「對立面」韋斯特歸納地說：「如果不愛人民，你就不能當人民的領導；如果不服務人民，你就不能拯救人民；如果稍作『竄改』就可以說，如果不愛大學，就不要做大學的領導；如果不服務大學，就不要想拯救大學。」這也許真的點到了薩默斯功利主義內心深處的情結，如何把傳承知識的大學辦好，值得領導者深思並引以為戒。

　　哈佛大學經三年教改討論於 2007 年 2 月 7 日公布最終的報告中，提出辦學理念仍是著力培養能引領世界、具有國際視野的領袖人物，課程設定提出了綜合性、選擇性、基礎性和靈活性原則，並批評了 1970 年代該校提出的「核心課程」制，認為它過於狹窄，集中於科學命題而不是針對現實生活中遇到的問題，要求學生有能力並已準備好去應對正在改變中的世界。即主張學生走出象牙之塔，有能力去迎接現實世界的問題，成為領袖人物。報告認為，近幾十年來雖然哈佛大學在學術界越來越有名，卻越來越成為一所失去靈魂的大學，學生成為各領域領導者的競爭能力也大不如前了。三年教改報告也為解決上述問題，提出一系列措施，從而使哈佛大學在世界上的領先地位保持至今。

　　其實，世界的大學已經存在了幾百年，有些甚至上千年，但並不是所有的大學都能經受住時間的考驗。幾個世紀以來，許多世界上最古老的大學已經解散，分裂成獨立學院，或者變得面目全非。大學的歷史，不僅代表著悠久的文化遺產，同時也證明它們有能力適應現代環境，並在競爭激烈的全球化世界中繼續發揮作用。那麼，今天的大學的使命是否應該像哈佛大學報告的那樣，積極應對變化中的世界？

　　普林斯頓高等研究院（Institute for Advanced Study）創始人對辦學使命有不同看法。他認為大學不是溫度計，不應該對社會上每一個流行風尚都作

出反應，大學給予社會的，並不總是它當時想要的，而是它長遠需要的。學校教育要與社會保持一定距離，才能免於世俗干擾，潛心學術，免於投機泡沫。學生不僅要學習前人累積的知識，也要學習前人是如何思考的，了解知識發展過程的脈絡。在不得不用這些「不知是否適用於未知世界的知識」去求索未知世界時，探索如何才能否定已有知識，則是更大的突破。

美國著名學者丹尼爾・格林伯格（Daniel Greenberg）曾寫道：「大學是基礎性科學知識和大量技術知識的主要生產者，大學所僱用的專家則是科學認識的生產者、闡釋者和監護人，但現在大學的金錢味也越來越重了……正如著名科學社會學家羅伯特・莫頓所說，科學家並不是由比常人更優的道德材料構成的，因此學校的科學活動一向受到嚴格的約束。」、「盛行的商業價值是否汙染了學術研究，使之偏離了純潔無瑕的、只追求社會效益的目標？如 1955 年當喬納斯・沙克（Jonas Salk）研究出小兒麻痺症疫苗後，有人問他：『誰擁有這個疫苗的專利呢？』他回答說：『這個，我只好說，人民擁有專利。』他又說：『根本沒有申請專利，你能申請一個太陽專利嗎？』意思是普惠眾生的太陽不需要專利保護，那麼，應該普惠眾生的疫苗為什麼要申請專利呢？」這樣散發著理想光輝的人物也應該是現代大學培養的目的，由此對大學日趨世俗化提出了質疑。

以上兩者的觀點粗看起來不甚相同，但在創新能力培養上卻是有共識的。

而聯合國教科文組織對於人才培養的目標提出過：

⇨ 學會認知（Learning to know）；

⇨ 學會做事（Learning to do）；

⇨ 學會共同生活（Learning to live together）；

⇨ 學會做人（Learning to be）。

大學出現已近千年，一直在辦學理論、使命等方面進行著討論、演變。

美國工程與技術鑑定委員會，對大學畢業生素養要求標準是：

⇨ 能運用數學、科學、工程知識；

⇨ 能設計、操作實驗，能分析解釋數據；

⇨ 能設計一個系統，組裝部件過程；

⇨ 能識別、解決工程問題，有跨學科認知能力；

⇨ 有責任心、道德義務、法律意識；

⇨ 有全球視野和交流能力。

哈佛大學也對培養學生的標準提出下列要求：

⇨ 清晰明白地寫作能力；

⇨ 對於世界、社會和自身的認識和鑑別能力；

⇨ 對世界各種文明有廣闊視野；

⇨ 道德的選擇、判斷能力；

⇨ 某一領域有較高專業水準。

要加強學生的哲學思維能力，提升其思辨能力，需要進行自然辯證法的教育，要弄清楚我們是誰，在生態系統中我們處於何種地位，我們的理性、正義、同情、愛恨等觀念從哪裡來，幫助學生建立正確的自然觀、世界觀、人生觀、價值觀尤為重要。在創新中有助於學生跳出原有正規化思維，就像蘇格拉底提出的那樣，讓哲學成為「思想的接生婆」。在創新中必備的六大素養：健康生活、學會學習、人文底蘊、科學精神、責任擔當、創造實踐處處閃動著哲學的影子。

從更寬廣的視角考慮，教育問題是關係到國家興亡的大事。近年來美國南加州大學傳播與新聞學院院長為滿足創造部門的人才需求，提出

了教育「第三空間」的概念 —— 第一是傳統工程教育空間；第二是商業
教育空間；第三是思考問題、識別機遇和規避風險的教育空間；具有五
個維度：求知欲、同理心、全方位思維、適應能力、文化能力。這些都
是創新部門主管和上層想要具有的技能，而且需要它們被整合在一起，
讓每個人有不同的思維，不同的傾向，不同的心智模式，而不是千人
一面。

◆ 科普教育與偽科學

公民科學素養的提升，離不開科普工作的開展。

1871 年之後，德國有識之士意識到，德國與英法之間存在著差距。
他們認為，對於經濟和軍事實力上的差距，都可以較快地奮起直追而趕
上，而要在文化素養追趕方面有創新，最有效的做法就是科學普及。

當時德國國內出現了一股科學普及風潮，這股風潮包括了很多方
面。如知名教授不計報酬，教授及普及科學知識給平民、工人階級的民
眾；建立大量博物館、圖書館；舉辦各種知識競賽等。在這股浪潮之
下，德國出現了一批科普作家，其中的代表人物便是愛德華·伯恩斯坦
（Eduard Bernstein），他自學各種科學知識，然後將它們用非常優美的語
言表達出來。他談到光時，提問道：「假如人隨著光速前進，這樣的情形
會怎樣？」這類問題對青少年產生了很大的影響，也包括少年的愛因斯
坦。由此愛因斯坦就開始思考這個問題，並最終有了後來驚人的成就，
改變了世界關於時間和空間、物質和能量的傳統認知。

我們今後的科普任務仍十分繁重，尤其是要縮小城鄉差距，縮小人
與人之間的差距，使公民科學素養的提升向著良性發展。

科學知識的普及出現困境的主要原因是，常識被邊緣化，這和反智

主義有本質不同。反智主義是一種對知性和知識持懷疑，甚至敵視狀態的社會和文化觀念，往往源於取悅普羅大眾的民粹媒體對菁英意圖壟斷社會話語權的反抗。然而一個不重視科學普及、把常識都邊緣化的社會並不是反智，而是把知識分為尊卑，基於常識的「科普教育」不受重視。其實，任何深奧都是植根於基礎知識之上的。

所謂「深奧知識」一旦被賦予無上權威，再加上忽視廣大基層民眾的知識普及，就容易引發災難。例如，尖端金融業的概念框架和運作原理，連行內人士都摸不到頭腦，神祕而不可知。2008 年全球金融衍生工具的假設性價值，已經遠遠超過全球經濟生產的總值，本來金融衍生工具的目的是讓企業和投資者轉移和分散風險，但人的貪得無厭，使它很快變成了一種可一朝致富或傾家蕩產的賭博工具，再加上無知的盲目投資，最終導致全球金融危機的爆發，廣大群體由無知而陷入了災難。

科普教育對於識破偽科學的欺騙也有重要作用。近年來以創新名義進行偽科學欺騙的案例層出不窮，偽科學欺騙是在本領域無知而又掌握一定權力的領導者的盲目行動，會使國家蒙受損失。

◆ 教育新理念與新模式

對學校知識傳授的作用，愛因斯坦曾說過：「學校一直是將傳統財富從一代轉移到下一代的最重要手段；相較過去，這個道理更適宜於今天，現代經濟發展削弱了家庭作為傳統教育承載者的角色。因此，人類社會的生存和健康更加依賴於學校。」

「知識是死的，而學校卻是在為活人服務，旨在培育年輕人對社會繁榮有價值的素養和能力。」

在開放進步的思潮下，近年各大學也提出了不同的教育模式：

1. 史丹佛大學的開環大學（Open Loop University）方案

傳統大學是如 18 歲入學，23 歲畢業，五年一個週期（Loop），可能再有研究生等第二個週期。可是當我們走入職場，回頭想想在校園裡學到的 60% ～ 70% 的知識內容，工作上都是用不到的。工作上需要用到的知識，尤其是隨著科技進步生發出的新知識，都需要自學了。而開環教育模式的概念是，18 歲入大學，有段時間在課堂上學習，有段時間在社會上學習，開啟大學的邊界。你可能永遠沒有畢業的時間，你隨時可以回來上學，學習與實踐密切交融，效果可能更好，很多著名的人物如比爾蓋茲等，都不是閉環教育成就的。

2. 美國麻省理工學院（MIT）的平行教育理念

人工智慧實驗室主任 Seymour Papert 提出平行教育的理念，其核心主張是「建中學（learning by making）」和「學中建（making by learning）」。

其主要做法是：

1. 教師由「知識傳授為主」轉換為「以學習引導為主」的工作模式，更關注學生個性化和目標定製化教學；
2. 學生由被動學習轉化為主動學習和深度學習模式，更關注知識的實踐應用和創新；
3. 教學高度數位化、虛擬化、智慧化，開放教學空間，學習情景更為多樣化；
4. 不再關注知識記憶能力，更加看重創造力、合作力、領導力、批判思維等。

這些創新教育的一個共同特點是教師與學生在課堂上的角色反轉，過去是學生圍著老師轉，現在學生是課堂的主角。

　　智慧教育，首先是「當前學校的邊界必須打破，封閉固化的學校要走向無邊界的學校」，這樣才能使最優秀的教師發揮作用、最優秀教學方法得到最充分的傳播；不僅如此，還要「從固定的班級授課制，走向動態學習組織」，學生的學習興趣和學習能力可充分展現，真正實現孔子倡導的「因材施教」教育理念，而不是一刀切的「減負」；真正使優秀學生能「吃得飽」，又不會造成部分學生負擔過重。

　　面對 21 世紀快速而巨大的變化，有學者提出了工科教育的新思想，認為一名現代工程師應具備的能力和素養可歸納為 6 個方面：

1. 能正確判斷和解決工程實際問題的能力；
2. 應具有更好的交流能力、合作精神以及一定的商業和行政領導能力；
3. 懂得如何去設計和開發複雜的技術系統；
4. 了解工程與社會間的複雜關係；
5. 能勝任跨學科的合作；
6. 養成永續學習的能力與習慣，以適應和勝任多變的職業領域。

　　美國工程與技術認證委員會（ABET）具體制定了新的針對工程教育培養專業人才的 11 條評估標準：

1. 有應用數學、科學與工程等知識的能力；
2. 有進行設計、實驗分析與數據處理的能力；
3. 有根據需求去設計一個零件、一個系統或一個過程的能力；
4. 有多種訓練的綜合能力；
5. 有驗證、指導及解決工程問題的能力；
6. 有對職業道德及社會責任的了解；
7. 有效地表達與交流的能力；

8. 懂得工程問題對全球環境和社會的影響；

9. 有永續學習的能力；

10. 具有有關當今時代問題的知識；

11. 具有應用各種技術和現代工程工具去解決實際問題的能力。

　　這 11 條評估標準可認為是一名合格的現代工程師應具備的能力和素養，也是評價一所工科大學教育水準的國際標準。由此可以看到，在重視加強數學和科學基礎的前提下，當前更強調的側重點是：工程實踐能力，表達交流溝通能力與團隊合作精神，永續學習能力，職業道德及社會責任，社會人文和經濟管理、環境保護等知識。歸根究柢是綜合創新能力的全面提升。

　　為了使新工科教育落到實處，學校需要從多方面著手。

1. 教學理念的改變

　　教學理念要從以教師為中心轉變到以學生為中心，改變填鴨式教育。麻省理工學院把全校 2,000 門課程內容都公開在網路上，為學生創造一個可以靈活、自由、主動學習的環境，充分調動自學討論、辯論的積極性，充分調動學生參加工程實驗和創新思考的積極性。其實，西藏喇嘛的佛學教學方法就很有參考價值。喇嘛進入一個進修過程，首先拜定一個高僧為師，老師提出一個學習計畫，對某一經典概述大意後，學員以自學、領悟為主；每 7 天至 10 天參加一次同水準學員的辯經會，討論自己對經典的領悟和理解，多次辯論和理解後，自己的觀點得到提高，被認同；優勝後，上升到高一級別的辯經會。對每一部佛經都要經過自學和辯論，在辯論中不斷提升自己的認知水準，這種原始的自主學習方法確有特色，展現了學生自由學習、學用結合的模式。

2. 認知方式的多樣

西元前 384 年至西元前 322 年，亞里斯多德提出邏輯學核心的三段論。這種形式邏輯「三段論法」演繹，如大前提是金屬導電，小前提是鐵是金屬，結論就是鐵能導電，是普遍用來認知的理論基礎。亞里斯多德的演繹法（deduction），其邏輯基礎是根據已知真理去建立（推論和認識）新的真理。

例如，由希臘的歐幾里得（西元前 330– 西元前 275）建立的幾何學，就是首先提出了正常人可以直接認同的五個假設：

1. 任意一點到另外任意一點可以畫直線；
2. 一條有限線段可以繼續延長；
3. 任意點為圓心及任意的距離可以畫圓；
4. 凡直角都彼此相等；
5. 同平面內一條直線和另外兩條直線相交，若在某一側的兩個內角和小於兩直角和，則這兩直線經無限延長後將在這一側相交（即三角形的內角和等於 180 度）。

從以上認定的五個公理即可演繹（推論和認知）出全部其他平面幾何學定理。

這種教育方式對初等、中等教育，對基本知識的快速系統學習是可取方法之一，但應用在教育水準較高的大學生、研究生中卻是摧殘人才，教育的結果就是封閉了學生的思路，得到的是一些死知識和教條。

人類認知方法還有第二種：法蘭西斯·培根（Francis Bacon）的歸納法。歸納法傳授知識的過程是從觀察、思考、比較和實踐出發，透過總結逐級攀登，從對特殊事例的認知上升，從特殊到一般，從低階到高

級，經多級次歸納，最後上升至普遍公理。歸納法的倡導者有：

法蘭西斯・培根，主張實驗歸納法，認為實驗科學勝過各種依靠論證的科學，因為後者不可能提供確定性知識。培根提出了觀察－實驗－歸納法，認為科學從觀察和實踐出發，逐級登攀，歸納的基礎是實驗和實踐。

伽利略・伽利萊（Galileo Galilei），提出科學研究和認知是透過觀察－實驗－數學邏輯推理－實驗檢驗－理論來完成的，豐富了對科學研究方法的認識。

歸納法教學可以用案例法教學實現。如關於計時器的教學，可以講授、考察甲鐘錶廠產品的優點，再講乙、丙、丁……各廠的案例，並進行綜合分析。當學員在遇到一個同樣問題時，可以從甲、乙、丙、丁……各廠的案例，取其所長，創造出一個更加先進的設計方案。所以其所具有的知識是開放性的。

歸納法（induction）的邏輯基礎是從某個貌似即將成立的假設或理論出發，不預設任何事實，但卻需要收集事實來支持這一理論的方法。

近年來美國實用主義（Ragmatism）哲學家查爾斯・皮爾斯（Charles Sanders Peirce）和約翰・哈曼（Johann Hamann）等提出了一種新的科學推理方法，即溯因推理法（abductive reasoning），其中強調「最佳解釋推理法（Inference to the Best Explanation,IBE）」。其認知推理模式為：

1. 「E」是事實（指的是穩定的、重複發生的、有一般規律的事實）和觀察現象等的數據集合；
2. 如果「H」具有初始擬真性（initial plausibility）的推理是真的，則它能夠解釋「E」；
3. 如果沒有其他假說像「H」一樣或能更好地解釋「E」；
4. 則「H」（可能）是真的，可以被接受。

溯因推理由 Brian Haig 所完善，並由此提出科學方法的溯因理論（Abductive Theory of Scientific Method, ATOM）法，ATOM 法的方法論框架為：

1. 如果我們觀察到了新奇的經驗現象「P」；
2. 如果假設「H」近似為真的情況下，且相關的輔助知識「A」被啟用時，「P」就一定會出現；
3. 那麼此時我們就有理由判斷「H」假設具有初始的似真性，值得進一步深入研究；
4. 最終導致新規律（理論）的確認。

ATOM 是一種涵括性認知方法，是自下而上的邏輯方法，受到越來越多的重視。

除此以外，愛因斯坦認知體系是非邏輯的，亦非歸納的，稱之為直覺頓悟法，是對牛頓的時空概念的反思，是對新時空概念的思索和頓悟，這也是人類的第三種認知方式。

直覺悟性是一種既非歸納方式，又非理性的邏輯思辨，它是從瞬間感悟到領悟，並「跳躍」到事物未知部分的那種能力。教師需要為培養學生們的這種能力下功夫，但這種直接頓悟的成果可大可小。例如，德國數學家卡爾·高斯（Carl Gauss, 1777–1855）在 9 歲時，他的小學老師想出去接待一個客人，就出了一道數學題給孩子們，即「1 ＋ 2 ＋…＋ 100 ＝？」。他以為這道題會讓孩子們花費不少時間，自己可以安靜做其他事了。不料老師剛剛走到教室門口，高斯就舉手說做完了，得數是 5,050。這使老師感到驚奇，他問高斯用的是什麼計算方法，高斯說是：

$$1 + 100 = 101$$

$$2 + 99 = 101$$

$$\cdots$$

$$50 + 51 = 101$$

共 50 組 101，相加就是 5,050。

老師於是開始驚奇他的學生的頓悟能力。這種能力就是史蒂夫·賈伯斯（Steven Paul）在史丹佛大學講演時提到的一個名詞「另類思維」（think differently），這種思維方式往往能夠引發創新。

高斯後來在 19 歲時，完成了兩千年前的數學難題：用直尺、圓規作圖，繪出一個正 17 邊形。為了紀念自己年少成名前的頓悟成果，他甚至要求把這一幾何作圖方法刻在他的墓碑上。

交替使用這三種認知方法進行教學，這對培養創新能力很重要。

3. 整合科際的課程設定

科際整合一詞的出現可追溯到 1926 年，美國哥倫比亞大學一名心理學家所首創的一門稱為「interdisciplinary（跨學科）」的課程，這門課程開始進行超出單一學科範圍的教學和研究活動。

到了 1950 年代，這一術語已為學術界普遍使用。各個學科分支愈分愈細，而學科之間的連繫愈來愈密切，甚至有人說，「專家」已慢慢被認為是一個貶義詞。知識雖然越來越深細，但領域收縮越來越小，直至一無所用。所以突破專家教育目標的局限，就構成了新工程教育特徵之一，即用交叉教育培養知識廣泛人才。如麻省理工學院，工學院組建了生物工程系和系統工程系，兩個系的教授由化工、生物、電子、機械……專業教授兼任。每位教授一半時間在新系工作，一半時間在原系

工作，這種方式靈活，行政隸屬關係的變動也很小。工學院還成立了奈米科技實驗室，培育新學科生長點。

4. 創客運動（maker movement）

　　由不同學科、不同經驗、不同技能水準和不同背景的人組成社團，吸引工程師、製造商、藝術家、工匠參加業餘愛好活動，活動的特點是培養參加這一自主活動的學生的創造性，強調透過學與用結合來提高能力，這就是創客運動。美國自 2014 年開始定期舉辦創客高峰論壇、高峰競賽、創富集市。討論非正式學習和傳統學習的關係，創新技術的推廣，擴大創客網路，為創客提供職業和發展空間。

　　創客空間（makerspaces）一詞的概念可追溯到 19 世紀的城市工業藝術展，湯瑪斯・愛迪生（Thomas Edison）的發明工廠、亞歷山大・貝爾（Alexander Bell）的 Volta 實驗室都可找到當代創客的影子。現代創客空間的規模各不相同，通常僅有一臺可以連接網路的 3D 列印機和設計軟體等網路工具，充分展現活動的自主性、包容性。創客的產品也愈來愈貼近消費者，更具有個性化、客製化、人性化的特質。學生早期介入社會實踐的培養模式也是新工程教育的特質之一。

5. 終身教育制度

　　面對全球經濟與科學的多變快變的現實，工程師在大學所獲得的專業知識，其使用壽命在縮短，所從事的職業也會多變，所以繼續教育、終身教育日益顯示其重要性。例如，鳳凰城網路大學（University of Phoenix Online）為美國最大的大學之一，它有 100 多個分校和學習中心，遍布全美各地，曾有 3.5 萬人同時在校攻讀學士、碩士學位，兼職教師 1.1 萬人，全部在網路上教與學，學生在網路上完成作業和考試，

教師與學生一對一地在網路上答疑解惑等。

由於跨學科領域是創新最易突破的重點，美國密西根大學對大學教學的改革，以及提出的跨學科協同教學的做法值得借鑑。

跨學科學習與協同教學相結合是培育跨學科創造能力的有效方式，能使大學的資源得到最大限度的利用，使教學效果達到最大化。它能夠使學生在一門課程中接受不同學科教師的影響，而且能透過一門主線串聯起學生所學的分散知識，培養學生質疑、批判、辯論、分析對比和提出問題的能力。

教師的合作嘗試能夠在無形中幫助學生形成合作意識，也促使教師團隊在課程內容設計、教學方法運用、教學組織形式、教學策略運用等方面相互支持，截長補短，多學科教師的合作也可拓寬教師的知識構架。

要想使這一教學改革獲得成功絕非易事，密西根大學作了多種探索，目前還處於小範圍嘗試狀態，要找到不同學科的契合點才能有好的效果，現在的這種合作正以下面的形式進行試點：

1. 合作課程。由有關教師共同設計、講授，如「納粹起源」是一門跨歷史與國際經濟政治兩個主題的課程，分別由兩位教授共同策劃，一名教授側重德國歷史、語言、文學的形成發展，另一名側重國際政治經濟背景等，使學生更容易理解，合作講授也比較密切。

2. 整合講授課程。這類課程通常是圍繞著一個比較複雜的、涵蓋多學科的主題來進行的大型課程，由不同專業教師分別講授其中某一部分，由一個小組來協調規劃整個課程，如「全球變化」可以從政治、經濟、軍事、氣候……多層面講授。

3. 集合式課程。這並非設計一門新課程，而是兩門或多門相關的獨立課程被安排同步講授，並定期召開聯合研討會，融合多學科的觀點。如「智慧製造」這一主題，可同步安排機械部分、電子部分、軟體改善等多門相關課程同步，透過定期研討，相互提出問題、建議，對問題相互交叉滲透，或進行聯合開展實驗活動等。

4. 階梯式課程。這種方式是一門課程由教師、博士後、研究生、高年級大學生組成教學團隊共同完成，把講授、輔導、研討、複習、實驗、批改作業等環節分別交給專人負責，研究生、高年級大學生可更貼近、更理解大學生思考及認知方式，可以使學生更放鬆、更易於交流。

5. 連結課程方式。許多課程內容有前後、深淺、預備知識與深化知識等銜接問題。如果這些教師在課程教材選擇、課程講授深度等方面協調一致，可免去內容重複或遺漏，相互響應、加深理解。

要使得這種協同教學能夠長期堅持，而且取得好的效果，比如採用在學校內部跨學科成立若干虛擬研究室或研究所，所內成員都仍隸屬於原行政單位，只就某一共同有興趣的領域，進行共同合作研究和教學活動。這時，跨學科共同教學的一些方式就可以由該研究院協調、領導並組織實施。

◆ 資訊時代的知識累積特徵

大數據時代知識的累積隨著計算分析技術的發展出現新的特徵，即透過大量數據的收集，電腦的統計分析可以打通一個知識累積的新模式。

如單一數據「28」本身內涵空泛，如果我賦予它一個背景如「28℃」即氣溫攝氏 28 度，它就有了一定的具體內涵。再如果說「今天最高氣溫為 28℃」，它就成為一個資訊。如果這種資訊大量統計和分析就可轉成為知識。「今年 7 月平均氣溫 28℃比去年增加……」

如果進一步擴大統計分析時空範圍我們可以獲得「世界各地平均氣溫較常年高……，給出多年全球氣溫變化曲線」的規律認識，由這些「表象」規律人們可以作出假定或猜想，如「近年來世界氣候變暖與大氣中 CO_2 含量相關聯」。

這種「表象」規律不定，需要研究從地球對太陽輻射的接受量和大氣中 CO_2 對地球向宇宙空間輻射量的影響，到海洋、地函的蓄熱……再提升到定理……最後考慮到太陽黑子變化週期的影響……也許可彙整合某種公理等。

先進技術開闢了知識累積的新途徑。而對數據的挖掘和審讀有賴於統計學的創新發展。

由於科技的進步，數據也愈來愈複雜，它們包含著時空資訊等重要資訊，具有高維度、異構性、適應性、非線性，以及非歐幾何、微分流形的特徵；「函數型數據」是指關於曲線曲面或任何連續變化資訊的數據，對這些數據的分析尤為重要，如腦電波、股票交易的數據分析等，這讓我們可以從隨機性中發現必然性。

電腦新技術的發展、大數據的累積，以及知識的爆炸式成長和永續學習的需求，導致了知識碎片化，例如，透過 Google、Yahoo 等搜尋引擎可以直接快速獲取某一區域性知識。

新知識形成與獲取方式的變化，對創新的影響應引起我們的注意。

3.2
創新人才的立體知識的 4 個維度

當今，富於創新人才的知識結構應該是立體的，可以用一個四面體結構表示：

⇨ 工程知識是培養創造與建構能力的基礎。

⇨ 科學理論是區分所謂「知識」的真與偽，偽科學、反科學必須從根源上剔除。

⇨ 人文知識是使人們意識到什麼是善的，什麼是有益於人類、有益社會的，防止那些有害的「創新」產生。

⇨ 藝術素養是發揚美好的、抑制醜陋的東西。

只有具備這樣知識結構的素養，才能孕育出科技界的帥才和破壞性創新能力的大眾。

1. 科學

「科學」的核心是「求真」，科學精神內涵豐富，主要可概括為：

⇨ 相信世界在本質上是有序的，有一定結構、一定執行規則的，本質上也是可以認知的。愛因斯坦說：「相信世界在本質上是有秩序的和可認知的，這一信念是一切科學工作的基礎」。

⇨ 理論是人的思想的自由創造，理論不等於真理，也不等於不承認絕對真理。學術上理論具有進化性，即完整性高的理論可以取代完整性低的理論。

⇨ 可檢驗性。伽利略說：「科學的真理不應該從古代聖人學者的書中去尋找，而應在實驗中去尋找。」科學結論具有可重複性。

⇨ 一致性。理論必須概念明確，邏輯分析推導合理，不自相矛盾。

⇨ 創新性。科學發展史就是不斷產生新觀點、新理論的創新的歷史。

⇨ 獨立精神。愛因斯坦說：「要是沒有獨立思考和獨立判斷的有創造力的個人，社會的向上發展就不可想像。」

2. 人文

　　人類文化在漫長的歷史長河中形成，其具有的優秀傳統是社會賴以生存和發展的生命線。人文精神的核心是「崇善」、「尚美」，回答人生的意義與價值，認識人與人之間的關係、人在自然界中的位置……其內涵可歸納為：

⇨ 自由平等精神。這是人生來具有的權利。法國思想家皮埃爾・勒魯（Pierre Leroux）說：「平等是一項神聖法律，一項先於其他一切法律的法律。」

⇨ 民主精神。孟德斯鳩（Montesquieu）說：「一切有權力的人都會濫用權力，這是萬古不易的經驗，要防止濫用權力，就必須以權力制約權力。」

⇨ 契約精神。任何人既要維護自己的權利，又要承擔義務，不盡義務哪來權利。講誠信，才有合作，提倡人與人、人與社會、人與自然和諧共生。

⇨ 寬容精神。是非曲直應該允許爭論，學術觀點對與否可以討論，寬容即允許存在與自己的觀點或公認觀點的不一致，並表達出各自的意見。

⇨ 提倡兼愛。墨子主張兼愛，認為是「兼相愛，交相利，此聖王治法，天下之治道也。」

⇨ 提倡終極關懷。孔子說：「生，事之以禮；死，葬之以禮，祭之以禮。」就是終極的、無條件的、無限的關切。

3. 藝術

「藝術」是對美的追求，海森堡認定的美是理論的不同部分之間、部分與整體之間的契合。美是對稱，是和諧，其特點為：

⇨ 藝術與科學好似一枚硬幣的兩面不可分割，科學中隱含著巨大的藝術魅力。

⇨ 藝術是形象的創造性思維，是一種內心最真實的感受和表達。

⇨ 藝術的表達應該是有個性的、有特色的、有創新性的心靈激發態。

4. 工程

「工程」則是「科學」「人文」和「藝術」的物質化表達，是人類智慧使三者融合呈現出的結晶。

⇨ 工程創新的成果有兩面性。如一把靜靜地、埋藏在沙漠中的寶刀，沒有被發現時它是中性的，暫時失去了任何功能，但一旦被人發現就失去了中立性，它可以被大英雄用來劫富濟貧，也可以被盜賊用於殺人越貨。

⇨ 工程創新有社會性。工程創新的價值在它的經濟性，只有在當時社會生產力的條件下，在經濟上是有合理性的，才有使用價值。

⇨ 工程不僅有非凡之功，而且有無奈之「罪」。「原罪」是指由於人類理性和能力的局限，那些固有的、難以規避的風險，如汽車有利於交通，但又難以避免車禍等。又由於工程失誤造成災難，以及更大尺度的、由人類活動引發的自然現象，如沙塵暴、酸雨、生態浩劫……這都被看做是人類遭到的懲罰和報應。

科學、人文、藝術與工程這四個要素之間的關係是密不可分的，是相互影響、相互促進的。

◆ 科學與工程的關係

科學是工程創造的依據。19 世紀的人們有兩個夢想：一是製造一個不消耗能量的永動機，用於工業生產；二是周遊太空，拜訪月宮。

粗看起來，第二個夢想的實現十分困難，完全像是神話。可是科學研究卻告訴我們永動機是永遠不可能實現的，因為它違反了自然界基本規律：熱力學第二定律，即任何自發的過程都是熵增過程。雖然曾有無數聰明絕頂的人士想出了各種稀奇古怪的方法，但都無一不以失敗而告終。

而攬明月訪廣寒宮、遨遊太空，聽起像是神話，但它是不違反科學原理的，在工程上是可行的，只取決科技發展水準。1960 年代美國阿波羅工程已實現了人類登月的夢想，證明了這一結論的正確。

科學可以分為基礎科學和工程科學，後者是通向工程的橋梁。所以，三元論認為基礎科學、技術科學與工程三者是既有密切連繫，又有區別的社會化活動，不應把它們混為一談。工程並不是純科學和技術科學的應用，也不是相關技術的簡單堆砌和拼湊，工程包含有基礎科學要素、技術科學要素、經濟要素、管理要素、社會要素、文化要素、制度要素、環境要素等多要素的整合、選擇和改善。工程是直接的生產力，工程創新是創新活動的主戰場和最終歸宿，要實現產業革命、經濟發展、社會進步等都需要在工程活動中加以實現，並據此檢驗其有效性與可靠性。工程和科學永遠不是也不能成為征服自然的手段，工程和科學永遠是與自然和諧、順應自然規律的產物，是自然→科學→技術→工程→產業→經濟→認知社會的人類文明鏈中極重要的一環。

　　工程創新並不總是依賴於基礎科學層面的原始創新，它也可以透過知識、技能、漸進性累積、綜合整合，逐步改進和加以完善來實現。

　　貫通於科學和工程中的大師，卡門（Theodore von Kármán），他是一個數學家、物理學家。6歲就靠心算做出6位數乘以5位數的乘法，以至於他父親擔心他心智反常，將來會變成畸形發展的人。作為一個物理學家，他揭示出有關氣流作用在飛行器上的難以想像的升力及邊界層、尾渦等種種奧祕。作為一個工程大師，他在「一戰」期間就替奧匈帝國空軍，解決了怎樣讓機槍子彈從螺旋槳旋轉葉片的縫隙裡發射出去，而又不打壞螺旋槳的技術。

　　20世紀飛行器的成功，與他對齊柏林飛船、風洞、滑翔翼等的深入研究，以及他把科學與工程密切結合有關。1929年他移居美國，更為發展噴氣式飛機、火箭、導彈等作出了卓越的貢獻，更顯示出科學與工程密不可分的關係。卡門因此於1963年獲得美國第一枚國家科學勳章，並由時任總統約翰‧甘迺迪（John Kennedy）親自頒發，以表彰他在科學與工程兩方面同時取得的傲人成就。

　　反過來講，新的、更大膽的工程構想往往為科學家提出了新的研究課題和新的探索領域。例如，已列入美國航空計畫的登陸火星工程，甚至未來走出太陽系的設想，都為科學家的研究提出了新命題，要求對宇宙的形成和結構有更深的了解，了解深空環境可能對人的傷害和保護，對愛因斯坦的時空彎曲和蟲洞等有更深入的研究等，所以科學與工程是相互依存、相互促進的。

◆ 人文與科學的關係

人類文化與科學素養密不可分，人文培養科學家有廣博廣泛、觸類旁通、交互相容的綜合思維，形成思維的整體性。

就以醫學來講，它在本質上包含著內在矛盾，其核心知識是科學的，醫學必須面對死亡的不可避免性，但其精神則是超越科學的，它直接和另一個人的生死有關。醫生每天都徘徊在病人的生死之間，生離死別的故事與伴隨而來的、令人心碎的哭聲是工作環境的「背景音樂」，治癒疾病、阻止衰老和死亡，從本質來講是不可能做到的。這使醫生的靈魂深處有種撕裂感，同理心太強傷自己，同理心不夠傷別人。在這種情況下，過度干預的治療，可使無法提升生存品質的病人雖然活著但失去尊嚴，如保持心臟跳動的植物人，而且大量的物質消耗也是所有國家醫保體系在經濟上無法承擔的。

既然醫生的目標不是也不能阻止死亡，退而求其次，醫生的責任就是竭盡全力提升病人階段性的生存品質和尊嚴，這樣一個妥協性的解決方案其實也存在內在的矛盾。一些十分痛苦且處於垂危的病人的最佳解脫是安樂死，但醫助自殺的正當性在許多國家又是不被允許的。

科學對待疾病應該是探尋疾病的起因，以健康的人群為主要服務對象，以預防疾病和保持健康，這樣看來是最合理的，這與中華醫學理念契合，要防病、治病於未然。有人提出現代醫學的目標是「生得好，老得晚，病得少，死得靜」，不知是否真有道理。

從類似的討論可以看出，有時科學本身無法確定行為的目的，而要由人文觀點和道德規範決定的價值取向來確定。

醫學與人文的關係是什麼樣？科學再發達，患者也是作為人而存在，而不是一個機器。試想一下，有一天我們進入醫院，發現由無人櫃

臺接待患者，然後機器護理師將患者送入手術室，再由兩個真正的機器人替患者開刀，整個過程沒有一個醫生、護理師介入，這種情景是我們未來的醫院，還是機械工廠？這不應該是醫學的前途，所以醫生應該有點人文修養，學點文學，學點藝術。文學的情感、音樂的夢幻、詩歌的意境、書畫的神韻，常常會為疲憊的頭腦、枯燥的生活帶來清醒和靈性。所以，一個好醫生的培養是需要時間磨練的。

當然，打著研究的幌子，野蠻地違反倫理的事件也時有發生。

1930 年代美國國內曾發生「塔斯基吉梅毒實驗」的醜聞。當時美國公共衛生部門資助南部農村的性病控制研究，並選定阿拉巴馬州梅肯縣作為梅毒控制試點之一，那時的研究顯示有 36% 的非裔美國人患有梅毒。1932 年美國公共衛生部門決定把原先的治療專案轉變為非治療的人體實驗，目的是收集不經治療的非裔美國梅毒患者疾病程序的數據，其中包括認真部署部門研究計畫，對病人進行終身追蹤研究，獲得患者和家人允許對患者屍體解剖，對器官進行微觀描述。

在誘人的宣傳下，399 名患有梅毒的貧困黑人被徵集到研究小組，研究小組還設立了一組由 201 名健康非裔美國人組成的對照組進行對比研究。這些被召集來的受試者完全被矇在鼓裡，只知道在接受「壞血病治療」。但事實卻是只給幾片維生素或阿司匹林之類的藥片，即使是 1947 年已經知道青黴素是治療梅毒的有效藥品，有關部門也遲遲沒有將青黴素真正用於治療，直到 1972 年實驗被迫結束。

這類違反倫理的事件此後還有發生。如第二次世界大戰後的 30 年中，為了確定游離輻射（ionizing radiation）和放射性汙染對人體的影響，美國曾在超過 2.3 萬人身上進行了由美國聯邦政府發起的 1,400 個不同專案的放射性實驗。這些慘無人道的實驗細節最先被新墨西哥州的

《阿爾伯克基論壇報》（*The Albuquerque Tribune*）披露，包括田納西州橡樹嶺國家實驗室讓 200 多名白血病癌症患者接受極高劑量銫和鈷同位素輻射，愛荷華大學研究人員讓孕婦服用 100 ～ 200 微居禮的碘 -131，研究流產胎兒以及放射性碘穿越胎盤屏障的程度。

1950 年代發生了以研究癌症免疫方法為幌子，進行「海拉細胞活體注射實驗」的醜聞。1951 年病人海莉耶塔·拉克斯（Henrietta Lacks）身體上發現並採集的癌組織標本的研究發現有奇異特性，即每隔 24 小時，細胞數量會增加 1 倍，因此被稱為「不死」的細胞。美國紀念斯隆 - 凱特琳癌症中心（Memorial Sloan Kettering Cancer Center）的主任決定把海拉細胞活體注射入人體進行研究實驗。1956 年刊登這家研究中心的廣告，徵集 25 名志願者進行該項研究，但志願人員很快達到 150 名。隨後，該名主任在 65 名健康犯人體內注射了海拉細胞，而這些健康犯人身上果然都出現了癌細胞，但後來他們靠自身免疫力戰勝了癌細胞。他輕率地認為這項研究有可能帶來抗癌疫苗的突破，進而準備在布魯克林猶太人慢性病醫院用病人做實驗，並禁止向病人透露注射的是什麼，這一行為被揭露並告上了法庭，激起很大反響，最終審判結果是吊銷了參與者的行醫執照。在一些科學家眼中，倫理道德永遠無法成為科學研究的「緊箍咒」，瘋狂的科學狂人總想打破道德規範。

科學本身充滿了無止境的、對未知領域探索的衝動，最大膽、最先進的科學發展可能與人的常識有矛盾，科學本身與倫理並不衝突，但科學實踐必須要受到倫理的約束。

例如，「換頭術」究竟是「科學成就」還是「瘋狂躁動」的討論就十分典型。2013 年 6 月《國際神經外科》（*Surgical Neurology International*）上發表了義大利杜林大學神經科學家 Sergio Canavero 的一篇論文。

文中指出：「換頭手術最大的技術障礙是連線捐贈者與接受者的脊髓，但我認為現在技術已經可以進行這樣的連線。」他在論文中詳細描述了「換頭術」的操作，捐獻者與接受者必須處於同一手術室，手術室須在無菌、溫度要保持在攝氏 12 度到攝氏 15 度之間，捐贈者及受贈者的頭部須同時切下，兩個醫療小組同時進行手術。考慮到在此溫度下哺乳動物組織在體內血液不流動時最多能存活 1 小時，切割頭部與縫合的整個過程必須在 1 小時內完成。

Canavero 指出，把身體與頭部的脊髓神經裡負責傳遞神經訊號的軸突連合起來，再以特殊膜融合物質連線兩端，能解決脊髓連線融合的問題。一旦連線成功，受贈者的心臟即能再次跳動，數分鐘內體溫就能恢復正常。

篇論文一發表，立即引起巨大的爭議。更重要的是換頭不僅是技術問題，更面臨無法繞過的倫理困局。這樣的手術會創造一種嵌合體，對於選擇這樣一類怪物，現行法律、道德倫理全部需要改寫了。而 Canavero 還堅持辯稱「換頭術」是有益的，四肢癱瘓、器官衰竭等病人都可能受益。所以科學創新發展會帶給我們一系列新的問題，科技創新發展邊界究竟在哪裡？

任何有意義的科學研究，都要對生命有敬畏之心。這種試圖突破倫理道德底線的研究，其研究目的極有可能並不是為了給社會帶來福祉，或不是單純靠好奇心驅使，而更多的是由於個人名利的驅動，所以應予以譴責。

其實，瑪麗‧雪萊（Mary Shelley, 1797–1851），英國浪漫主義詩人珀西‧雪萊的妻子，1818 年在她被文學史稱為「最初的科幻小說」的《科學怪人》（*Frankenstein*）中，就曾描述說：「科學家維克多‧弗蘭肯

斯坦，出於童年的陰影，醉心於科學，終於創造了一個用屍體拼接而成的怪物。怪物出於怨恨，殺死了『科學家』的許多親人，並在新婚之夜殺死了『科學家』的新婚妻子。維克多在追捕怪物中死去，而怪物陷入身分之思，自焚於極北之地。」作者所創作的悲劇是表達自啟蒙運動以來的理性至上主義可能的惡果。

各國學者對科技倫理的認知和討論是有分歧的，以美國為主的某學派認為，倫理問題不應成為科技發展的桎梏，不應約束最有創新力的科學家。他們往往不會顧及任何戒律，有些人甚至會有意挑戰政府設定的限制條例，並從中謀取名利，而社會對此卻相對包容。

歐洲經歷過更多的文明積澱，對於「新技術」對人類社會的衝擊感觸更深，對技術可能給社會安全造成的衝擊尤為警惕，有時倫理準則的約束效果甚至超過法律。

近年來，出現的網路犯罪和基因編輯嬰兒事件，也使人們擔心新興技術被濫用，給社會帶來不好的影響。

總之，把追求科學理論的求知慾認為是最高價值和標準，想廢除所有限制，這無疑是錯誤的。如何使倫理約束下的研究工作，既不阻滯社會科技進步，又使新興技術不被濫用，是各國政府制定政策所必須考慮的。

近年來出現的後現代思潮中，還提出一種環境倫理學概念，它把研究人與人的關係拓展到人與環境的倫理關係。例如，不同人類部族對森林有不同信念和崇拜，從而使森林生態得到保護，提出「非人類中心主義」理念。他們擴大了傳統哲學的「主體」範圍，認為「價值主體」應包括「非人類的存在物」。例如，一切有生命的動植物和沒有生命的山川河流都應受到尊重，有什麼道理把人類當作自然的中心？從自然發展史上

看，越是低等的生物，存在時間越長，恐龍也曾是這個世界上的霸主，是當時最高等的動物，它們不能與地球相和諧，所以迅速滅絕了。而同時代的許多低等生命，善於與地球生態環境相適應，所以至今尚存。意識到這一點，約束自己，對人類來說並不過分，而且也是必需的。

在人類生產力低下時，我們的祖先就用信仰來規範自己的行為。如山有山神，河有河仙。在當今生產力水準已經有很大的發展，再加人口爆炸式成長，我們完全有能力、有必要善待自然，環境倫理就是要建立一種新道德，來對人類的本能進行理性的約束，它是生態學思維與倫理學思維的契合，也是我們進行創新發展中必須考慮的人文關懷。

◆ 工程與人文的關係

伴隨著人工智慧和大數據的迅速發展，智慧工程系統也開始影響我們的社會、經濟、政治和私人生活的各方面。例如，人們在網路上留下大量數據，使得預測和影響人的社會行為變得可被計算，企業可透過分析客戶數據，投放廣告和產品、誘導消費，政府可對個人進行分類、評級，實現預測性執法。這些能力在不斷延伸中，對如何保護人權是一個挑戰。

智慧工程系統首先要透明、公開、程式合法、理由充足，而且不能由機器來做出事關人類福祉的最終決策，人工智慧創新只能被用來強化人類智慧，而由人來做出最終的選擇和判斷。以上問題尚屬於人工智慧時代的前奏，稱之為前人工智慧時代，這時我們不太可能追究它的開發者和善意使用者的責任。

當進入通用人工智慧時代，在自動駕駛技術日益走近生活時，開發者和使用者的責任定義就有了很大變化。當智慧機器造成危害時，無論

在法律上還是道義上講都必須追究責任，但開發者和使用者誰將被追究責任，就成為難以判斷的問題。如何定義智慧工程和人文的關係就是人們擔憂的問題。

　　美國國防部一直在討論，要不要全面配備 irobot 機器人給軍隊。2018 年 3 月時，它已問世 20 週年，且有 4,000 多臺已為各地軍方使用。波士頓爆炸案凶手的抓捕、福島核電站災難後的搜救行動、911 事件處理都曾使用該機器人，一直被認為「能比人做得更好」。

　　但是當遇到人類可能無法控制的自動武器系統時，它的後果便引發了人類的擔心。特斯拉公司的執行長伊隆・馬斯克（Elon Musk）、天體物理學家史蒂芬・霍金（Stephen Hawking）等曾有公開信發表：「發動一場人工智慧軍備競賽是一個糟糕的主意，應禁止人類可能無法控制的攻擊性自主武器。」

　　2018 年 7 月 18 日，在瑞典斯德哥爾摩國際人工智慧聯合會議上，超過 2,000 名人工智慧研究學者共同簽署《致命性自主武器宣言》（*lethal autonomous weapons pledge*），宣誓不參與自主武器系統（LAWS）的開發和研製工作。

　　如果未來進入超通用人工智慧時代，那時可能機器人擁有了主體自由意志。由於機器人的資訊處理速度快，資訊儲存量大，運算準確性高，比人更有優勢，就可能出現嚴重問題。法律工作者的態度是寧可信其有，不可信其無。我們須預先研究並有所防範，否則在人類面臨顛覆的時刻，甚至可能出現人類制定的法律無法制約它，而是它制定的法律卻可以制約人類。這就是在工程創新時，可能遇到的人文課題，絕非天方夜譚。

　　當今社會是個注重科學工程技術而傾向輕視人文的社會，不自覺地

把人文學科邊緣化。造成這種現象的原因是實用主義大行其道。實用主義的口號是「理論與實踐相結合」，重視的只是「能突破關鍵技術，發展高新產業，帶動新興學科的策略科學家和科技領軍人才」，這是因為人文是人類社會的各種文化現象，不能直接大規模地創造物質價值。

美國作家多克特羅（E.L. Doctorow）的《Creationists》，談到早在原子彈開發成功之前，很多科學家就已預見到這種新型發明可能會對人類造成災難。愛因斯坦曾後悔寫信給美國總統富蘭克林·羅斯福（Franklin Roosevelt）建議發展核武器。他說，如果當時我們知道德國希特勒的科學家遠離成功的原子彈製造技術時，我們不會建議要美國搶先開發這種武器。潘朵拉的盒子一經開啟，時至今日世界和平仍籠罩在核恐怖中，大國都相互宣布有可以毀滅對方多少次的核武器儲備。所以，人類要透過各種形式的文化行為質疑一切科學的思維方式和其理性的、嚴謹的邏輯思維是否符合全人類的福祉。

李奧·西拉德（Leó Szilárd），猶太裔匈牙利物理學家，是首先找愛因斯坦策劃寫信給羅斯福總統的人。

薩克斯，華爾街金融家，總統羅斯福的私人朋友。他也建議由愛因斯坦出面寫信給總統，提出美國應加快研究核鏈式反應。

愛因斯坦則用德語口授了給羅斯福的信，並由薩克斯轉交總統。

也有明知助紂為虐，卻不知反悔而被人詬病的科學家。德國著名化學家哈伯（Fritz Haber, 1868–1934），他曾經發明的化學合成氨技術，為農業使用氨肥增加產量作出了巨大貢獻；但哈伯在為報答德國的心情驅使下，為德軍研製了氯氣、芥子毒氣等毒氣。德軍在 1915 年 4 月 22 日首次對法軍施放毒氣，就使法軍 5 萬人死亡，1 萬人受到嚴重傷害，由此開啟了「一戰」中的毒氣戰。到 1918 年大戰結束，毒氣造成雙方傷亡

人數超逾百萬。哈伯的行為受到了諸多科學家的譴責，甚至他的妻子也因對丈夫的殘酷行為激烈反對而自殺。

令人吃驚的是，1919 年底瑞典皇家科學院卻宣布將 1918 年諾貝爾化學獎授予哈伯，引起了許多科學家的嚴正抗議。雖然他獲得諾貝爾獎，但仍然受到眾人的輕蔑，並恥與為伍。

人文教育並非與生活相脫節，它是指向未來生活的一座橋梁，科學技術只管勇往直前，而人文教育的責任是努力把握前進的節奏乃至方向，科學與人文是相互依存的。這一理念對一個致力於原始創新的人是永遠不可忽略的。

◆ 科學與藝術的關係

科學與藝術最根本的共同點就是創新，創新能力是科學和藝術的生命線，它們要想在前人的基礎上再往前邁出一小步，都要付出常人難以想像的艱辛。科學、技藝在古代是相通的，如中國陶瓷的製造在人類文明史上獨具一格，享譽世界，它也為藝術與科學的結合開了先河。中國陶瓷從瓷土、釉料選用、燒製成型、火焰溫度的控制都有科學認知，並兼具裝飾、造型、繪畫、雕刻等藝術素養。

隨著近代文明發展，科學與藝術都分別取得了巨大的成就，但兩者的關係，正如法國著名作家古斯塔夫‧福樓拜 （Gustave Flaubert）所說：「科學與藝術在山腳下分手，在山頂上會合。」

科學家常有良好的藝術修養，如愛因斯坦酷愛小提琴演奏。而大藝術家也對科學充滿了憧憬和熱愛，李政道多次與許多大藝術家合作為理論物理學會作招貼畫，對十分抽象的物理原理作了非常生動的藝術表達，將虛擬的事物和概念創造性地復原為可視的現實，如對超導觀察、

大霹靂、超弦理論等作出了形象描述。

　　之前筆者曾提到，科學與藝術好比一枚硬幣的兩面，日益成為不可分割的整體。科學裡隱含著巨大的藝術魅力，藝術中隱含著深刻的科學原理。科學與藝術是相通的，它們都是人類知識鏈條上的環節，在時間座標上，新與舊是相容的，價值是並存的。

　　數學是科學界的王冠，被認為是純粹、優雅、簡約、嚴謹的，其作用又無所不在，是「美」的第一特質。它既可強國，也可啟民。它不僅僅是一種工具，更是一種文化。許多著名數學家傾其一生，心醉神馳地生活在聖潔的數學天地裡，享受著它的和諧、規律、恬靜之美。

　　原始創新越來越要求把大膽新穎的想像和追求完美的品格融入科學、藝術創造之中。要求在科學與藝術相結合的平臺上突破傳統教育模式，培養有原始創新能力的人才。

　　法國大科學家亨利・龐加萊（Henri Poincaré）因其橫跨科學和人文兩大領域，被認為是通曉純數學和應用數學知識的偉大數學家。他曾提出龐加萊猜想，猜想內容討論的是大部分人也許從未想過的，例如：一個三維宇宙可能會具有的不同形狀嗎？三維宇宙是球形的，還是有洞的甜甜圈？猜想的數學表達為：「任一單連通的封閉的三維流形（即沒有破洞）與三維球面同胚（即等同）」。一百年來，無人能指出它是對還是錯。

　　2003 年初，俄國數學家格里高利・佩雷爾曼（Grigory Perelman）在網路上張貼了龐加萊猜想的答案，2006 年數位數學家小組對其進行了嚴格檢驗，龐加萊因此再次被世人關注，其實他也是唯心主義哲學界的代表人物，他力主「只有透過科學與藝術，文明才展現出價值」。

　　藝術家與科學家之間的創造力也有共性。科學家也常有浪漫情節，

如詹姆斯·馬克士威（James Maxwell）在自傳中收錄了他自己的 50 多首詩歌，並認為世間一切都可用詩來表達，包括他探求的、深邃的電磁理論。路德維希·波茲曼（Ludwig Boltzmann）在反擊一些人認為科學摧毀了對大自然美的欣賞時說道：「物理學家不會因懂得了彩虹是由散射定律來解釋的，而失去對藍天、落日美的感動。」薛丁格在他的量子力學波動方程式發表後，欣然賦詩明志：「永恆的行動和生活已經形成，用溫柔的愛來束縛，將你簇擁……」

科學與藝術相通的例子很多，科學家也可以是藝術家。亞歷山大·鮑羅定（Aleksandr Borodin），19 世紀末俄國主要民族音樂作曲家之一，同時也是化學家。他 1856 年畢業於聖彼得堡醫學院，25 歲獲醫學博士學位，並任醫學院教授。他精通的專業是化學，直到 1863 年才開始正式作曲訓練，1880 年因在德國演出他的第一交響曲而一舉成名。他工作日在實驗室做研究，只能在星期天作曲，因此又名「星期天作曲家」。

從另一角度來看，藝術家有捕捉瞬間畫面的能力，有跨時空組合的能力，可超前虛擬，從而啟發自己抓住和突破關鍵環節，猶如高速攝影和科幻電影、幻想小說。法國科幻作家儒勒·凡爾納（Jules Verne）寫的《地心探險記》（*Voyage au centre de la Terre*）、《海底兩萬里》（*Vingt mille lieues sous les mers*）、《環遊世界八十天》（*Le tour du monde en quatre-vingt jours*），都藝術地對許多科學現象的發明、發現作了超前預示，後來被科技發明與發現一一證實。所以，藝術虛擬豐富了科學家想像力的發揮。

◆ 人文與藝術的關係

人文在指導工程的同時，也指導著藝術創作的方向，不同時代的人文傾向引導甚至主導著藝術的發展方向。如明代皇帝崇尚道教，主張無

為而治，所以明代家具大多簡約、純樸、高雅，追求線條美。清代皇帝前期好大喜功，追求萬國來朝，所以清代家具多裝飾煩瑣、雍容華貴、媚俗華麗。隨著清代逐漸走向衰弱，藝術形式則走向追求病態美，奇特、怪異，如養金魚、鬥蟋蟀等。

藝術使人文的表達更感動內心，使許多人文哲理更易被人接受，所以許多悲壯的樂曲更能激發人們的愛國熱情。中國古代就有許多詩人用詩歌來表達人文哲理。如：

辛棄疾用「青山遮不住，畢竟東流去」表達對事件發展必然性的認識。

蘇軾用「不識廬山真面目，只緣身在此山中」表達對個體認知的局限性。

李白用「人生在世不稱意，明朝散髮弄扁舟」表達對政治上失意的人生前途的追求。

朱熹用「半畝方塘一鑑開，天光雲影共徘徊，問渠哪得清如許，為有源頭活水來」表達為官清廉明正的願望。

聽覺、視覺藝術中對美的表達是蘊含著普遍原則的。美有客觀性，可以概括為：悅目原則（悅耳原則）、簡明原則和生態原則。

1. 悅目原則（悅耳原則）

美感首先要符闔眼睛和耳朵的生理要求，如果過度刺激，就談不上美。顏色和聲音是有重量的，既可以使人沉重、凝重，也可使人輕快、愉悅。對於人文情感的表達可以推進到更高、更深遠。

2. 簡明原則

簡明和諧的線條、形象、旋律能夠揭示的內容越深刻，它的意義也越大。簡明和簡單是有區別的，簡明是簡單的昇華。

3. 生態原則

生態原則是人文與藝術的交會之處。人文、藝術都要求高效、綠色、低碳，反對奢侈浪費，如過度追求摩天大樓、追求標新立異的建築，從美和人文角度都是不值得提倡的。

就美術作品而言，它應該帶給人審美的愉悅，使人從多角度觀賞豐富的世界，塑造思維美的模式。

綜上所述，藝術使人文的表達更充滿感染力，更易為大眾所接受，而人文則讓藝術更富有人生哲理和深邃的思想內涵。

◆ 工程與藝術的關係

工程與藝術的結合十分緊密，從古代建築看起，從古到今，人類的活動都表現出對美的崇尚。工程所創造的物質世界是對美的表達實體，藝術家的大膽想像，對完美品格的追求都指導著工程創造美的事物。

航空界有人說過，一架效能優異的飛機看起來必定是和諧的、優美的。工程師協助藝術家使大眾獲得美的享受，工程技術的進步，可以使藝術品得到提升，使藝術在更高層次上得到發展。如戲劇受眾有限，但影視技術從電影發展到電視，使藝術家的創造進入千家萬戶。從電影電視發展到裸眼 3D 和虛擬影像，科技手段打造的現代工程為藝術家提供了更美的創造空間。

縱觀人類文明史，藝術與工程的結合，創造了不少令人驚嘆的輝煌遺蹟。如古埃及金字塔、古希臘的帕德嫩神廟、古羅馬競技場、印度泰姬瑪哈陵、印第安人太陽神廟、柬埔寨吳哥窟、中國萬里長城等。

居住，是人類生存的基本訴求，而居住又是工程與藝術兩者的智慧結晶。建築設計要建構軀體活動的物理空間，也要營造心靈活動的寓

所，透過空間融合引領心靈的平和，建築設計要盡可能地發揮和利用好物理空間，承載社會活動的實用功能和對美的享受，實現人文與自然環境的和諧統一。

另一方面，藝術正面臨因技術加速發展帶來的挑戰，需要更多的跨界考量。如 2019 年，英國皇家藝術學院取消了有約 40 年歷史之久的汽車設計科系，將它改為智慧移動科系，以便在更寬的範圍內思考未來交通模式中的工程與藝術的結合。

藝術家僅僅學會繪畫、雕塑等技能顯然是不夠的。

近年來，紐約佳士得拍賣行曾舉行了一次拍賣會，其中一幅透過電腦演算法創作出的繪畫作品〈*Portrait of Edmond Belamy*〉，最終以 43.252 萬美元成交。人工智慧團隊首先把 15,000 幅 14–20 世紀的繪畫作品輸入電腦，然後訓練該神經網路分辨出這些藝術品中的視覺元素，再自動生成畫作。雖然人物五官尚模糊不清，但已經向電腦智慧作畫邁出了重要的一步。

也許，藝術創造中最根本、最核心的東西是「無法」可教的，如同科技創新一樣，只能是喚醒。那不是技術訓練和知識傳授，而是感知力的涵養與主體性的再建構。所以藝術教育的核心也是如何培養好奇心，如何提問，如何發現和解決問題，如何挑戰公認的智慧，如何專注於創造性思維的發展。

工程與藝術的一致性和共生性在於對美的極致追求，抽象的美在藝術，具象的美在工程。

◆ 達文西藝術與工程的創造生涯

歐洲文藝復興時期，義大利的天才科學家、發明家、畫家達文西（Leonardo da Vinci, 1452–1519），他使人熟知的身分是一個偉大的畫

家，他的傳世之作《最後的晚餐》和《蒙娜麗莎》等名畫，一直是巴黎羅浮宮的鎮館之寶，為世人所敬仰。

　　他留傳下來的手稿和筆記，充分展示了他敏銳的觀察力和對自然科學廣泛的興趣和鑽研能力。為了了解人的身體結構，他成為解剖學的先驅，曾深夜在停屍房內透過肢解、剝皮來直觀地認識人的骨骼和器官構造。他繪製了心臟和血液透過主動脈的循環系統，並由此開始了人體解剖素描，迄今為止，人體素描寫生仍是美術教學的基礎。他說過：「眼睛乃心靈之窗，是人類用以充分領悟和欣賞大自然無窮傑作的重要工具。」

　　正是因為對人體解剖結構的深入了解，他的繪畫中人物動態結構自然流暢，為他人難以企及。達文西有著十分敏銳的、研究自然規律的興趣，為揭開鳥類飛行的奧祕，他首先想到透過研究鳥類的骨骼和肌肉，來建立一些公式，透過數學分析來解析鳥兒的飛翔原理。他曾稱數學規律是貫徹一切事物的基礎，並明確指出：「比例關係不僅出現在數字和測量中，而且出現在聲音、重力、時間和空間中。」由此他建立了一個公式，以描述飛鳥重量和翼展的關係。他讓一個裝著人工翅膀的年青人，站在一個秤子上，測量翅膀拍打時的重量變化，透過實驗結果設計飛行機械裝置，他更尊重實驗事實而不是根據僵化的教條。

　　達文西堅信科學，他抨擊天主教為「一個販賣欺騙的店鋪」，他說：「真理只有一個，它不是在宗教中，而是在科學之中。」

　　他與米開朗基羅和拉斐爾並稱義大利文藝復興「後三傑」（美術三傑）。這位義大利文藝復興大師，有無窮盡的創造欲、好奇心、天才思維和超時代洞見。為了避免觸怒同時代的暴政和宗教裁判官，達文西把自己在胚胎、人體結構、直升機、潛水艇、植物構造的觀察與研究成果

掩藏起來。透過一種自己設計的特殊反字手寫體來撰寫手稿，以掩人耳目，這被稱為達文西密碼。達文西手稿被後世一些世界頂級博物館和圖書館收藏，成為鎮館之寶。

達文西一生最糾結的設計是飛行器。人類翱翔藍天的渴望和嘗試，並不是 20 世紀初萊特兄弟（Wright brothers）發明飛機時才有的，在 400 年前，達文西就開始致力於飛行器的設計了。可惜當時對流體力學的研究尚不發達，達文西的研究方向就一直朝著模仿鳥類的方向發展，主要靠像鳥一樣搧動的「翅膀」飛起來，所以這種發明始終沒有成功。

但他在研究過程中卻發明了腳踏車、滾珠軸承和降落傘等。達文西的設計發明雖然領先世界科技幾百年，但由於他太過領先於自己的時代，最終都「胎死腹中」。這說明大多數發明，是在相鄰學科發展中相互促進而成功的，具有鮮明的時代特徵。達文西善於觀察，重實驗而不屈服於教條，不怕困難，善於將多種知識融會貫通，從而掌握了人類科技創新發明的真諦。

3.3
世界著名創新機構「知識背景」的四個象限

世界上著名實驗室很多，而且都各具特色。如果按基礎科學成就和工程技術開發成果兩方面來考察，可以把它們分屬到四個象限中：

卡文迪許實驗室（英國）、巴斯德生物工程研究所（法國）、華特迪士尼公司（美國）、愛迪生實驗研究所（美國），四個研究所在世界上都是聲名顯赫，但實驗室的使命定位、文化風格迥異。其具有的特色都是

與它們的知識背景密切相關的,也與它們對前人創新成果的感悟和繼承相關。

例如,愛迪生本人沒有受過系統的專業教育,但思維機敏,善於利用最新科學研究成果,從事發明創造的能力突出。而卡文迪許的成員都是大學教授,善於基礎理論的鑽研,很少介入應用研究,所以知識結構會決定創新的方向。

夢幻電影製片廠,華特·迪士尼(Walt Disney)的公司雖然在基礎科學和工程開發中毫無貢獻可言,但在藝術創新,提高大眾想像力方面卻作出了傑出貢獻。

◆ 卡文迪許實驗室

有長達 800 年歷史的劍橋大學,在牛頓時代就有許多重大物理發現,但直到 1869 年,劍橋大學才開始建立物理實驗室。為了表彰該大學校長威廉·卡文迪許(William Cavendish)的奉獻,實驗室被命名為卡文迪許實驗室(Cavendish Laboratory)。1871 年 3 月馬克士威被任命為代理實驗室主任,負責具體籌建。

詹姆斯·馬克士威(James Maxwell)是一位偉大的物理學家,以建立電磁場理論聞名於世,對物理有深刻理解和洞察力,他一點一滴地勾畫出卡文迪許實驗室發展方向。

馬克士威在 14 歲就發表了一篇引人矚目的、「關於卵形線的描畫」的數學論文。但其最重要的貢獻是全面建立了電磁場理論和預見了電磁波的存在。他的工作當時並沒有引起大家的注意,直到他去世大約 10 年後,海因里希·赫茲(Heinrich Hertz)透過實驗真正檢測到電磁波的存在,馬克士威的重大貢獻才被充分認知。

　　馬克士威只活了 48 歲，在他生命的最後 8 年裡，他致力於實驗室建設，把理論與實驗有機結合，將實驗室引導到物理學高峰。在地磁、電磁波傳播速度、電學常數精密測量、歐姆定律、光譜等方面進行了多種實驗，為以後的發展奠定了基礎。

　　第二任實驗室主任是瑞利勛爵（3rd Baron Rayleigh），約翰·斯特拉特（John Strutt）他是近代聲學理論奠基人，1904 年諾貝爾物理學獎頒授給他，以表彰他對一些氣體密度的準確測量以及氬的發現，他是該實驗室第一位諾貝爾獎得主，但此後不久瑞利就轉到英國皇家研究所工作了。

　　瑞利經 10 年的研究，於 1882 年發現了氫和氧的原子量之比實際上不是 1：16，而是 1：15.882。他發現從液態空氣中分餾出的氮（密度為 1.2572 克／升），跟從亞硝酸銨中分離出來的氮（密度為 1.2505 克／升），有不可忽略的偏差。由此提出了一種假說，即大氣中還含有一種與氮性質相近的元素就是氬，其原子量為 39.95，在空氣中含量為 0.93%。這一研究歷經了 10 年之久的、平凡瑣碎的化學實驗工作，最後，對空氣組成作出判定，又發現了氦、氖和氙等惰性氣體。可見重大科學發現都源於對現象縝密觀察和艱苦不懈的努力。

　　該實驗室為什麼長期站立在物理學的最頂端？能在自己實驗網站上毫不掩飾、驕傲地宣稱卡文迪許「非凡」的歷史？宣傳實驗室創造出的多項傲人業績？

　　該實驗室的重要特點之一是，自第一任主任馬克士威主持該實驗室以後，該實驗室就形成了使用自制儀器的傳統，實驗室設有工作室，可以自己製作、組裝精密儀器，那些精良的實驗裝置是卡文迪許實實在在的遺產。

28 歲的約瑟夫·湯姆森（Joseph Thomson）擔任實驗室第三任主任時，曾對查爾斯·威爾遜（Charles Wilson, 1869–1959）說起，需要一種特別的儀器，要能顯示各個電子經由空氣時的路徑痕跡，威爾遜利用水蒸氣會凝結在離子上的現象，成功製造了雲室（Cloud Chamber），為愛因斯坦光子學說提供了實驗依據。威爾遜的雲室技術也成就了正電子的發現。另外，由於靜電加速器的發明以及對核反應的觀測貢獻等，1927 年威爾遜與亞瑟·康普頓（Arthur Compton）共同獲得了諾貝爾物理學獎。

這個例子說明，使用現有的實驗儀器往往只能進行跟蹤性研究工作，而自創的觀測和實驗儀器常常可以使人獨占先機。能否有自創的先進實驗儀器，成為顯示實驗室水準的指標之一。

湯姆森本人因發現電子和氣體導電的理論以及實驗研究，獲得 1906 年諾貝爾物理學獎。湯姆森在自己的著作中寫道：「經過長時間對實驗結果的思索之後，我不可避免地得出下列結論：

1. 原子並非不可分的，電力、快速運動的原子碰撞、紫外線、熱運動都可把帶負電的粒子從原子上拉扯下來；

2. 無論哪種原子得到這些粒子，都具有相同的品質，並帶有相同負電荷；

3. 這些粒子的品質，小於氫原子品質的 1/1000，並由此推演宣布了電子的存在。

可見重大科學發現，源於對實驗現象的思考和深入理解。

該實驗室另外一個重要特點是，根據形勢的發展，及時改變實驗室的主攻方向，以得到社會的重視和支持。第二次世界大戰以前，卡文迪許實驗室是基礎理論物理學的研究翹楚，第二次世界大戰爆發後，實驗

室研究的主攻方向則轉向雷達、核武器等與軍事相關的研究。隨著戰爭的結束，實驗室在亨利·布拉格（Henry Bragg）的帶領下將主攻方向由核物理轉向晶體物理、生物物理學和天體物理學。就在這種重起爐灶、「一窮二白」的艱苦時期，卡文迪許實驗室的科學家們憑藉對科學執著的熱情，使實驗室在新興學科上也作出了輝煌的成果，發現了類星體（quasar）、脈衝星（Pulsar）、DNA 雙股螺旋結構，確定了血紅素的結構等，造就了一大批諾貝爾獎得主，為戰後的英國科學贏得了極高的榮譽。

活躍於 20 世紀與 21 世紀之交，追隨卡文迪許之路的是費米實驗室。它的完整名稱是費米國家加速器實驗室（Fermi National Accelerator Laboratory），它的目標是探求自然界最微小組成，進入原子中的世界，了解宇宙是如何形成和運轉的，提高人類對物質和能量基本屬性的理解。

費米實驗室建有美國最大的粒子加速器（Tevatron），它位於地面 25 英呎（約 7.62 公尺）下，有 6.28 公里長的圓形加速器軌道，由 1000 多個超導磁鐵構成，它們將質子和反質子以相反方向在真空管中，分別加速到光速的 99.99999954%，然後在兩個 5,000 噸的探測器中對撞，碰撞產生大量全新的次原子粒子，然後很快衰變，對這些碰撞「碎片」進行分析，來探索物質結構以及空間和時間的演化。

1995 年 3 月 3 日費米實驗室發現了頂夸克（Top quark）。我們已知道，一切物質都是由 12 種粒子組成的，即 6 種夸克和 6 種輕子，這裡所說的一切物質，不包括暗能量與暗物質。

1960 年代，默里·蓋爾曼（Murray Gell-Mann）提出「夸克」說，即質子、中子及與之同類的「強子」均由夸克構成。由於夸克說被實驗證實，蓋爾曼獲 1969 年諾貝爾物理學獎。實驗陸續發現的 6 種夸克分別是

上、下、奇、魅、底、頂夸克，6 種輕子分別是電子、緲子、陶子和 3 種微中子，這構成了當前粒子物理標準模型的基礎。

然而，粒子物理學模型所預言的所有基本粒子中除了一個外，均得到實驗的支持與認證，捕獲這最後的粒子成了費米實驗室的偉大夢想。1988 年因微中子研究獲諾貝爾物理學獎，費米實驗室原主任李德曼（Leon Lederman）曾遊說美國國會議員：「假如你看不見足球，就無法明白場上的隊員為何東衝西撞。同理，在物質運動中，必須找到（希格斯玻色子，Higgs boson）這個足球。」

而歐洲核子研究中心兩個獨立團隊，分別於 2012 年 5 月 13 日和 6 月 10 日從 800 兆次質子對撞數據中，大海撈針，發現了這種被稱為希格斯玻色子的粒子。實現了物理學家半個世紀的追求和夢想。至此，粒子「標準模型」的最後一塊「拼圖」，終於找齊了。2013 年 10 月 8 日比利時物理學家弗朗索瓦・恩格勒（François Englert）和英國物理學家彼得・希格斯（Peter Higgs），因這一成就，共同獲得了諾貝爾物理學獎。

而美國最大的粒子加速器後來不得不宣告關閉。部分科學家對它和費米實驗室也曾有批評，認為費米實驗室其實有能力比「發現頂夸克」更多的成功機會，例如發現 W 玻色子和 Z 玻色子（boson），這也許正擊中了費米實驗室的痛處。

當然純基礎研究也會衍生出改變歷史的成果。曾在卡文迪許實驗室兼職工作的羅伯特・奧本海默是另一位傑出的大師（Julius Oppenheimer, 1904–1967），他於 1926 年與馬克斯・玻恩合作，研究分子量子理論，提出「玻恩 - 奧本海默近似法（Born-Oppenheimer approximation）」，並獲得博士學位。學成回到美國後，他成為優秀的組織管理者。他具有精明的頭腦和出色的辯才，呈現出非凡的魅力，吸引了四面八方聚集到美國

的、受納粹迫害的學者。

1941 年奧本海默參加了論證製造核武器可行性的祕密會議,並被任命為位於新墨西哥州的洛斯阿拉莫斯實驗室主任。1943 年開始,奧本海默以旁人難以具備的領導能力,領導著 6,000 多名專家,進行研製原子彈的曼哈頓工程,並獲得成功。

1945 年 8 月 6 日,美國在日本廣島投下第一顆原子彈,三天后在日本長崎投下另一顆原子彈,雖然以平民傷亡為代價,但原子彈最終促使日本無條件投降,避免了美軍進攻日本本土時,雙方軍民的重大傷亡,使第二次世界大戰提前結束。

1949 年,美國原子能委員會討論發展熱核武器 —— 氫彈計畫,出於科學家的良心和對大規模殺人武器的負罪感,奧本海默研究團隊透過了一份不贊成繼續研製氫彈的決定。1953 年由於美國政府的態度發生轉變,而奧本海默仍明確而堅決地反對研製熱核武器,使他成為聯邦調查局的迫害對象。1954 年原子能委員會根據審查結果,雖宣布奧本海默是忠誠的美國國民,但是因「政治上不可靠」被廢黜。

這一事件充分反映出奧本海默作為科學家的良心和氣節。

與之相反的另一位科學家愛德華·泰勒,他的人生軌跡充滿了矛盾。他愛好音樂、文學,彈得一手好鋼琴,絕頂聰明,「除了純科學外,不情願做其他任何工作」;而實際上他卻無視道德規範,以「為了和平,我們需要武器」為由,主持了美國氫彈開發,從此人類被核恐怖所籠罩。

特別是在美國聯邦調查局迫害奧本海默的聽證會上,泰勒所提供的證詞極其含糊,對奧本海默造成了無端的傷害,也忽略了合作夥伴的成果,為許多同行和朋友所不恥。這說明著名科學家在名利驅使下也可能出現人格上的分裂而成為有爭議的人物。

◆ 巴斯德生物工程研究所

　　巴斯德研究所（Institut Pasteur）是為了紀念法國著名微生物學家路易·巴斯德（Louis Pasteur）於 1885 年研製成功狂犬病疫苗而在 1887 年 6 月 4 日創立的，1888 年 11 月 14 日研究所正式啟用。經過 130 多年的發展，巴斯德研究所已成為世界微生物學頂尖的研究機構，其總部設在法國巴黎。

　　該研究所具有與眾不同的特色，形成了獨特的科學家群體，培育出的新型研究者稱之為「巴斯德人」。他們是從全世界各地招募而來，其中有專業醫生，有藥劑師，有化學工程師和大學教師。他們具有不同的科學背景，聚集在一起，從眾多不同角度研究同一個課題，在「跨學科學研究究」這一術語出現之前，已經是名副其實的「跨學科學研究究」中心了。

　　當時沒有人比巴斯德更懂得如何把「研究」與「應用」兩者統一起來，並獲得巨大成功。研究所把科學研究成果提供給產業，產業反過來為研究提供資金，並把新需求作為科學研究課題提供給研究者，使巴斯德人在科學研究、產業開發和商業結合方面，表現出少有的天賦和成就。

　　路易斯·巴斯德，是法國微生物學家、化學家，近代微生物學、現代細菌學和免疫學的奠基人。曾任里爾大學、巴黎高等師範學院教授和巴斯德研究所所長。

　　1885 年 7 月 6 日，巴斯德在已完成動物實驗基礎上，應病患家長懇求，首先為被瘋狗咬傷的孩子接種狂犬病疫苗，並於 7 月 27 日確認其已脫離危險。自此，巴斯德揭開了人類治療狂犬病嶄新的一頁。10 月 26 日至 27 日，巴斯德在科學院和醫學院作了學術報告。當年 12 月，又

有 4 名被瘋狗咬傷的美國兒童獲救，這使得巴斯德名聲大噪，病人蜂擁而來。

巴斯德一生進行了多項探索性的研究，取得了重大成果，是 19 世紀最有成就的科學家之一。他用畢生精力揭示了三個科學發現：

1. 觀察發現了發酵的奧祕，並發明了一種低溫滅菌法，又稱巴斯德消毒法。用這種方法，殺滅了那些讓啤酒味道變差的微生物，拯救了處於困境之中的法國釀酒業。巴斯德消毒法現在仍被現代食品業廣泛應用。

2. 發現並根除了一種侵害蠶卵的細菌，對法國養蠶業作出了巨大貢獻。

3. 建立細菌理論。傳染病的微菌，在特殊的培養之下可以減輕毒力，使其從病菌變成防病的疫苗。巴斯德意識到，許多疾病均由微生物引起，於是他建立起了細菌理論，為免疫防疫作出了重要的貢獻。

巴斯德被世人稱頌為「進入科學王國的最完美無缺的人」，他不僅是個理論上的天才，還是個善於解決實際問題的人。他於 1843 年發表的兩篇論文——「雙晶現象研究」和「結晶形態」，開創了對物質光學性質的研究。1856 年至 1860 年，他提出了以微生物代謝活動為基礎的發酵本質新理論。1857 年他發表的「關於乳酸發酵的記錄」是微生物學界公認的經典論文。1880 年後他又成功地研製出雞霍亂疫苗、狂犬病疫苗等多種疫苗，其理論和免疫法引發了醫學實踐的重大變革。

1886 年他因建立一個獨立於國家的研究所的願望獲得一定捐款，又靠實驗室出售疫苗，解決了經費問題。之後他在巴黎 15 街區找到建所的土地，這就是巴斯德研究所的由來。

巴斯德研究所的目標曾定為：①按巴斯德方法治療狂犬病；②研究

由病原微生物引起的傳染病；③成為狂犬病的研究中心和高等教育單位，這些目標當時在法國是空前的。

　　巴斯德研究所被確認為公益機構，共設 5 個實驗室。1888 年 11 月 14 日研究所舉行了盛大落成典禮。它的發展歷程如下：

1. 第二次世界大戰前

　　1895 年巴斯德逝世，1914 年「一戰」爆發，研究所的實驗室夜以繼日地為法國及協約國生產破傷風疫苗和白喉等疾病的血清產品，並聯合製造防毒面具等。據統計，至 1923 年，實驗室接待狂犬病患者共 45,000 人，死亡率僅為 3‰。後來，脊髓灰質炎疫苗與磺胺類藥物的功能與效果問世，為此，巴斯德研究所再次作出巨大貢獻。

2. 第二次世界大戰後

　　1950 年代研究所研究領域不斷擴展，如分子生物學、病毒學和細胞免疫學等，重新加入生命科學領域研究的主流，巴斯德研究所成為現代分子生物學聖地之一，基因工程也成為巴斯德研究所的重要課題之一。

　　1973 年研究所建立了大型實業部門，申請了 300 個專利，但仍然出現經濟危機。1974 年研究所開始接受法國政府資助，但管理上仍絕對獨立，預算中約有 47% 的經費來自政府，並接受多方捐款，因而再度興旺。

3. 全球網路化發展格局

　　巴斯德研究所與法國國家健康與醫學研究院、法國大學合作，並把眼光投向全世界，包括與世界衛生組織（WHO）合作。百餘年來，它在全世界建立了 30 個科學研究分支機構，已在全球範圍形成網路化發展。

巴斯德研究所現擁有 500 餘名終身高級研究人員，每年有來自 70 多個國家的 600 餘名訪問學者。

2008 年，研究所的弗朗索瓦絲·西諾西（Francoise Sinoussi）和蒙塔尼耶（Luc Montagnier）因發現子宮頸癌和 HIV（愛滋病毒）循環複製及與主體病毒相互配合的病理而獲得諾貝爾生理學或醫學獎。HIV 病毒寄生於人體免疫 T 細胞內，使 T 細胞失去作用，並使人體免疫系統受到傷害。這一基礎研究對新藥物、新疫苗的發現有重大作用，顯示了基礎理論研究與應用的密切結合。HIV 病毒研究展現了巴斯德實驗室的典型風格。

至此，巴斯德研究所這個 130 年的老店，長盛不衰，共走出了 10 位諾貝爾獎得主。

其實巴斯德的研究也是從追蹤社會需求的實踐中發現問題，經過原理探究，解決了實踐的應用問題，同時又深入到機理研究，探尋基礎科學的發現。這使該實驗室既在基礎科學研究上獲得重大成就，又在創業、造福社會上功勳卓著，算得上是研究所最成功的典範。

◆ 愛迪生實驗研究所

這個研究所是 1876 年由美國大發明家湯瑪斯·愛迪生建立。愛迪生（Thomas Edison, 1847–1931）生於俄亥俄州，自幼在父親木工廠做工，直到 12 歲還不會閱讀，終其一生書寫拼字都困難，但他熱愛科學，自小好奇心強，愛迪生小學僅讀了三個月就退學了，退學原因是攪亂課堂。愛迪生問老師：「為什麼一加一是二？」、「兩塊泥土黏在一起就是一塊，為什麼一加一是二，也許一加一是一。」因提出如此等等的古怪問題，他被老師罵為傻瓜。

　　他的知識都是靠母親教導和自修習得的。他對很多事情感到好奇，喜歡親自實驗，直到明白其中道理為止。

　　愛迪生最早的興趣是化學，但他靠在火車上賣報賺錢，然後節約每個小錢購買化學藥品進行實驗。

　　1861 年美國爆發南北戰爭，人們急需了解各種資訊，愛迪生就利用火車的便利條件自辦了一份簡易的報紙，兼任記者、編輯、排版、校對、印刷、發行。報紙受到歡迎，他也在工作中發展出才能、知識和經驗，並賺了不少的錢。不幸的是，一次他在火車上做實驗時，列車突然顛簸，使一塊磷落到木板上，引起燃燒。車掌趕來撲滅了火焰，也狠狠給了他一個耳光，打聾了他的左耳，並把他趕下了火車。那時愛迪生年僅 16 歲。

　　此後愛迪生迷上了電報，經反覆鑽研，他在 1868 年發明了一臺自動電力記錄器，這是他第一個發明，隨後又發明了兩種新型電報機。1869 年 10 月他與富蘭克林・波普（Franklin Pope）一起成立了「波普 - 愛迪生公司」，發明了印刷機，本想售價 5,000 美元，但缺乏勇氣說出口，就請經理訂個價錢，而經理訂了 4 萬美元。1877 年他發明了碳粒式麥克風，使原有電話聲音更清晰，此外他還發明了留聲機，隨後又發明了電燈、電影、有軌電車、破碎機等建築礦業機械，被稱為發明方面的「魔術師」。

　　愛迪生實驗室裡最重要的發明之一「電燈」，也是在繼承中創造出來的，英國發明家約瑟夫・斯旺（Joseph Swan）潛心研究電燈，從 1848 年開始到 32 年後首次申請了專利，創造出以碳絲為發光體的燈泡，但由於壽命較短，尚沒有實用價值。

　　自 1879 年 10 月 22 日起，愛迪生試用了 6,000 多種纖維材料，以延長

電燈燈絲壽命，他選定了日本竹絲，可使壽命持續 1,000 多個小時，使他成為馳名世界的大發明家。事實上，愛迪生一生持有 1,093 個發明專利。

愛迪生實驗研究所是他在門洛帕克投資 2 萬美元於 1876 年建成的，這個研究所後來成為美國許多巨大工業實驗研究所仿效的雛形。當時該所有 200 名不同專業的科學家、工程師和技術工人，設有實驗室、加工工廠、器材庫、圖書館等，據信，現今美國有 4,000 個工業實驗研究所都是仿效愛迪生實驗研究所成立的。

愛迪生生活的時代，國家發展的需求和他本人的知識、性格、背景決定了該研究所的方向和成就。

由於愛迪生並沒有機會受到嚴格系統的教育，他發明創造的巨大成功主要不是依靠原有的知識的累積、理性邏輯推理和數學引導的抽象思維。他的創新方法主要依靠：

1. 大量藉助外腦進行創造，採用僱用各類高智商的人才為己所用的商業模式；
2. 研究方法多採用「試錯法」。如在解決提高電燈泡壽命問題時，進行了上千次嘗試，多次失敗後，逐步找到了解決方案。

對於一個有著強烈的好奇心，又有堅強意志的人，雖然與學院式的卡文迪許實驗室的創新之路有著根本的區別，但仍走出了一條獨特的、成功的創新之路。

另外，愛迪生之所以在美國被推崇為民族英雄，也與美國當時的社會背景相契合。美國當時是冉冉升起的資本主義大國，重商業的思想盛行，推崇白手起家、人人都可發財的美國夢。同時當時的美國還不是科技強國，遠遠落後於當時的科技中心歐洲。可見創新、創造的成功也是條條大路通羅馬。

◆ 販賣想像力的奇才 ── 迪士尼

想像力可以把「藝術－科學－工程」交融在啟發民智與娛樂的結合點上，有極大的社會影響力，這方面的創新應首推華特·迪士尼（Walter Disney, 1901–1966）。迪士尼是 20 世紀重要的文化創意者之一，其創作持續影響著動畫電影藝術，他是充滿熱情的夢想家，他的創意作品伴隨著許多重大發明者一起成長，所以是全世界幾代人幼小心靈、好奇、幻想的啟迪者。

迪士尼小時生長在密蘇里州的一處農場，他從小對畫畫感興趣，迪士尼創作的最著名的形像是米老鼠 ── 米奇，米奇於 1928 年首次在動畫《飛機迷》（*Plane Crazy*）中出現，當時的社會反響並不大；迪士尼並沒有氣餒，認定米老鼠將來肯定會火起來，於是他改進故事指令碼，改善米奇的動畫形象，並迅速開發有聲電影。第一部有音效動畫《威利汽船》（*Steamboat Willie*）在紐約上映後，引起空前反響，這是迪士尼第一次讓美國人知曉。

對於一個藝術家而言，創新就是生命力和原動力。他推出一系列以米奇為形象的動畫短片後，不因此而滿足，而是不斷改進故事的趣味性、幻想的奇異性、動畫的色彩和片長等。1937 年迪士尼創作團隊推出了世界上第一部彩色動畫長片《白雪公主》（*Snow White and the Seven Dwarfs*），1940 年推動了第二部彩色動畫長片《木偶奇遇記》（*Pinocchio*）。這兩部動畫長片，不僅開創了迪士尼動畫的風格，同時也奠定了動畫在世界電影史的地位。

1950 年代之後，迪士尼製作了《仙履奇緣》（*Cinderella*）、《小飛俠》（*Peter Pan*）、《小姐與流氓》（*Lady and the Tramp*）、《睡美人》（*Sleeping Beauty*）、《101 忠狗》（*One Hundred and One Dalmatians*）等系列動畫，

它的影響拓展到了全世界。

　　迪士尼動畫的觀眾定位遠不止在青少年，很多成年人也進入「動畫迷」的行列，其美術風格清新，雅俗共賞，且擬人化、造型誇張、幽默，更重要的是把超現實、超時空的想像力表達發揮得淋漓盡致。

　　迪士尼認為必須讓各種動畫角色從銀幕中走到觀眾的生活中，於是他將系列動畫角色進行整合，開發出各種玩具、生活用具，成為有智慧財產權的商業品牌。

　　1955 年起，他決定讓觀眾真實地走進幻想中的迪士尼世界，建造了多個迪士尼主題樂園，成為世界各國休閒娛樂的聖地。

　　迪士尼的想像力還表現在把兩個本無關係的成熟體系互相連結，創造出全新體系，這樣的創造稱為「結構洞（structural holes）」。

　　「結構洞」的案例之一，如動畫《小鹿斑比》（Bambi）的成功，就是把「迪士尼動畫角色」和「中國寫意畫派風格」兩個成熟體系互相連結而創造出來的。

　　由此可知，創新能力不僅在科學領域、工程技術發明，而且在文化藝術各個方面都可以獲得巨大成就，並在三者相聯合中創造出更燦爛的輝煌。迪士尼雖然是一個商業公司，但透過「結構洞」的手段，在藝術創新、開發民眾想像力方面做出了輝煌業績，是功不可沒的創新啟迪機構。

　　最後還要提一位令人欽佩的科普專家以撒·艾西莫夫（Isaac Asimov, 1920–1992）。他一生著述多達 470 部，包含長篇科幻小說 38 部，短篇科幻故事 33 部，科學隨筆 40 集等。他的作品被翻譯成數種語言，成為啟發少年兒童的好奇心與想像力的優秀作品。

　　他一生醉心於閱讀和寫作，他說：「閱讀一本好書，迷失在它趣味

盎然的語言和引人入勝的思想之中，實在是一種難以形容的極大樂趣。」
他一生都享受這種樂趣，也全力為他人創造這種樂趣。他認為眾多好的
科普書籍放在圖書館裡，使人一看書名就有很大吸引力，公共圖書館自
然就會成為基礎教育的課外活動，並為眾多少年兒童開啟通往奇蹟和成
就的另一扇大門。

4 能力
ABILITY

創新能力的養成是創新的核心問題授人以魚不如授人以漁。

創新能力與智商無關。

創新能力與人的 IQ 之間沒有直接關係。基於心理學家長期跟蹤研究得到的結論是，具有重大創新成果的人，其 IQ 平均值為 120 左右，即僅居於中等偏上水準。

人類由於遺傳的差異，天分確有不同，主要表現在：

1. 數學的分析能力，定量的解析能力。
2. 空間判斷能力，影像的判斷分析能力。
3. 邏輯思辨能力、語言表達能力等方面的差別，而創新思考的能力並不包括在內。

每個孩子都可以有很強的學習能力和經驗累積實踐能力，但知識和經驗的多少與創新能力的多少也沒有直接關係。一個很聰慧、很有學問的人，也可能在創新方面一無所成。

發現創新成果與年齡大小無關。創新思考是創新能力的主要原始表現。它是指發現、發明前人和同時代人所不曾創立的理論、知識、技術、方法、實物、模型等思維活動和思維結果。

創新思考方式方法包括：

形象思考、抽象思考、辯證思考、直覺、靈感、類比、想像、組合、聯想、邏輯思考、模糊思考、發散式思考。

猜想是根據有限現象對一般規律的猜測，也是創新的重要方法。思辨是根據猜想，進而尋找佐證，透過試錯、證偽，逐步梳理，接近真實的過程。

理性與非理性因素的心理過程、先天性的感悟能力，也參與創新思考的活動。

促進創新思考的方法可以是個人的，也可以是集體的，包括討論、

對話、反駁、辯論、自省、補充、延伸等。

每個人都可能成為創新者，但並不是每個人都能自然而然就成為創新者。能否成為創新者的先決條件是有強烈的社會責任感和使命感，以及有強烈的創新理念。而善於創新者必然需要有相應的知識、認知、能力、素養和方法。

眾所周知，工業社會成熟之後面臨的關鍵問題就是大規模工業化生產。為了提高生產速度和品質，節約成本，一個重大的政策就是專業化分工。把一件產品的加工，抽成若干簡單的環節，每一個工人只做其中一項簡單的重複勞動，使工人變成了機器，從而在經濟上取得巨大成功。但是心理學家卻認為這是對創造思考的扼殺，美國科幻作家甚至把它形象地貶低為「只有昆蟲才會專業分工」，即是把人類的智商降低到螞蟻和蜜蜂的水準。

4.1
想像力

想像力（imagination）是人類與生俱來的，好奇心驅使我們想像未知的世界，是我們進入創新世界的大門。愛因斯坦認為，想像比知識更重要。因為知識是有限的，而想像空間是無限的。想像可分為：

（1）虛幻想像，包括混亂的虛構，如隨意的塗鴉、夢囈等，都可以構成顛三倒四的形象，但都是非美的、無價值的。

（2）邏輯想像，邏輯想像可以是僅根據片段的數據，推斷而創造一個構想，是自然的、獨創的、一致的、和諧的。它既可以是根據自我確

定的目標,「無」中生「有」的過程,也可以是欲改良某種已有事物的不合理、不經濟、不方便之處而想像出的一種更優質的替代性方案的過程。總之,這是想像出自己未曾實際經歷過的事物的能力。但是某些邏輯想像又是超越現實技術水準所能實現或證實的,卻可引導創造性的發明或發現。如愛因斯坦曾想像「如果從一個以光速行駛的火車上前進,我們會看到什麼?」邏輯想像可以孕育猜想、假說、規律、理論,有些則可直接引導新的發明創造。

人類的想像力究竟從何而來?這一謎團有待破解。《人類大命運:從智人到神人》(*Homo Deus The Brief History of Tomorrow*)作者尤瓦爾·哈拉瑞(Yuval Harari)告訴我們:18 世紀人文主義者認為「上帝是人類想像力的產物」。21 世紀數據主義者認為「想像力是人類生化演算法的產物」。這或許值得我們深思。

◆ 2,500 年前地球周長的測定

許多先人表現出來的想像能力常使今天的我們吃驚不已。地球的周長是何時確切測量出來的?原來在西元前 3 世紀,古希臘數學家埃拉托色尼(Eratosthenes)到埃及最南端的亞斯文小鎮旅行,亞斯文在夏至這一天正午,太陽是升到天頂的,也就是說陽光可一直照射到井底;埃拉托色尼在第二年同一天的中午,在他的家鄉亞歷山大市測量出陽光與當地法線的交角,即 θ 角。假定太陽光是平行光線時,則 θ 角與圓心角 θ' 為同位角,有 $\theta = \theta'$。由於圓心角與對應的弧長 l 成正比關係,則有 $\theta'/360° = l/c$。

l 是兩地間距離,已可以測得。這樣只有地球周長 c 為未知數,透過關係式就可以計算出地球周長了。

　　埃拉托色尼計算出的地球周長為 40,074 公里，而用現代科學方法測得的地球平均周長為 40,076 公里，可見其準確性是很高的。

　　埃拉托色尼當時得到的唯一啟發是出於畢達哥拉斯（Pythagoras）首次提出的地球為球的概念和亞里斯多德對月亮的觀察，知道了月食時，月亮上的地球影子呈弧線，而猜想地球是球體，其餘的推論和計算則完全是出於想像了。可見想像力有多麼大的作用。

　　埃拉托色尼的研究成果當時並沒有被世人採信，除了埃氏的測量報告外，還有克勞狄烏斯·托勒密（Claudius Ptolemy）的研究報告，測出地球周長約為 28,000 公里，波希多尼的測量結果約 32,000 公里，都小於實際長度。

　　當 1492 年克里斯多福·哥倫布（Christopher Columbus）從西班牙海岸出發，西航尋找東方時，他使用的是托勒密的描述，可能正如 18 世紀法國一名地理學家所猜想的「一個極大的錯誤導致了一個極偉大的發現」。如果哥倫布知道並相信埃拉托色尼所測定的地球真實大小，也許哥倫布就沒有勇氣和信心進行這次航行了。科學史也充滿了戲劇性。

◆ 想像中的特異材料製備

　　想像力可以是從一個設定的目標或任務出發，為了使之實現，想像它的構造、並製造出來的過程。我們知道塑膠有可以切削、鑄塑等加工效能，有彈性、韌性、塑性等多種使用效能，有不腐不鏽等優良的耐蝕效能，可加工成薄膜、管、板等多種形狀，從而被廣泛使用。但是由於塑膠會自然老化，效能下降，所以使用時間並不長久，幾年之內便被廢棄。全人類每年丟棄掉 4,000 萬噸廢舊塑膠，至 2015 年，塑膠垃圾在全世界的累計積存量已達 63 億噸，但因為它不會自然腐爛，所以造成嚴重

的土地和海洋汙染問題。

人類用化學化工的方法，根據需要合成出聚乳酸、聚丁二酸二丁酯等可分解塑膠，可以在一年內被陽光分解或被細菌分解，從而解決了農業種植的汙染問題。

人們進一步設想，能否製出一種可以參與人體代謝的塑膠來呢？經化學化工專家與生化專家的合作，人們已經找到一種細菌，該細菌體內含有白色顆粒 —— 聚羥基烷酸酯（PHA），它是細菌為自己儲存的營養物質，像是動物體內儲存的脂肪。科學家把這類細菌的基因轉移到大腸桿菌中，透過基因改造大腸桿菌來大量培養 PHA。

由於大腸桿菌繁殖得快，再加上使用廉價的玉米漿就可作培養基，人們可以大量培養生產聚羥基烷酸酯。PHA 是類蛋白質的物質，有類似塑膠的效能，可以作成骨釘、皮膚、氣管、血管等生物材料，植入人體後即可代替人體組織功能。因為 PHA 是在生物體內生成的，所以可參與人體代謝，逐漸成為真正的人體組織。這種生物材料開發的原始出處，是對特種生物材料效能的想像。

自癒合材料是另一種想像中的產品。人體皮膚被割破時，會滲出血液，血液中血小板凝固成痂而慢慢癒合。而宇宙飛船在航行中也可能被小隕石劃傷，飛船艙體可否自癒合呢？當然可以。自癒合艙體一般由碳纖維和聚酯類黏合纏繞而成，在兩纏繞夾層之間，分別放置含有 A、B 膠的兩種小型膠囊，當纏繞層被割破時，小型膠囊也破裂，釋放出 A、B 膠，AB 混合凝固，便完成了自癒合過程，從而使無機物體具有了類生物體的自癒合功能。

複合材料也可以具有人們想像中的多種功能。如現代汽車多採用無內胎的輻射層輪胎，輻射層表面與地面接觸；為了耐磨，人們在表層膠

體中新增炭黑，中層膠體則保持彈性層；為了承受內壓，中層內夾有尼龍 66 的簾子線層；為了不漏氣，輪胎內層為氣密性極好的丁基橡膠構成。這樣子午胎就具有了耐磨、高彈性、高耐壓，氣密性又好的多種複合效能。這種構造性的想像，常常出現在許多需要材料有特異效能的產品製作中。

◆ 抽象思維提升想像力

　　理論物理學家所研究的對象是宇宙的銀河系，或者是微觀基本粒子世界，這樣的對象是無法放在解剖臺上仔細實地觀察的，往往需要透過抽象思維，根據一些碎片化的知識構造它的內部機制。愛因斯坦曾說，物理學家的思維類似於一個小孩手中有一個懷錶，他可看到秒針、分針、時針以不同的速度在執行，並聽到它在滴答作響，卻無法開啟觀察它內部的結構，但他可有不同的猜想，推斷它的內部結構，這就是抽象思維。

　　羅馬時期，托勒密（西元 90–168）提出太陽系的地心說，認為太陽系中其他星球是以地球為中心，圍繞地球旋轉的，該地心說模型也可以很好地解釋日蝕、月蝕、金星凌日等當時已知的天文觀測現象。而哥白尼（1473–1543）在《天體運行論》（*On the Revolutions of Heavenly Spheres*）中提出了日心說，認為所有的行星都是圍繞太陽旋轉的。兩個假說均是充分發揮了抽象思維的能力，直到伽利略（1564–1642）發明了天文望遠鏡，支持了哥白尼的假說，最終觀察證實了日心說是正確的。

　　實證主義哲學主張，當人們不能用實驗觀察，難以確定何為真實現象時，能做的只不過是找出某種數學模型，可合理地描述我們生活在其中的宇宙。也就是說我們往往是生活在未知世界的模型中的。

　　例如，物理學家在實驗中基本上完成了粒子物理標準模型後，提出這些夸克、輕子、玻色子是否可以再分解為更小的基本粒子的想像。目前，絕大多數理論物理學家同意這些夸克等是由數個在十維空間中振動著的超弦所組成的，現實中已知有 x、y、z 三維空間，再加上時間維度就是四維，那其餘的六維度在哪裡？超弦理論認為其他六個維度是隱藏在極小的「緻密空間」中，尚不能被我們所感知。既然不可能被感知，又如何讓大多數物理學家認同？這要歸功於抽象思維，即數學家經過數學推導。由於世界著名數學家丘成桐在彎曲的空間上，求解了一個非線性偏微分方程式，解決了愛因斯坦重力方程式成立的難題，幫助了超弦理論（Superstring Theory）的建立。

　　按照該模型的解釋，物質微觀結構是由 4 個層次所構成的。即由超弦構成夸克等，再由這些夸克等基本粒子組成中子、質子等，再由中子、質子、電子等組成各種原子，再由週期表上的各種原子，構成物質世界。

　　最原始的抽象思維始於對數字的認知，在南美亞馬遜河流域深處，至今仍居住著一群以狩獵和採集野菜野果為生的皮拉罕人，他們世世代代過著與世隔絕的生活，而皮拉罕語中完全沒有數字的概念。

　　研究發現，在沒有數字和其他表示數量的符號的前提下，未經訓練的皮拉罕人無法前後一致地分辨大於 3 的數量之間的區別。只有在數字的幫助下，才能將一堆蘋果定義成「7 顆蘋果」，而不是泛稱為「許多蘋果」。使之能將其與 8 顆蘋果區分開來。

　　5000 年前埃及人雖然已有數字概念和數字表達的象形文字，但難用於數學運算，只有到阿拉伯數字表達方法的出現，才促進了數學科學的迅速發展。

對人類在數量思維發展的研究顯示，人類只有在數字工具基礎上，才能發展出更高級的數學思維和抽象思維。

由此可見，數學的主要作用在於提高人們的抽象思維能力，透過猜想、假設、邏輯推演、證實、歸納，達到公理的認知，所以抽象思維在促進我們對自然認知中，有著十分重要的作用。

在我們身邊，運用抽象思維取得的成就之一就是憶阻器（memristor）的發現過程。

1971 年美國加州大學柏克萊分校蔡少棠教授在從事電工學一項研究工作中，發現其數學模型的描述中除了電阻、電容和電感器之外，尚需要引入一個新的獨立元件，來描述電荷與磁通量等之間的關係，其阻值會隨著電荷流動的方向和數量而變化。但它只在數學模型上存在，這一數學模型經嚴格推導發表後受冷落，這一超前的想像沉寂了 37 年，沒有人參與研究。

直到 2008 年美國電腦行業的重要企業惠普公司（Hewlett-Packard, HP），打電話給已退休的蔡少棠教授，說「您預測功能的裝置我們找到了」，並認為這一發明 —— 憶阻器作為記憶體時，潛在驚人的容量，它是有記憶功能的非線性電阻器。

惠普公司所發明的憶阻器由兩段柱形氧化鈦（TiO_2）組成，一段是高純度氧化鈦，其電阻值大，另一段是摻雜後的氧化鈦，它的電阻值較小。兩段氧化鈦組合後，兩端施以電壓、電流從摻雜氧化鈦一側流入，在電場影響下，氧原子電洞（或導流子）向沒摻雜的氧化鈦部分游移，使整體元件電阻隨時間逐漸減小，在某一時間時去掉外加電壓時，這一瞬間元件的電阻值被保留下來，即元件記住了這時的電阻值，展現其記憶功能。如果這時反向施加電壓、電流從原純淨氧化鈦一端流入，會把

133

氧原子電洞推回到原摻雜部分的氧化鈦,再使整體元件電阻逐步上升。由此獲得了一個有記憶功能的可調節電阻,故稱「憶阻器」。

　　對憶阻器應用前景最保守的看法是,代替電腦記憶體,能滿足對下一代儲存技術的要求。即滿足非易失性(斷電後能儲存數據)、隨機存取、低功耗、高速、高容量、高整合度等特徵。憶阻器同時滿足了上述條件,是電腦記憶體強而有力的競爭者。

　　電腦領域學者約翰·馮紐曼(John von Neumann)經典理論認為「電腦體系結構決定了它不可能像大腦方式工作」,因為人類大腦「處理」資訊和「儲存」資訊是同時同地進行的。而現有以半導體陣列為基礎的電腦則只能分別進行,而且由於晶片上的導線線寬已達奈米級,進一步提高效能,在製造技術上會遇到難以克服的困難。所以專家們認為模擬大腦,將不再使用「1」和「0」的計算方式,而如果代之以明暗不同的灰色中所有狀態進行資訊處理,可以作決策、判斷、學習、臉部識別等,這樣將比數字式電腦更快,可快到幾千倍乃至幾百萬倍。所以有人認為電腦的發展軌跡是,從真空管電腦到電晶體電腦,然後將發展為憶阻器電腦。憶阻器的研究工作已被列入各先進國家的基礎研究計畫之內。

　　2017 年,錢鶴、吳華強團隊的一篇論文,敘述了新型憶阻器陣列類腦計算用於人臉分辨等的新突破。他們將氧化物憶阻器陣列的整合度,提高了一個數量級,首次實現了基於 1,024 個氧化物憶阻器陣列的類腦計算。該成果在最基本的單個憶阻器上實現了儲存和計算的融合,採用完全不同於傳統「馮紐曼架構(Von Neumann architecture)」的體系,使晶片功耗降低到原來的 1/1000 以下。但距離模擬大腦中的 10^{14} 個突觸工作,尚有很大的差別。

◆ 水平思考與垂直思考

當某一理論或某項技術原理取得突破後，該領域的研究會有一個快速發展時期。這時它的原理和可應用範圍會有一個迅速深挖的階段，會聚集較多的研究力量和取得較多的研究成果。隨著時間的推移，這一領域的研究逐步走向成熟，新的發掘收穫越來越少，這必然醞釀著新的跳躍、新的生長點和研究熱門的轉移，然後再重複新的深挖週期……科學與技術發展一般就是這樣跳躍式的前進。

科學家在深挖階段採用的是縱向垂直思考，特點是思考過程的線性延伸。透過演繹、推理不斷前行，這時的研究有理論指導，有規律可循，可邏輯推理，可數學推演，但研究深化到一定程度，就會發現新的命題，而新的命題包含著新的矛盾、需要新的解釋，也就孕育著新突破。

當研究取得跳躍性的新突破點時，需要的就是水平思考，即需要依靠非邏輯推理、非線性延伸，觸發非理性思考，並可能交叉到相關領域，有一定的突變性。

水平思考和垂直思考可交錯進行，相互促進，這些可從本書後幾章的開發例項中體會到。

4.2
聯想力

聯想力（association）是由於見到某事物或某人而引發他人聯想到其相關印象的思考能力。利用聯想是創新的一種途徑，即從已有的某種記

憶、印象等引發出來的另一種可類比的觀念，經過進一步研究的創新思考過程。

　　人們最為熟悉的是仿生學，如英國開發的雷達探測系統，是受到了蝙蝠利用回聲波來探測前方障礙物的啟發，使用電磁波的反射，探測前方飛機等物體。

　　為了更清晰地分辨「想像力」與「聯想力」，我們可從哥德巴赫猜想形成的故事來體驗。德國數學家哥德巴赫（1690–1764）曾寫信給另一位更為有名的數學家尤拉（Leonhard Euler, 1707–1783），信中說經過多方試算，發現凡是大於 5 的奇數都可以拆解為三個質數的和，如：

$$7 = 3 + 3 + 1$$
$$77 = 53 + 17 + 7$$
$$461 = 449 + 7 + 5$$
$$\cdots$$

　　關鍵是能否證明，當這個奇數趨近無窮大時，仍可以這樣拆分？

　　很快尤拉回信給哥德巴赫說，「您提出的問題十分有趣，但要回答有難度，需要時日，但我聯想到凡是大於 4 的偶數也都可拆解為 2 個質數之和，即：

$$6 = 1 + 5$$
$$8 = 3 + 5$$
$$\cdots$$

　　經過多方驗算，好似也成立。同樣，當該偶數趨近為無窮大時，這個猜想是否仍然成立，也是一個有趣的問題。」

　　這一個想像和另一個聯想就構成了困惑數學家數百年的哥德巴赫

猜想。可見一個猜想的形成，正是根據有限的想像，去猜測一般規律的謎。

這個故事中，哥德巴赫表現出的是一種「想像力」，而尤拉表現出的是一種「聯想力」。

◆ 仿生聯想

艾倫·圖靈（Alan Turing, 1912–1954）作為一名數學家，對自然界中那些規律性重複圖案的形成產生了興趣，他於 1952 年發表了《形態發生的化學基礎》（*The Chemical Basis Of Morphogenesis*），提出，自然界的許多生物如斑馬、獵豹、貝殼上自然形成的斑紋影像，可能是由兩種特定的物質（可以是分子層次、染色體層次或細胞層次），相互「反應」和「擴散」交替作用產生的，也就是按照一個被稱為「反應 - 擴張」的模型，這兩種組分將會自發地、自組織形成斑紋、環紋、螺旋或斑駁的斑點等結構，此被稱為「圖靈結構」。

牛津大學數學生物學名譽教授詹姆斯·莫里（James Murry）曾對這一現象打了一個有趣的比方，要想直觀地理解，可以設想有一片乾草地，上面有大量的蚱蜢，草地上發生了陰燃，火勢正慢慢蔓延到整個草場。蚱蜢們被窒息了，大部分留在原地，當火蔓延到每個蚱蜢附近時，由於蚱蜢體內水分蒸發，充當了區域性滅火劑。由於火的氧化反應與蚱蜢體內的水分蒸發擴散及其他各種參數相互作用的巧妙搭配，燃燒後的草地上出現不同的黑色、黃色、近程無序遠端有序的斑塊。這就把「圖靈結構」的生成作了具體的解釋。

仿生學研究常常引發出許多奇思妙想。大家看到一隻蒼蠅輕快地轉身，倒掛在天花板上，不覺得是一件新鮮事。然而多年來，科學家一直

無法弄清楚，這類昆蟲是如何完成這一空中特技的，即使現代無人機也無法與蒼蠅的複雜降落技巧相媲美。探索這一奧祕，可以幫助機器人、飛行員模擬昆蟲獨特飛行動作，更是一項引人入勝的研究工作。

據報導，為了製造能夠模仿昆蟲運動的機器，美國賓夕法尼亞州立大學機械工程師 Bo Cheng 和其團隊，使用高速攝影機拍攝並分析了 20 多隻綠頭蒼蠅在一個飛行艙內倒立著著陸的場景。

蒼蠅降落的方式是多種多樣的。有些蒼蠅會先把自己的前腿放在物體表面上，就像後空翻一樣，然後再把身體擺到位；有的著陸方式看起來更像側翻滾筒。

研究團隊發現，蒼蠅主要依靠視覺線索來完成這些動作。當蒼蠅看到它即將與天花板相撞時，必須在 50 毫秒內決定自己如何倒轉身體並用腳抓住天花板或者飛離。

研究者認為，這項跨物種（蒼蠅、蚊子、蜜蜂）飛行動作的研究，只是剛剛起步，希望用蒼蠅來教機器人模仿蒼蠅的滾筒等飛行技能，就像讓孩子模仿父母一樣。仿生學的研究既充滿了挑戰，又充滿了樂趣。

類似的仿生聯想發明還有：化學武器。雖然化學武器現在已被國際禁用，但在它最初的發展過程中也曾受到生物機制的啟示，由聯想而得到改進。鮮為人知的一個事實是，化學氣體儲存於鋼瓶之中，長期儲存不用，會導致閥門等裝置鏽蝕嚴重，沒有辦法正常使用，從而變成一個燙手的山芋。

為了解決這一難題，研究人員由南美洲的一種「步行甲蟲」處得到啟示。他們發現在甲蟲的頭部分別有兩個小囊，分別儲存有對苯醌 $o\text{-}\langle\text{-}\rangle\text{-}o$ 和雙氧水（H_2O_2），兩者都不是有害物質。甲蟲在撕咬其他生物時，兩個囊同時放射出兩種化學物質，瞬間反應，生成劇毒物質以擊退

敵人。由於此機制的聯想，科學家發明了二元化學武器，就是分別在兩個容器中儲存非毒物質，而在使用時讓兩種物質混合，瞬間合成為化學武器，從而解決了原有化學武器儲存的問題。當然，對這樣一種聯想的發明如何評價？這是不是一個有害社會的發明？是否對化學武器的監控、核查製造了困難？這個問題考驗著人類的文明和道德水準，也考驗著創新發明的評價體系。

◆ 功能延伸聯想

除了仿生聯想外，也可以從原有功能出發，產生延伸其功能的聯想。

在製造出一種新的功能陶瓷材料時，人們發現其有電致伸縮的特性，或稱「壓電陶瓷」，即陶瓷在受壓時，會產生輕微變形，同時內部會有微小電流流過，相反，若陶瓷內部透過微小電流時，又會引起陶瓷的微小變形。陶瓷的這種功能曾被延伸聯想到，能否利用它來製造一種極小的電動機。為此，在製造壓電陶瓷小直徑棒桿時，便在陶瓷桿內安置一圈銀絲，使導電銀絲呈環形在截面上分布。透過一個電樞機構，分別輪流順時針向各導線通電。由於壓電陶瓷的物性，陶瓷桿因要依次吸收區域性的形變，會順時針連續扭動，來吸收壓電陶瓷桿發生的連續變形，這樣就製造出來僅有毫米 – 公分級尺度的電動機。雖然它傳遞的力矩很小，但改變了常規採用定子和轉子內設定線圈，通電後由切割磁力線產生力矩的機制，解決了傳統思路無法把電動機造得又小又簡單的難題。

已知世界與未知世界相隔僅僅是一層薄薄的「紗簾」，開啟之前白茫茫一片，開啟之後，豁然開朗。

在我們剛剛了解了 3D 列印使平面的數字、影像可延伸到立體並列印出來且為之驚嘆的時候，科學狂人已經思考 4D 列印將如何改變這個世界。

在美國加州長灘市舉辦的 TED2013 大會上，來自美國麻省理工學院的史凱拉‧提比茲（Skylar Tibbits）向我們展示了 4D 列印技術的無窮魅力。

所謂 4D 列印技術就是在 3D 列印的基礎上增加一個「時間」緯度，即物體的形狀可以在需要時改變形狀。3D 列印是預先為列印機設計一個數字模型，可按預先建模做出成品。而 4D 列印的邏輯，是把產品設計透過 3D 列印機嵌入可以變形受激的智能材料（如形狀記憶合金等），在特定時間或條件下啟用，無須人的再次干預，因而 4D 列印是一個自組裝、自動化的動態過程。

自組裝的原理在自然界蛋白質的合成過程中已在奈米尺度實現。蛋白質鍵透過自我摺疊形成不同功能，我們能把這一原理應用於工程建造嗎？

其實 4D 列印就是靈光一閃，透過聯想把 3D 列印技術和可記憶材料的功能延伸而成的。第一個應用記憶材料的產品是人造衛星，研究人員將鎳鈦合金絲在高於麻田散鐵相變溫度下，先做成月面天線，然後在低於該溫度下把月面天線壓成薄片，裝入運載火箭。發射到軌道後，透過太陽能照射加熱，當天線被加熱到高於麻田散鐵相變溫度後，即恢復為原形，可以正常發揮天線的功能。

提比茲得知有人發明了一種可以在水裡變形的高分子聚合物，這種新材料一旦接觸水，就可以延展到自己長度的兩倍。藉助設計軟體，提比茲將可延展和不可延展的兩種材料按程式列印，就製成了接觸水後

按要求變形的材料。提比茲在 TED2013 年大會上表演的就是把設計好的 4D 列印棒，投入水槽，它很快彎曲變形成麻省理工學院的英文縮寫 MIT，或任何其他形狀。

4D 列印的工程化瓶頸是要找到更多的、適合的智能材料。所謂智能材料，就是各種能感知外部刺激，並能根據判斷適當變形，能有資訊識別功能、回饋功能、響應功能、自我修復功能、超強適應功能的材料。提比茲所用的材料還只能感應水的刺激，希望將來能合成出可以感受光、聲、熱，甚至感知時間等新的智能材料。

4D 列印將使產品變得更加智慧化、人性化，可在各種危險環境代替人參與工作。《變形金剛》（*Transformers*）等科幻電影裡的場景將在工程中實際出現。

美國「神經系統（Nervous System）」設計工作室利用上述理念製成了世界上首件 4D 列印連衣裙，人們可透過軟體設定樣式、時間和變形材料，讓連衣裙在該設定時間變形成所需的樣式。「神經系統」工作室展示的這件 4D 連衣裙透過 3,316 個連線點把 2,279 個列印塊連線在一起，可以實現量身定製，整件裙子耗費 1,900 英鎊，耗時 48 小時。

◆ 反向聯想

反向聯想是一種在特殊條件下的創新模式。隧道二極體（Tunnel Diode）的發明過程就是它的典型案例。

日本新力公司在江崎博士主持下開發新一代電晶體，從原理上推斷採用鍺元素代替矽元素更有希望，所以主攻方向定為提高鍺元素的純度。但在提純到 99.99999999% 的純度時，繼續提高鍺的純度已十分困難，而期望中的現象仍沒有出現，研究進入膠著狀態，成功希望渺茫。

這時研究組新加入的、剛剛畢業的黑田由裡子，提出反向思維。她向已純淨的鍺內慢慢摻雜，在摻雜量大到原含量的 1,000 倍時，反而獲得了特殊效能的隧道二極體（tunnel diode），且具有負阻特性，使研究工作開啟了一片新天地。

◆ 錯位聯想

錯位聯想獲得成功的例子則更為詭異。

1970 年美國發明家史賓塞‧席佛（Spencer Silver）力圖發明出強力膠水。實驗獲得初步成功後，證實膠水確實具有了良好的黏合能力，但這類膠水固化卻需要很長時間。長時間無法固化的膠水一直被認為沒有使用價值而要被廢棄。

與席佛同實驗室的 Arthur Laffer 是一個虔誠的天主教徒，1974 年的某天他要到教堂裡參加唱詩班，需要順利地找到歌譜的指定一頁。他用席佛廢棄掉的膠水，黏了一個小紙條作為標記，用完後揭掉小紙條，不留下任何痕跡，這樣自黏性便條紙就誕生了。1980 年美國 3M 公司買斷了這個專利，到今天它已風靡全世界。

所以自黏性便條紙是使本不成功的發明，有了一個成功應用的途徑，可以稱得上歪打正著、錯位聯想的例子。

◆ 擴散性思考

心理學家提出擴散性思考（divergent thinking），如愛德華‧詹納（Edward Jenner）採用減輕了毒性的病原微生物來提高人體的免疫能力，1879 年路易斯‧巴斯德（Louis Pasteur）在繼承併發揚了這一成果後，很快推廣到狂犬病、脊髓灰質炎、百日咳、破傷風、白喉、病毒性感冒等

多種疫苗的開發（參見第 3 章的巴斯德生物工程研究所）。所以這種思考模式是廣泛的，能真正做到舉一反三、觸類旁通。

真正具有擴散性思考能力，也會善於把一個抽象問題深度聯想到它的應用，善於把理論知識與現實存在的問題連繫到一起。

例如，在第二次世界大戰結束不久，美國國內已出現冷戰思維。在一次國際學術研討會上，某位蘇聯科學家要與卡門討論一個「學術問題」：一塊金屬和一塊冰做相對運動，彼此間既會有滑動摩擦又有滾動摩擦，這時如何建立數學模型表示式呢？聞聽到此問時，卡門馬上睜大雙眼問道：「你說的是不是坦克怎樣透過冰封的白令海峽的問題呢？」全座學者愕然。

◆ 聚斂性思考

心理學家還提出聚斂性思考（convergent thinking）。聚斂性思考可以是把同類功能事物集合於一身，如瑞士軍刀，就是把水果刀、裁紙刀、剪刀、銼刀、鋸刀、開瓶器、鑽孔器等多種功能的小工具集合起來，打造了世界上著名的品牌產品。

聚斂性思考也可以是把不同功能的有關產品彙集起來獲得的成功。如手機原設計功能僅僅是為了資訊通訊，但隨後把照相功能、遊戲功能、支付功能、金融功能等集中收納為一體，這也是一種聯想的表現。史蒂夫·賈伯斯於 1976 年創立蘋果公司，起起落落，1985 年由於開發個人電腦失敗，他退出公司，但 1997 年重新回歸。他憑藉敏銳的直覺和智慧，提出要從三星公司奪回手機市場，聲稱三星公司的目標是開發世界上最完美的通訊工具，而他的理念是要開發最完美的、所有人都不能離開的伴侶，它的上面應集合了通訊、照相、遊戲、查詢、音響、金融功能等。這一產品最終獲得極大成功。

◆ **慣性思維聯想**

與前者恰恰相反的是慣性思維聯想，它會使聰明人犯愚蠢的錯誤。美國著名科普作家艾西莫夫曾講過他自己的一個故事，一個汽車修理工出了道思考題給他 —— 一位聾啞人要買幾根釘子，對店員做手勢，把左手食指立在貨櫃上，右手握拳作敲擊樣，店員拿了鎚子，聾啞人搖搖頭，店員明白他要買釘子。接著來了一位盲人要買剪刀，請問盲人會怎樣做？阿西莫夫順口答道：「他會伸出食指和中指，不斷分合即可。」這時修理工開心地笑了：「哈哈，錯了吧！盲人能開口說話，為什麼要做手勢呀？」這其實就是利用人的慣性思維設下的陷阱。所以慣性思維聯想常常會導致謬誤，應當避免。

4.3
觀察力

觀察力（observation）對於發明創新過程十分重要。它是形象思維的始發點。善於發現已有理論在自然實踐中的矛盾，恰是挑戰傳統理論的依據。如由於 1900 年普朗克洞察發現了「黑體」輻射問題與已有熱力學理論的矛盾，才使愛因斯坦提出了光量子的概念，成為量子力學發展的先驅。

敏銳的觀察力，其實是以專注力和記憶力為基礎的，能清晰辨別事物，才能再次發展出更強的專注力和記憶力。

學會觀察，學會發現，在遇到新鮮事物和陌生環境時，能靜下心來

根據大腦對新的資訊加以判斷解讀，使自己對新事物能有一個快速的認識，這是一種創新思考的素養。

觀察力是可以自我培養的，如在許多報刊上，經常刊登兩張十分近似的圖畫，要求人們尋找其中的不同之處。再如場景尋寶繪本等，都是透過遊戲來增強觀察力的訓練。

培養觀察力的技巧是，首先要設定觀察的目標、任務，從有的放矢開始，這樣才能使注意力集中到關鍵點上，所以觀察力與專注力是緊密相關聯的。

觀察力的培養還與記憶力密切相關，如人們讀了一篇文章後，可以嘗試把印象最深刻的部分，用自己的語言複述一遍，之後再跟原文進行對比，看看資訊是否完整準確，發現自己對細微之處的觀察是否有遺漏，提高記憶力與觀察力，使自己的形象思維和邏輯思維能力都得到增強。

當然，推動觀察力的基礎是好奇心。好奇心使我們充滿濃厚的興趣，樂於去觀察，樂於去發現。

◆ 對微小機率現象的觀察 —— 捕捉 13 億光年遠的資訊

20 世紀的偉大發現之一是提出構成物質的基本粒子的物理標準模型。

其中以微中子的研究發現過程最具有傳奇色彩。微中子的尺寸不足原子的十億分之一，在原子發生核衰變前後它的能量也是不一致的。物理學家包立在 1930 年提出假定，有可能是某種中性粒子「竊走了」能量。1933 年，物理學家費米表徵了原子衰變的內部執行機制，命名這些中性粒子為微中子。1962 年美國哥倫比亞大學和布魯克黑文國家實驗室

在加速器中查明瞭 υ_e、υ_μ 兩類微中子的存在，1968 年又發現微中子也可產生於太陽中熱核反應的衰變過程。1978 年美國物理學家馬丁·佩爾從理論上證明了 υ_τ 微中子的存在，υ_τ 不帶電，不與周圍物質作用，至 2000 年美國費米實驗室宣布終於找到了 υ_τ 微中子。

更令人驚奇的是，關於微中子是否有質量和質量如何測定的研究。根據標準太陽模型可以預言太陽核聚變每秒鐘放出的且穿過地球某一定面積的電子微中子 υ_e 的數量。美國物理學家雷蒙德·戴維斯（1914–2006）教授利用 $\upsilon_e + {}^{37}Cl \rightarrow {}^{37}Ar^* + e^-$ 核反應，測量到達到地球的微中子 υ_e。方法是在地層深處放置一個盛有 390,000 升的 CCl_4 的大圓筒，測量每秒鐘產生的放射性 ${}^{37}Ar^*$，即可測得微中子 υ_e。但他發現預言計算的量與實測的值不符，太陽微中子 υ_e 在到達地球的過程中丟失了應有的 2/3。υ_e 電子微中子的丟失，證明電子微中子發生了振盪，振盪過程發生了 $\upsilon_e \rightarrow \upsilon_\mu$ 反應。如果 υ_e 微中子沒有質量就不會發生振盪，這就間接證明電子微中子 υ_e 的質量不等於零。這一發現雖破解了微中子丟失之謎，但又產生了新的問題，原來的粒子物理標準模型曾假定微中子沒有質量，說明原來的模型需要修正和完善，且引出的新的問題是，υ_e 的質量究竟是多少呢？

戲劇性的一幕出現了，日本學者小柴昌俊（1926–2020）用原理與前者大致相同的裝置，準備了另外的一個完全不相干的質子衰變實驗，但並不成功。一籌莫展之際，恰巧大麥哲倫星雲超新星 1987A 爆發了（幾百年一遇），產生的大量電子微中子於 1982 年 2 月 23 日到達地球，偶然地被小柴昌俊意外測量到。大麥哲倫星雲距地球 10 萬光年，在這遙遠的旅程中，這群能量不同的微中子，到達地球的時間不同，據此就可推斷出微中子質量大小的準確絕對值。由於太陽距地球太近，這在以前是無法做到

的，但這一偶然的機遇使小柴昌俊成功測量出微中子的質量。由此，雷蒙德·戴維斯和小柴昌俊共同獲得了 2002 年諾貝爾物理學獎。這是幾百年一遇的小機率事件，觀察並抓到了，才有可能獲得巨大的科學成就。

小柴昌俊並沒有就此罷手，他與自己的學生梶田隆章（Takaaki Kajita, 1959–）建造了一個長 40 公尺、直徑 40 公尺的容器，埋在地下 1 公里處，用了 11,200 個光電倍增管捕捉訊號，研究大氣微中子振盪。他們對微中子深入研究，發現 μ 微中子可轉化為 τ 微中子，該研究成果使梶田隆章獲得 2015 年諾貝爾物理學獎。精益求精，窮追不捨的精神，使師徒兩人分別獲諾貝爾物理學獎，成為物理界的一段佳話。

◆ 對偶然出現事物的觀察 ── 發明需抓住驀然之間的細節

1930 年代，被葡萄球菌感染會有致命的結果。

英國生物學家弗萊明爵士（1881–1955）是研究葡萄球菌行為的專家。1928 年 8 月，弗萊明準備去英國薩福克郡鄉村度假，在離開聖瑪麗醫院附屬醫學院（現屬英國理工學院）的實驗室之前，在一系列培養皿中培育了金黃色葡萄球菌苗。

當他 9 月回到實驗室時，發現一個蓋子敞開的培養皿裡，一種藍綠色的黴菌正在瓊脂營養凝膠中生長，並看到培養皿中生長的葡萄球菌有一大半被分解成透明斑塊，也就是說它們因為某種原因被殺死了。這可是他過去千方百計追求而沒有成功的結果。他驚奇興奮之餘，對原因進行了仔細的探究。

他終於發現能抑制並殺死葡萄球菌生長的物質是青黴菌的代謝產物 ── 青黴素，這一結果在被反覆證明後，發表在 1929 年的醫學雜誌上。

　　十年之後的第二次世界大戰中，傷兵由於感染葡萄球菌而大量死亡。美國軍方為了防止敗血病蔓延，資助兩位英國生化專家錢恩和弗洛裡對弗萊明的研究結果進行深入研究，而且獲得了青黴素晶體。實驗證明青黴素對許多病菌都有捕殺效果，為廣譜性殺菌的生物藥劑，而且對人身無毒性。隨後青黴素被大量生產，並在半個多世紀中成為抗感染的首選藥品，拯救了千千萬萬條生命。

　　青黴素對第二次世界大戰時的美軍有很深的影響，甚至有一張宣傳圖，畫中是一個救護員，正在幫傷兵包紮，所配寫的文字是「感謝青黴素，讓他可以安然回家」。

　　紀念青黴素發現十週年慶祝會上，記者詢問弗萊明是如何在浩如煙海的不同菌類中發現青黴素的。猜想必是經過千百次複雜實驗，弗萊明的回答卻十分出人意料，他說想來想去，就是那天我離開實驗室時忘記了關窗戶。經過記者的一番搜尋，發現在當年該研究所的上一層樓，確實有一個實驗室是專門研究青黴菌行為的，被詢問的人回憶稱，那時，他們經常開著窗戶，當天他們也沒有關掉窗戶。這就產生了「最大」的偶然現象 —— 青黴菌從自己實驗室的窗戶裡「溜」出來，又「溜」進了弗萊明的實驗室，並殺死了他培養皿上的葡萄球菌。這一機率極低的偶然現象被弗萊明觀察到了，而且抓住不放，為人類醫藥衛生事業作出了重大的貢獻。為此，弗萊明於 1945 年獲得了諾貝爾生理學或醫學獎。

　　青黴素的故事仍在繼續。青黴素因為含有特別的 β- 內醯胺結構，可阻礙葡萄球菌分裂，所以有治療效果。但葡萄球菌的基因也在不斷進化，產生出 β- 內醯胺酶，專門攻破青黴菌的 β- 內醯胺結構，使青黴素失效，也就是使葡萄球菌有了抗藥性。

　　科學家後來在青黴素鏈中加入「二茂鈷陽離子」金屬酶，瓦解了 β-

內醯胺酶的作用力,而且沒有毒性,成為「加強版的青黴素」,而且也培育了青黴素的衍生抗生素藥物。人類與疾病的抗爭也由此不斷進行下去。

為了解決細菌在長期應對抗生素藥品時產生的耐藥性問題,人們不斷尋求新的抗生素物質,如鏈黴素(1943 年)、氯黴素(1947 年)、金黴素(1948 年)、土黴素(1950 年)、四環黴素(1953 年)及卡納黴素、慶大黴素、萬古黴素等。由於抗生素一般會攻擊細菌的四個要害部位,即細胞壁、細胞膜、蛋白質、DNA/RNA 的合成,細菌會很快進化出有效的防衛。然而,新的有效抗生素的發現越來越困難。

發現新抗生素的數量越來越少,而醫院又發現超強菌的苗頭,所以提醒人們不要濫用抗生素和過度依賴抗生素。如果細菌產生了耐藥性,而新的有效抗生素開發又跟不上來,人類與細菌的抗爭,就處於十分不利的局面了。

新抗生素的發現並不都如青黴素發現那樣神奇和具有戲劇性。鏈黴素被發現的意義,一點也不亞於青黴素,但它的發現卻是經過精心設計、長期努力才成功的。

美國羅格斯大學土壤學教授塞爾曼·瓦克斯曼(Selman Waksman),注意到肺結核菌在土壤中會被迅速殺死。他在 1939 年得到默克公司(Merck)資助,在土壤中尋找能殺死結核菌的微生物。由於土壤中微生物複雜,50 多人的團隊到 1942 年,才分離出放線菌素和鏈絲菌素兩種能殺死結核菌的抗生素,但兩者毒性太強,研究工作似乎走進了死胡同。

◆ 對跨尺度現象的觀察 —— 微縮千萬倍,發現新世紀

科學家觀察水蚤在水面上滑行時,如果從水蚤整體尺度(公分尺度)思考,無法解釋它為什麼不服從阿基米德關於浮力的定律。而當把水蚤

的腿腳部放到電子顯微鏡下觀察，發現其腿部的結構是微納尺度的，毛刺之間可以滯留大量小氣泡，而且小氣泡又不易破裂，所以水蚤是踏著四個大氣囊在水面上滑行的。

同樣的現象也出現在壁虎的觀察中，壁虎在天花板上爬行，為什麼不因重力跌落呢？

在電子顯微鏡下觀察壁虎的腳部，發現其也呈微納結構，發達的奈米剛毛上具有活性細胞組織，與光滑表面也有親合黏附力，而且更為神奇的是，腳部方向的改變，可以使剛毛尾端的朝向改變，就可把腳從壁面上舉起而向前邁步了。

由此可見，如果在某個尺度下無法解釋所觀察的現象，若從另一尺度再去觀察，或許就能給出解釋。正因為如此，2013 年諾貝爾化學獎頒給了三位美國科學家馬丁·卡普拉斯（Martin Karplus, 1930–）、麥可·萊維特（Michael Levitt, 1947–）和阿里耶·瓦舍爾（Arieh Warshel, 1940–），以表彰他們為複雜化學系統創立了多尺度模型。

他們透過計算化學貫通了量子尺度 - 分子尺度的界限，利用量子力學，在合理近似的前提下對分子結構、性質、反應活性及機理進行模型計算，預測源於電子相互作用的吸附、化學反應中成鍵與斷鍵現象，如研究光合作用等。分子尺度研究雖可知與光合作用有關的蛋白質三維結構，清楚地知道其原子、離子相對位置，卻不知其在反應中的作用。陽光照射，使分子處於激發態，但在如何理解其機制上還有不足。量子物理學基於電子的波粒二重性，對分子內部每個電子和每個原子核的大量計算，為經典化學與量子化學兩尺度間的貫通開啟了一扇門，卡普拉斯開發的計算程式用量子物理原則模擬了反應過程。

萊維特和瓦舍爾則使量子化學與經典物理結合，根據有些分子中的

部分電子可在幾個原子核之間自由運動原理，建立了「視網膜結構」模型，簡化了關鍵核心原子的計算過程，提高了可操作性。

　　化學家正在研究飛秒（10^{-15} 秒）尺度下的化學反應歷程，因為決定反應物是依主反應方向進行，還是依副反應方向進行，是反應物料在越過能壘的瞬間發生的。如果最終能控制化學反應，使其反應完全是依正反應產物轉化，而沒有副反應產生，就必然要研究飛秒尺度下的反應行為。由於副反應產物多半是我們不需要的，甚至是汙染物，這樣就可以大大提高資源產出率，減少汙染，這就是合成化學家的夢想，屬於跨時間尺度行為的研究。

◆ 對「舊相識」的觀察 —— 電動汽車與鋰電池

　　21 世紀之初，世界各國紛紛將注意力轉向電動汽車，首先是因為地球上的化石資源特別是石油的儲量有限，為了可持續發展，需要替代能源。另外二次能源中，電能的轉換效率最高。

　　其實據報導，第一輛電動汽車早在 1837 年就出現了，是英國一位化學家發起製造的。在 19 世紀末葉，倫敦街頭因馬車太多，造成交通擁堵。而新出現的電動汽車跟馬拉的計程車相比，體積小、噪聲低、無馬糞汙染，被暱稱為「蜂鳥」。

　　類似的電動計程車也曾出現在巴黎、柏林和紐約等大都市，當時僅美國註冊的電動汽車，一度有 3 萬多輛。後來，興盛一時的電動汽車，卻因為技術尚不成熟，比馬拉計程車更容易出故障且引發交通事故而漸漸淡出了大眾的視線。

　　更為深層次的原因是人們發現了巨大的石油儲藏量，煉油技術飛速發展，油價下降，美國亨利·福特（Henry Ford）公司銷售汽車的價格只

有電動車的一半。美國修建了大量優質公路，汽車可以長途旅行，而電動車行程有限，所以在 20 世紀，燃油發動機汽車獲得了巨大的發展機會。

　　但是電能儲存問題仍然有很大的需求。1976 年任職於美國埃克森美孚公司（ExxonMobil Corporation，簡稱 EM）的史丹利・惠廷安（Michael Whittingham, 1941–），在《科學》（*Science*）雜誌上最先提出鋰電池的概念，即用二硫化鈦和鋰做電極，有望製造出一種全新的動力電池。它的電化學反應迅速而且可逆，是製造蓄電池的新途徑。可是由於當時二硫化鈦的售價約每公斤 1,000 美元，而且有惡臭和毒性，金屬鋰十分活潑易自燃，這項發明很難有商業價值。

　　1985 年美國物理學家約翰・古迪納夫（John Goodenough, 1922–）發現鈷酸鋰可作新型電池的陰極材料，而日本化學家吉野彰（Akira Yoshino, 1948–）發現可以使用聚乙炔做陽極材料。據此，吉野彰於 1985 年製造出世界上第一塊現代鋰電池。1991 年 Sony 公司與旭化成株式會社共同推出第一塊商業化鋰電池。如果沒有現代鋰電池，手機、平板電腦就不可能這樣方便地被廣泛應用，它們擺脫了電線的羈絆，可以隨身攜帶，長時間使用。

　　隨著不斷發現製造鋰電池的新材料，以及磷酸鐵鋰、六氟磷酸鋰等的大規模工業化，2008 年特斯拉公司推出高比功率密度和高比能量輸出的鋰離子電池，而且充放電可循環，續航時間長，充一次電可以行駛 200 英里（約 321 公里），鋰電池使電動車迎來了新的發展機遇。

　　科技的進步會給舊的發明開啟新的發展空間。我們總以為過去沒有現在高明，其實許多過去聰明的想法仍在蟄伏，等待相關配套技術的突破。

　　2019 年 10 月 9 日諾貝爾化學獎頒發給了三位鋰離子電池的先驅者，

古迪納夫以 97 歲高齡，重新整理了諾貝爾獎得主獲獎時的最高齡紀錄，過去的紀錄保持者是 90 歲時獲得 2007 年諾貝爾經濟學獎的里奧尼德·赫維克茲（Leonid Hurwicz）。由於古迪納夫的姓氏（Goodenough）直譯成中文意思是「足夠好」，他的發明又造福了人類，所以被網友親切地稱他是「足夠好」爺爺。

◆ 觀察力創造了新世界觀 —— 達爾文的故事

通常，教授在選擇研究生時很注意學生的觀察能力。傳說中有一個有趣的故事，德國著名內科權威不但醫術高明，學識淵博，還擅長啟發式教學，有很高的聲譽。許多年輕人都渴望成為他的研究生。

這位教授設定了兩個錄取條件：第一，有敏銳的觀察力；第二，鍥而不捨的鑽研能力。

在入學考試時，教授對學生說，作為一名醫生，一生中起碼要有一次親嘗過自己的所有體液，如汗液、淚液等，當然也包括尿液，何況古代就有從親嘗尿液來診斷糖尿病輕重程度的。請大家去廁所取一杯自己的尿液備用。

考試開始，教授在自己也取來的尿液杯中，用手指蘸了一下，再舔了一下，作為示範，請學生跟著做，這是一道特殊的考試題。

學生們的表現不盡相同，有的完全拒絕，有的猶豫不定，最前排的幾個下定決心要成為教授的學生，十分堅定而且瀟灑地完成了教授的命題。在評論得分結果時，教授點評說這前排的幾位完全滿足了我鍥而不捨的要求，但他們在觀察能力的考查方面卻得了零分，因為他們沒有注意到，我是用食指蘸的尿液，舔的卻是中指。原來教授的這道考題，考的是觀察能力。

有一位由於重視觀察而獲得巨大成就的學者便是達爾文（Charles Darwin, 1809–1882）。達爾文創立了以自然選擇為核心的生物進化論，對物種起源的解釋標示著新世界觀的誕生，為科學的發展建立了豐功偉業，但他認為自己「沒有高度敏銳的理解力和智慧」。所取得的成就是因為「愛科學，以及在長期思索問題上的堅韌不拔，和在觀察與蒐集事實上的勤勉」。可見敏銳觀察對創新學說的重大作用。

在近代自然科學產生之前，直到 18 世紀，關於生物發生和發展的理論一直是特創論（神創論）、目的論和物種不變的天下。特創論認為所有生物都是神（上帝）按照一定計畫創造出來的，神有目的創造了萬物（目的論），如貓被創造出來就是為了消滅老鼠。神創論者認為各種生物都是以現在的形狀和特徵一下子出現的，物種既不會增多也不會減少。

1831 年底，達爾文乘英國皇家海軍「小獵犬號」考察船從英國樸茨茅斯港起航，南下非洲，經好望角到達巴西，再過麥哲倫海峽到達太平洋，經美洲西岸的利馬和加拉帕格斯群島，再橫渡太平洋，經澳洲，再次繞過好望角進入大西洋，於 1836 年 10 月返回英國。

在這次長達五年的長途旅行中，達爾文勤奮考察各種地貌和生態環境，考察各種生物，收集標本，挖掘化石，記錄地層結構，累積了豐富數據。如他在加拉帕格斯就發現了 225 種植物，其中 100 種是新的物種。他觀察到了生物從時間到空間上大規模的變化。

航海歸來，達爾文認真分析觀察結果。經過深深思考，他認為只有以物種的逐漸變異才能解釋他所觀察到的現象。

1859 年達爾文的《物種起源》（*On the Origin of Species*）出版，創立了以自然選擇為核心的生物進化理論。《物種起源》（*On the Origin of Species*）出版後不久即售罄。

　　1860 年春天，達爾文修改該書準備再版，修改使他頭昏腦漲，筋疲力盡。這時他想換件有趣的事做做，緩一口氣。因緣際會下，他一下子迷上了附近的「蘭花塢公園」。

　　當時一些博物學家認為，花的作用是為了吸引昆蟲來替其傳粉，以達到異花受精的目的，這是上帝精心設計的。達爾文反對這是上帝創造的說法，他試圖證明，開花受精會促進變異的發生與儲存，並猜測植物與昆蟲之間的協同演化會支持他的天擇論。

　　達爾文最初是為了緩解寫作壓力，沒想到這一閒情逸致，竟使他對蘭花適應昆蟲傳粉的種種奇妙而獨特機制的研究，產生了濃厚的興趣。

　　1862 年達爾文在倫敦林奈學會上宣讀了關於蘭花受精的研究，令人大開眼界。有的蘭花外表乃至於氣味酷似雌性昆蟲，即「假扮新娘」。有的蘭花酷似昆蟲產卵的場所，誘惑雌性昆蟲前來產卵，藉此為其傳粉，被稱為「假扮產房」。還有的蘭花酷似雌性昆蟲棲息地，以吸引雄性昆蟲來交配，而達到傳粉目的，被稱為「假扮閨房」。

　　1862 年達爾文收到了一種原產於馬達加斯加的蘭花 —— 大慧星風蘭標本，它的花口距底部產蜜處有 29 公分高，他不由驚呼：「我的天哪！什麼樣的怪物才能吸食到此花的花蜜呢？」他根據自己的天擇論，做出大膽預測，在馬達加斯加島上一定有一種喙長至少達 25 公分的昆蟲，雖然有不少昆蟲學家對此持懷疑態度，但在 41 年後，終於有報導稱在馬達加斯加發現一種喙長達 30 公分的天蛾。因此人們也往往把大慧星風蘭稱為「達爾文蘭花」。

　　可見創新者只要鎖定研究的方向，時時處處都可找到研究素材，都會有所發現，都能有輝煌的成果產生。

　　達爾文從小就喜歡收集各種新奇東西。1819 年，年僅 10 歲的小達爾

文到農村度假，發現了他從未見過的一種紅黑相間的大昆蟲，他大為驚
訝，就把能找到的活的、死的昆蟲都全部收集起來，被校長斥責為「浪
子」。據說有一次達爾文在樹皮下看到稀有的兩隻甲蟲，兩手抓住了兩隻
後，這時又發現了一隻更少見的大甲蟲，他毫不猶豫地把右手的甲蟲塞
進嘴裡衛住，騰出手去抓第三隻昆蟲。可想而知，他執著的觀察能力、
考察能力也是長期實踐中養成的。

　　1831 年達爾文結識了地質學教授塞治威克，他們一起進行了多次地
質考察，獲得了發掘和鑑定化石的大量知識。前文提到，英國皇家海軍
「小獵犬號」進行的環球科學考察，達爾文是被推薦進入考察隊的，關於
他被推薦的理由是這樣寫的 ——「被推薦並不是因為從你身上看出來你
是一個自然科學家，而是因為你擅長於採集標本和觀察工作，能發現一
切值得被記載到自然史裡的東西」。可見是觀察力成就了達爾文的事業。

　　觀察研究中也有技巧，也可能出現紕漏。

1. 觀察中主觀的有限性。客觀事物宏大，觀察可能只是事物的區域
   性。如果瞎子摸象，以點概面，容易出現主觀判斷失誤。
2. 觀察客觀條件的局限性。由於時間、地域、手段的局限，我們不具
   備全部觀察的可能。如坐井觀天，只見區域性，客觀上造成誤判。
3. 觀察中的綜合判斷。一個現象的出現，可能是多種因素造成的，不
   可只見其一，而忽略其二。如中醫看病，要望、聞、問、切，透過
   全面觀察，分清主次矛盾成因，才能得到正確結論。
4. 多角度觀察和近、遠距離觀察。不同時間點觀察能發現細微的不同
   和更深刻的內因，從而有更深入的認識。
5. 防止落入陷阱。眼見不一定為實，我們常被魔術所迷惑，也曾經有
   不少偽科學騙子，製造假象，這是不可不防的。

談到達爾文的進化論，就不得不提到另外兩個人物，阿爾弗雷德·華萊士（Alfred Russel Wallace, 1823–1913）和阿道斯·赫胥黎（Aldous Leonard Huxley, 1825–1895）。

華萊士是博物學家，也在探索物種起源問題。正當達爾文完成《物種起源》（*On the Origin of Species*）一書時，他收到了正在馬來西亞考察的華萊士的一篇論文。論文中的觀點與達爾文的著作幾乎相同，這使達爾文十分為難，擔心會有人誤解自己抄襲華萊士的觀點，這是達爾文最不願意看到的情況。

達爾文之所以遲遲沒有把自己的研究成果公布於世，心裡是害怕人們認為他企圖顛覆當時盛行的、由牛頓提出的宇宙構成的理論。牛頓描述宇宙運轉就像鐘錶一樣，由上帝製造的法則來保證其確定性和可預測性。達爾文擔心自己的進化論提出了一種學說，這種學說或許可以解釋過去，但不能預測未來，沒有人知道進化將來會如何進行。作為進化過程的推動力 —— 基因突變和自然選擇，能被人們接受嗎？後來的事實發展，說明達爾文的擔心並非多餘，對於公布研究成果的遲疑造成了當時的尷尬局面。

達爾文的朋友幫助解決了這個難題，1858 年 7 月 1 日，林奈學會在倫敦舉行學術報告會，會上同時發表了他們兩人的論文，並把情況通報給華萊士。華萊士的回信十分謙虛，認為達爾文的研究有更深刻的發現，建議把進化論定名為「達爾文主義」。

兩位科學家雖然幾乎同時發現了這一理論，但誰也不想爭優先權，充分展現了高尚的道德操守，這是科學家的驕傲。

達爾文的《物種起源》（*On the Origin of Species*）一書發表後，引起社會很大的反響。報紙上幾乎天天在爭論：「人類到底是亞當的子孫，還

是猿猴的後代？」進步學者認為進化論是重大科學成就，而當時的英國
宗教界卻強烈不滿。

　　早在希臘時期，柏拉圖（西元前 427– 西元前 347）的宇宙觀就認
為，構成世界物質的「形式」（如動物、植物等實體）和「理念」（如美
德、品行等）是永恆的、不變的、預定的。

　　而歐洲宗教哲學源於聖奧古斯丁（St. Aurelius Augustinus, 西元 354–
430），他在其《懺悔錄》（Confessions）中，繼承和改造了柏拉圖的學
說。奧古斯丁認為上帝具有絕對知識，是作為一切經驗和自然的最初來
源。神創造了永恆的事物，神從無中創造世界，在上帝創世之前無物存
在。奧古斯丁的神學成為基督教教義的基本源泉，為基督教提供了完整
的、甚至是原有「舊約」本身所無法提供的信仰體系。

　　達爾文主義從根本上說，是與歐洲宗教哲學相背離的。當然，也受
到了當時宗教界的強烈反對，但此時達爾文已年老多病，難與眾多的誹
謗者進行論戰。

　　這時另一個勇敢的青年學者赫胥黎挺身而出，他寫信給達爾文說：
「你已經博得了一切有思想的人們的永久感激，至於那些要吠要嚎的惡
狗……我正在磨利我的爪和牙，準備進行戰鬥。」赫胥黎在許多重大場
合，勇敢地、公開地為達爾文主義進行宣傳、論戰，被稱為「達爾文的
小獵犬」。有了赫胥黎捍衛真理的勇氣，達爾文熱血沸騰，以手擊桌，高
聲喊道：「好個赫胥黎！你是我最理想的代表人，有了你，我這個靦腆的
老頭就不會像伽利略那樣到教廷受辱了。」赫胥黎對「達爾文主義」的推
廣宣傳和捍衛的功績，是不能被忘記的。

　　另外一個同時代的偉大生物學家喬治 · 居維葉（Georges Cuvier，
1769–1832）利用比較解剖學的方法，研究動物器官之間的相互關係。他

耐心地檢查了 4 千多份鳥類標本，寫出多項著作。

他多次給出解剖學的例證，證實了每一門類之中各物種有親緣關係、共同祖先，甚至還論述了動物四大門類之間也存在許多中間環節。看來居維葉離進化論的發現只有一步之遙了，很可惜，居維葉忽略了進化論中有力的、比較解剖學的證據而不接受進化論。由於進化論撼動了宗教的基礎，當時教徒推動報紙和雜誌，不斷咒罵、嘲弄、威脅達爾文，不知居維葉是出於本質上的因循守舊、安於現狀，還是迫於宗教界的高壓，沒有邁出這革命性的一步。與赫胥黎義無反顧地高舉進化論的大旗相比較可以斷言，一個人的成就並不完全取決於學識，判斷力、創新勇氣等品格素養有時造成了更關鍵的作用。

第二次世界大戰以後，牛津大學教授理查‧道金斯（Richard Dawkins）又以「正宗」達爾文主義思路，撰寫了《自私的基因》（*The Selfish Gene*），此書暗示大家當代進化論表明自私是有道理的，這種新時代對大眾進行的誤導遭到許多學者的反駁，分子生物學家朗格利批評他「是膚淺的，對於進化生物學的闡述是不真實的，對於有學養的讀者是一種傷害，對於外行則是一種誤導」。

如果對進化論做教條理解，一個偉大的理論也可被說成是鼓吹不擇手段的競爭及自私的合理性，這就看不到生命世界的複雜性，就會無視進化史上合作、共生的一面，就會削弱人們和諧共處、共贏的本性，那將是一場悲劇。當然，達爾文卻不應該為此負責。

◆ 觀察激發直覺 ── 澡盆裡的漩渦

人們在觀察到的某種現象的刺激下，會激發直覺。直覺源於長期累積的經驗和知識碎片，它們在不經意間、下意識地形成了大量組合，其

中絕大多數是乏味的、無用的，但或許也會出現若干組合是和諧的、有用的，可稱「直覺」。直覺幫助我們驅動理性思維，根據直覺的引導進行思考、求索、審視、判斷，有時也會有所創新。

直覺也許只是模糊的暗示，甚至是一種心理歷程。心理學家佛洛伊德對夢境的分析指出：「夢是一種受抑制的願望經過改裝後的滿足。」許多科學家、藝術家曾談到夢境或白日夢對創造過程的啟示，這是否源於強烈創新願望的反映，值得進一步研究。

物理學家歐文‧夏皮羅（Irwin Shapiro）在每次洗澡後，都會特別小心不觸動水體，待它完全平靜後，再小心拔開底塞，水體在下流過程中，總會逐漸旋轉起來，而且總是逆時針旋轉。這對大多數人而言是見怪不怪、習以為常的現象，但它卻觸發了夏皮羅的直覺。他認為一定有一個力在作用，不然就違反了牛頓第一定律，即「在無外力作用下，動者恆動，靜者恆靜」。這一現象稱為「夏皮羅時間延遲效應」。

另一位法國科學家加斯帕爾 - 古斯塔夫‧科里奧利（Gaspard-Gustave Coriolis）對「夏皮羅時間延遲效應」進行了深入研究，他在 1835 年的論文寫道，如果物體在勻速轉動的參考系中做相對運動，就有一種不同於通常的離心力或慣性力作用於物體，稱之「複合離心力」。後人稱之為「科氏力（Coriolis Force）」。這也就是說，由於洗澡盆處於地球的勻速轉動參考系中，水流向下運動時，會有科氏力推動使其旋轉，且在北半球一定是逆時針轉動的。這一看來詭異的現象由此得到了科學解釋。科里奧利也在 1838 年被聘為巴黎綜合工科學校教授。科氏力的表示式為：

$$F = 2m.v\omega.sin\theta$$

⇨ F —— 科氏力
⇨ m —— 物體的質量

⇨ v —— 運動物體的向量速度

⇨ ω —— 地球角速度

⇨ θ —— 地球的緯度

後來，科氏力還解釋了北半球的颱風逆時針旋轉、促使大洋中海水環流的現象如卡崔娜颶風，甚至解釋了為什麼第二次世界大戰中，德國射程 113 公里的大砲在轟擊巴黎時，砲彈為何總是向右偏。

可見由洗澡中仔細觀察所觸發的直覺，引匯出了一個意義多麼重大的研究成果。

近年來有人提出直覺是指「沒有經過分析推理的直觀理解和認知」。

法國數學家、天體力學家、科學哲學家亨利·龐加萊（Henri Poincaré, 1954–2012）曾做出的很多科學發現和證明，是從直覺和猜想開始的。他在數學和物理等很多領域都有非凡的成就，在他死後，還為後人留下了很多有價值的猜想。他認為直覺的價值是：「我們靠邏輯來證明，但要靠直覺來發明。」

其實在愛因斯坦的治學思路裡，也非常注重非理性因素。如直覺突發式奇想，他認為真正的科學園地裡的成果，絕不是靠累積歸納得出來的，而是靠跳躍思維產生的。

幾年前，卡內基美隆大學開發出得州撲克程式 Libratus 擊敗了人類冠軍玩家。該程式採用的是蒙特卡洛虛擬遺憾最小化演算法（Montecarlo Counterfactual Regret Minimization），即以一種聰明的方式「精簡決策樹」，然後在許多可能的路徑中進行選擇，如果雙方策略不變，那麼誰都不會獲勝，也就是說導致了一種奈許均衡策略。加拿大阿爾伯特大學開發的 Deepstack 得州撲克程式也一度擊敗了人類最優秀的對手。研究人員稱它依靠「直覺」打牌，透過深度學習來重新評估每次做決定時的策

略。所以一度有「人工智慧大突破 —— 電腦也有了人類直覺」的報導。但撲克實際上是一種策略遊戲，並非直覺遊戲。

可人們也不得不思考電腦在未來發明中會造成何種作用。

4.4
思辨力

思辨力（speculation）就是思考和辨析的能力。思辨力更多來自獨立思考，剝開層層表象，直擊事物的本質。

◆ 辯證思維 —— 美國高中作文考題

在世界上，我們會遇到許多問題，既有優點又有缺點；在一個特定場合是正確的，在一般場合又是錯誤的行為；對於區域性人群是有利的，但對於整個群體又是有害的；一個事件在短期內可能是可以接受的，而從長遠看來卻是十分不可取的。這就需在有創造思考時還要有明確的判斷能力，即需要有思辨力。

這種辯證思維的能力需要長期培養。我們從美國高中生考試（SAT）作文考題，就可以看出他們在鍛鍊學生思辨力方面的工作。

縱觀考題，「辯證關係」貫穿始終。例如，涉及精神與物質的辯證關係、科技進步與人類文明發展的辯證關係，人在繼承固有文化或思維中的突破能力，等等。這樣的命題沒有標準答案，可以充分發揮學生的想像力，也可以成為一場辯論會上正方和反方的辯論題，以此培養學生思

辨力。美國學生為了準備參加這場考試，就必須列出長長的課外讀書計畫給自己，涉及如婦女運動、黑奴文學、南北戰爭歷史小說、人物傳記等，同時也擴大了學生的知識面。下面舉幾個考題例子做一說明：

考題一：關於固有文化和思維中的突破（2005 年考題）

A：仔細思考下面這段摘選文字：

「我們必須嚴肅考證大多數人的意見，哥倫布提出地球是圓的時，大多數人譏笑他，把他的發現扔進了垃圾桶。大多數人的意見應該能夠影響我們的決定否？這個理念的邏輯到底在哪裡？」

B：作文題目：多數人的意見是不是糟糕的引導？

考題二：關於創造能力（2009 年考題）

A：仔細思考下面這段摘選文字：

「當人們計劃要做一件新事情時，需要先把混亂的思路整理出來，然而過多的細節計畫會使人們根據預先決定好的方案行動，按照以前做過的方式行事，創造性思考正是打破事物固有的方式。」

B：作文題目：計劃是否會干擾創造性？

考題三：關於成敗與得失（2005 年考題）

A：仔細思考下面這段摘選文字：

「成功相當程度上和運氣有關，和努力關係不大。現實中在各行各業都總有一些付出了巨大努力，但最終沒有獲得成功的人。── 卡爾‧波普爾」

B：作文題目：成功到底是靠努力還是運氣？

考題四：特立獨行就能成功嗎？（2006 年考題）

A：仔細思考下面這段摘選文字：

「生物學家詹姆斯・華生（James Watson）的一位同事說，華生總是『四處遊蕩，不做實驗而光討論問題』。他得出結論『做好科學研究有不止一種方式。』、『這是華生式的偷懶，使他能夠解決、發現 DNA 結構。』這點在一個過分注重效率的社會裡尤其值得銘記。」

B：作文題目：讓人們以自己的方式做事，會提高成就機會嗎？

考題五：個體與社會的關係（2005 年考題）

A：仔細思考下面這段摘選文字：

「如果你認為你做的一切都只是你自己的事，那就錯了。你的行為不僅影響你自己，也會影響他人的行為。如果你做了令人難以接受的事，而其他人又模仿了你的行為，你要為後果負責。」

B：作文題目：人應該為自己成為他人的榜樣負責嗎？

從上列出的 5 組可能引起爭議的作文考題來看，這種做法確實對培養年輕人的思辨力很有益處。

◆ 思維守舊的代價 ── 居禮實驗室的「教訓」

善於用新的視角、新的構思方式、方法去看待、解釋一個新發現的現象，對從事創新研究的人來說是十分重要的。

1930 年德國科學家玻特（1891–1957）發現，用 γ 粒子流轟擊金屬鈹（Be，原子序數 4，原子量 9.0122）時，從鈹元素中打出了一種強度不大，但穿透力強大到可穿透幾公分厚的鉛板，且在磁場中不偏轉的射線。當時科學家對放射線的了解有 α、β、γ 三種，由於 γ 射線為中性粒

子流，所以人們認為鈹射線應歸於高能 γ 射線，由此這一實驗並沒有引起科學界的重視。

在法國，瑪里・居禮（Marie Curie）在獲得兩次諾貝爾獎以後，收到了各國的大量捐款，實驗室裡原本十分簡陋的裝置已發展成全世界在放射化學和放射物理學研究中最優良的了，兩項諾貝爾獎水準工作的學術累積也很少有人企及。瑪里・居禮病重後，實驗室主要由其女兒和女婿管理。1932 年，居禮實驗室在重新檢驗玻特的發現時，又用鈹射線轟擊石蠟，發現輻射儀記錄到的粒子數不僅沒有減少，反而增加了，於是認為他們從石蠟中打出了質子（即氫原子核）流。1932 年 1 月他們發表文章報告這一實驗現象時，仍把鈹射線稱之為 γ 射線。

居禮實驗室的這篇研究報告，立即引起了在英國卡文迪許實驗室工作的物理學家詹姆斯・查兌克（James Chadwick, 1891–1974）的強烈關注。鈹射線如果真如前人認為的那樣是 γ 射線，γ 射線粒子的質量比質子的質量小約 1836 倍，它用再大的速度也難以從石蠟中打出質子來。顯然，如果不是實驗本身有問題，就是對實驗結果解釋錯了。這時查兌克記起了物理學家歐尼斯特・拉塞福 （Ernest Rutherford, 1871–1937）曾經的預言，即應該有另一基本粒子存在，它就是中子，中子不帶電荷，但存在於原子核內部，原子核不打破，這種稱之為中子的基本粒子就不會被人感知。中子的質量與質子質量相近，而且也不會在磁場中偏轉，所以查兌克懷疑這個鈹射線流是否就是中子流。

在這一理念的引導下，查兌克用極快的速度，證實了這一猜想，並在 1932 年 2 月的《自然》（*Nature*）雜誌發表論文，論證了中子的發現。這一發現引起了科學界的轟動。

瑞典諾貝爾獎評審委員會在評審如何為中子發現授獎時有過不同意

見。其一是給玻特、居禮、查兌克三個與中子發現有關（即發現鈹射線流）的人員共同頒獎；另一種意見是雖然玻特、居禮發現了中子，但他們並沒有意識到他們的發現是什麼，所以中子的發現獎應與他們無緣。最終，1935 年的諾貝爾物理學獎只授給了查兌克。

玻特沒有意識到鈹射線是中子流情有可原，但居禮實驗室只是沒有很好地理解自己的工作，對實驗觀察不能用新的視角去思考，與諾貝爾物理學獎失之交臂就十分不應該了。

慶幸的是，在 1935 年同一年，「小居禮」夫婦獲得了諾貝爾化學獎，獎勵他們發現用 α 粒子流轟擊鋁，得到了自然界不存在的放射性元素磷的同位素，並可衰變為穩定的元素矽，而且轟擊鎂、硼都有類似現象。但應該說，這一發現的科學價值應遠低於中子的發現。

居禮實驗室的故事還在繼續。1928 年英國物理學家保羅·狄拉克（Paul Dirac），預言自然界存在正電子和由正電子等組成反物質的可能。1932 年美國物理學家菲利普·安德森（Philip Anderson）研究宇宙射線時，在「磁場雲室」的照片中，發現一條軌跡曲率半徑與帶負電的電子相同，而偏轉方向相反的粒子軌跡。並據此深入探索，證明了有正電子存在。由此被授予 1936 年諾貝爾物理學獎。

當時，居禮實驗室裡有世界最優良的「磁場雲室」科學研究裝置，他們後來在複查自己的照片時，發現曾多次出現過反電子的軌跡。同樣也是雖然看到了，但是沒有理解它意味著什麼。就這樣居禮實驗室再一次與重大科學發現擦肩而過，為變通思考能力的不足付出了重大的代價。

後來，「小居禮」夫婦用慢中子轟擊鈾，發現一種半衰期為 3.5 小時的元素，被他們判斷為超鈾元素（原子序數在 92 以上）。實際上他們已用慢中子打碎了鈾的原子核，發生了核裂變，這半衰期 3.5 小時的元素

是裂變產物「釔」（原子序數 70）。

雖然約里奧‧居禮（Joliot Curie）在 1935 年就預言會有核裂變發生，而且可能發生核連鎖反應。但真是葉公好龍，龍真正現身了，「小居禮」夫婦卻渾然不覺，錯過了第三次重大科學發現。

發現核裂變、證明鈾元素的原子核被中子撞擊發生裂變反應的科學家奧托‧哈恩（Otto Hahn），獲得了 1944 年諾貝爾化學獎。

居禮實驗室幾次錯失諾貝爾獎的經歷說明，無論實驗室有多麼昂貴的實驗裝置，有多雄厚的學術累積（居禮實驗室曾經三次獲諾貝爾獎），但由於知識和經驗狹窄單一，導致概念和視域的偏狹，因循守舊、思維滯化，使得推理有局限，想像力缺失，甚至概念混亂，無益於理論假說的產生，反而與重大科學發現無緣。

富於創新就必須挑戰、擺脫慣性的束縛。心理學家認為慣性思維，即遵循原有知識和經驗行事似乎是生物的本能，因為經驗對生物行為的參考指導太重要了。如跳蚤起跳高度是自身長度的 400 倍，放置在玻璃杯中可輕鬆跳出。當捉住一支跳蚤放入玻璃杯，並加上透明的蓋子，開始時跳蚤多次起跳，都會重重碰到蓋子上，幾小時後它就根據前期多次的經驗調整了跳躍高度，不會再撞到蓋子上了。這時再輕輕拿走蓋子，跳蚤雖還在自由地跳動，但都不會立刻跳出玻璃杯，它需要新的經驗累積，才能跳出杯子。人類如何呢？

幼童在學習行走時，也是依靠嘗試–失敗–修正–再嘗試–直至成功。成年人面對新事物，也會首先利用前人知識、理論、公式、經驗來做出判斷。一般情況下成功把握會大大增加，但也會慢慢使風險承受力下降，使洞察理解新生事物能力衰退。迅速擺脫慣性思維的支配則是創新的祕訣。

所以人若死讀書，讀死書，抱殘守缺，缺乏迅速變通思維的嘗試，就會與創新漸行漸遠。

◆ 學科交叉思維 —— DNA 雙股螺旋結構的發現

千百年來人類對遺傳現象充滿了好奇，對為什麼「龍生龍，鳳生鳳」渾然不解。20 世紀初，生物學家提到了「基因」一詞，但認為基因是朦朧的，甚至是虛無飄渺的，不是真實存在的東西。

遺傳學家摩根甚至在 1933 年諾貝爾獎的頒獎講演中仍說：「基因是否是一個假設性的單元或物理單元，這沒有絲毫差別。」但他的學生、遺傳學家赫爾曼・穆勒（Hermann Müller）已經在 1926 年利用 X 射線進行了研究，發現照射後的果蠅突變顯著增加，X 射線幽靈般地透入微小的物質，使其遺傳性質發生了顯著的改變。這說明主導遺傳的基因不但存在，而且能被物理手段所改變。

基因畢竟是非常穩定的，它幾乎不停地保持複製相同的遺傳資訊。撇開世代的演變，還有什麼可以使這如岩石般穩定的行為發生變異呢？穆勒利用的高能量 X 射線做到了。因此，在 1930、1940 年代之交，一些物理學家也因為基因的研究轉向了生物學，認為或許基因可以從物理學而不僅是生物學、化學那裡獲得更直接的解釋。

1944 年，著名的量子波理論家、1933 年諾貝爾物理學獎得主薛丁格（Erwin Schrödinger, 1887–1961）發表了一部非常有影響力的書，書名是《生命是什麼？》（*What is Life?: With Mind and Matter and Autobiographical Sketches*）。他相信基因也許能完全繞過化學、生物學，透過物理學來弄清楚。書中提出，要想揭示出生命遺傳的本質，從分子結構出發研究生命現象十分重要，因為萬物都是由分子、原子、電子組成的，生命現

象也不應例外，原則上微觀結構完全可以詮釋生命現象。薛丁格提出基因對遺傳資訊的傳遞是因其原子的三維排序所確定的。

這是一部石破天驚的著作，奏響了揭示生命遺傳微觀奧祕的先聲。薛丁格作為一個物理學界的權威，闖入了生物學的領域，多少有點出人意料。對於他的跨學科行為，德國化學家威廉‧奧斯特瓦爾德（Wilhelm Ostwald）曾談道：「當人們研究任何一種專業而到達其頂峰時，就有兩個選擇擺在他的面前：或者他待在頂峰，這就要冒跌落的危險和被較年輕的、有活力的後繼者的急速腳步踩壞的危險；或者他主動迅速地離開這樣一個危險的地方。如果有人因為放棄他在一生最好的時光所獲得的東西而感到悲哀的話，那麼他完全可以在其他領域，利用他的思想、精力和時間，另起爐灶。不需要擔心找不到新觀念，只要他的智力源泉有足夠的儲備，他的思想就永遠不會停頓和枯竭。」不知道奧斯特瓦爾德的這段話，是否解讀了薛丁格的內心活動，但確是表達了很高水準的哲學思考。

薛丁格能勇敢地邁出這一步，第一，是因為他從小愛好廣泛，博覽群書，長期思考著突變率與進化論兩者之間的連繫。所以從物理學轉向生物學，對他來說並沒有不可踰越的專業鴻溝和心理障礙。

第二，薛丁格諳熟東西方哲學，他渴望和諧，終生把科學的統一作為自己的信念和追求目標。

第三，1930、1940 年代，現代物理學的基礎 —— 相對論和量子力學已經牢固地確立了，其概念框架構成了物理學研究的正規化，物理學已經處於比較平靜的常規科學研究狀態了。相反，生物學卻面臨著理論和方法的重大突破，具有無限廣闊的發展前景。薛丁格作為夢想有大作為的科學家之一，攜帶著現代化物理學思維方式和實驗手段，到生物學

和遺傳學的處女地開墾和耕耘，充分顯示出他的遠見卓識和勇氣。

當時，這種完全創新的思維並沒有對傳統生物學家、遺傳學家立刻產生重要影響。遺傳學希望透過豌豆、果蠅雜交的方法，找到遺傳的統計學規律，即他們的研究一直停留在染色體層面上徘徊不前。

直到 1944 年前後，大多數生物學家仍錯誤地理解為基因是由 20 多種氨基酸成分組成的蛋白質，是很複雜的結構，難以破解。

洛克斐勒研究所的福玻斯·列文第一個表明核酸是 RNA（核糖核酸）或 DNA（脫氧核糖核酸），兩者都是含有核糖的附加碳水化合物，「脫氧」是指 DNA 缺乏糖結構的一個氧原子。這說明 DNA 的結構要比原來的認識簡單得多。

另外破解謎團的認識是著名化學家萊納斯·鮑林（Linus C. Pauling）給出的。

他透過摺疊一張可靈活扭動的摺紙，觀察原子透過連結的鍵長和鍵角扭動，在三維空間裡可能呈現什麼樣子，說明原子透過單鍵或雙鍵結合加強其額外的剛性，當所有的彎曲和扭轉完全與已知鍵長和角度相匹配時，可形成螺旋形分子結構，他的模型是一個單鍵螺旋，被稱為 α 螺旋。

拆分結果令人驚奇地顯示，DNA 主要是由四種鹼基組成的，即 T-胸腺嘧啶，A- 腺嘌呤，C- 胞嘧啶，G- 鳥嘌呤組成，而且四種鹼基數目相同。這些研究的進展，為 DNA 結構的最終破譯打下了雄厚的基礎。

1951 年，華生和克里克首次會面。華生（James Watson, 1928–）出生於美國芝加哥，他 19 歲獲得芝加哥大學動物學學士學位，22 歲因研究 X 射線對噬菌體增殖影響獲得物理學博士學位，了解噬菌體遺傳學的前沿進展。參加 DAN 結構研究時，華生是一個 23 歲的新博士，而克里

克 35 歲，還是個在讀研究生。弗朗西斯・克里克（Francis Crick, 1916–2004）出生於英國北安普頓城，21 歲獲得倫敦大學學士學位，從事血紅蛋白 X 光衍射分析研究。直到他們取得進展的前幾個月，兩人從來都沒有正式研究過 DNA，但從專業知識儲備來講，華生與克里克的合作又可謂是揭示 DNA 結構和功能的完美組合。

他們極有才華，得到過最好的教育，並且找到了最適合的同事合作，在正確的地方、合適的時間、對一個極重要的問題進行研究。克里克說：「兩人都有『青春的囂張氣焰，冷酷，以及對馬虎想法的不容忍」。華生和克里克採用查加夫等所發現的 DNA 的四種鹼基作為搭建模型的積木，又從鮑林那裡學到螺旋線分子結構的概念。他們透過推理，並用前人的研究成果來構造模型，但從來沒有進行過任何 DNA 的實驗。

他們初選模型是三條螺旋線的結構。當看到另一對採用 X 射線研究晶體的學者，即羅莎琳・富蘭克林（Rosalind Franklin, 1920–1958）和莫里斯・威爾金斯（Maurice Wilkins）所提供的 DNA 晶體 X 射線照片時，他們才意識到 DNA 只能是雙股螺旋結構，由此向成功邁出了關鍵的一步。

當時，鮑林仍是最大的競爭者。鮑林準備從美國到英國參觀國王學院，在那裡他一定會去看富蘭克林的 X 射線照片，並受到啟示。但由於鮑林反對原子武器，被美國國務院撤銷了護照，從而在不知不覺中把重大發現的機會讓給了兩個年輕人。雖然他們年輕、經驗不足，在相當程度上可能無知，這也導致他們犯了一個關鍵錯誤，就是把雙股螺旋結構中的密碼鹼基配對作成了相同鹼基配對，受到了化學家多諾休的批評。他認為形成同類鹼基配對時的氫鍵不會很牢固，不可以長期穩定地保護遺傳密碼的結構，建議他們採用異鹼基互補配對。

　　好在華生、克里克願意以無盡的時間和精力去學習遺傳學、生物化學、化學物理學和 X 射線衍射，以及日日夜夜地工作。1953 年 2 月 20 日他們放棄了同鹼基配對方案，3 月 18 日終於搭建起正確模型。華生回憶當時稱，即便在夢中，四種鹼基就像 4 種蝴蝶在他眼前飛舞，不停地變換著組合形式。他們最終找到了最令人信服的、穩定的鹼基配對方式，即 T- 胸腺嘧啶與 A- 腺嘌呤氫鍵配對，C- 胞嘧啶與 G- 鳥嘌呤氫鍵配對。這樣兩種配對方式即是成功為 0-1 密碼資訊傳遞的基本模式。這種配對的氫鍵十分牢固，傳遞密碼能保持穩定。

　　DNA 雙股螺旋結構的發現是 20 世紀的重大科學成果，它把生物學推進到分子生物學時代，它的影響之深遠，對科技發展的貢獻，即使今天也還沒有被完全認識透澈。一個跨時代的重大發現，往往是多個學科交叉發展的結果，是由多領域學者的發現逐步累積、合作而成的，華生、克里克正好站在從量變到質變的突破點上，因而成就了這一偉大發現。

　　在閱讀科學發明文獻時，最最重要的領悟能力是能判斷出哪些發現會產生重大影響，能成為通向更重大發現的階梯。所以愛因斯坦對創新思考的論斷 —— 「這種交叉組合作用似乎是創造性思維的本質特徵」是絕對精闢的。

　　自從 1953 年克里克和華生的 DNA 結構模型論文和莫里斯·威爾金斯（Maurice Wilkins, 1916–2004）、富蘭克林的 DNA 晶體 X 射線照片在《自然》（Nature）雜誌同時發表以後，一大批有關分子生物學的研究成果以他們為起點噴湧而出，且大都獲得了諾貝爾科學獎。這是一串長長的名單：

　　1965 年，François Jacob 和 Jacques Monod 的遺傳漂變（成果發表於

1960 年代），1968 年羅伯特‧霍利（Robert Holley）、哈爾‧科拉納（Har Khorana）和馬歇爾‧尼倫伯格（Marshall Nirenberg）的遺傳密碼。在此基礎上很快人們查明蜜蜂需要有 2.36 億個鹼基對作遺傳密碼，以及 2008 年更描繪出了亞洲人全基因組圖譜，也就是包含了亞洲人的遺傳密碼並測序達 1,177 億鹼基對的。

1972 年傑拉爾德‧埃德爾曼（Gerald Edelman）和 1967 年羅德尼‧波特（Rodney Porter）的抗體結構。

1974 年阿爾伯特‧克勞德（Albert Claud）和克里斯蒂安‧迪夫（Christian Duve）的細胞分級分離及喬治‧帕拉德（George Palade）的蛋白質合成。

1975 年戴維‧巴爾的摩（David Baltimore）、羅納托‧杜爾貝科（Renato Dulbecco）和 1970 年霍華德‧特明（Howard Temin）的逆轉錄酶病毒。

1971 年丹尼爾‧那森斯（Daniel Nathans）和漢彌爾頓‧史密斯（Hamilton Smith）的限制性內切酶。

1983 年芭芭拉‧麥克林托克（Barbara McClintock）的移動基因。

1993 年菲利普‧夏普（Phillip Sharp）和理查‧羅伯茨（Richard Roberts）的分裂基因。

1995 年愛德華‧路易斯（Edward Lewis）、克里斯汀‧紐斯林-沃爾哈德（Christiane Nüsslein-Volhard）等人的同源異型基因和人類出生缺陷。

遺憾的是富蘭克林於 1958 年 32 歲時死於癌症，而與諾貝爾獎失之交臂，但她的貢獻一直為人們所銘記。

一輛歐洲火星車將在 2020 年前往火星這顆紅色星球，這作為 Exo-

Mars 計畫的一部分。ExoMars 是歐洲和俄羅斯的合作專案，任務是尋找火星生命跡象，它將降落在被認為曾充滿水的 Oxia Planum 地區，成為第一個在火星地表下 2 米處尋找生命跡象的探測器。該火星車的名字是從 3.5 萬多條建議中選出，最終以「富蘭克林」命名，紀念她「長期被忽視的」、對 DNA 雙股螺旋結構發現的貢獻。

順便說一下，縱觀諾貝爾獎獲獎紀錄，獲獎人發表有關卓越成果的時間與獲獎有時有較長的時間間隔，長達幾十年的情況也不罕見。由於諾貝爾獎規定不授獎給已逝世的科學家，所以就會出現這種類似富蘭克林的現象，而且可能還有不少。如德米特里·門得列夫（Dmitri Mendeleev）也是在評獎委員會的爭議中，因不幸過早逝世未能獲獎。

1960 到 1970 年代，由於 DNA 結構的發現和引導，不同學科學者在相近領域內的創新思考成果大量井噴。而近年來高科技的發展，使我們已從分子生物學進入到結構生物學時代。

DNA 雙股螺旋結構的發現引領著當代生命科學的發展，使得整個生命科學的科學觀念、研究思路、研究方法和技術都發生了根本的變革。在此基礎上，科學家成功地研究出複製技術、基因療法、基因改造技術、幹細胞技術和 DNA 鑑定技術等，在農業、醫療、工業生物產業、生物產品鑑定、刑偵取證等諸多領域得到越來越廣泛的應用。

自 DNA 檢測被用於破案後，最為戲劇性的 DNA 親子鑑定案例莫過於破解歐洲歷史上塵封 200 多年的謎團。1793 年 1 月的法國大革命，把國王路易十六（Louis XVI）和王后瑪麗·安東妮（Marie-Antoinette）送上了斷頭臺。其最小的兒子路易十七（Louis XVII），年僅 8 歲，也被關進監獄，兩年後被殘酷處死。驗屍醫生暗中偷走了路易十七的心臟。當時媒體散布謠言說死去的男孩是替身，真的皇太子已逃脫。經過 180 多

年的周折，1975 年皇太子的這顆心臟被隆重地安葬在丹尼斯教堂他雙親的身旁。

人們質疑，安葬的果真是皇太子的心臟嗎？為了解開這個謎團，科學家決定為皇太子做 DNA 親子鑑定。實驗使用了交叉法，在法國之外的兩個不同地域的實驗室進行。最終結果證明，這顆心臟確實屬於路易十七查理斯。正是 DNA 檢測技術破解了 200 多年的謎團，解決了 800 多部書籍所描述的懸案，也揭穿了十幾個冒牌的假皇太子。

有關 DNA 研究的故事，近期也出人意料地發生了波瀾。2019 年 1 月 11 日，世界遺傳學研究的聖殿 —— 美國科學研究機構冷泉港實驗室發表宣告，明確反對華生 2007 年發表的觀點，即「天生對非洲的前景感到悲觀」，「我們所有的社會政策都基於這樣一個事實 —— 他們所有智力水準與我們是一樣的，然而所有的測試都表明並非如此」。這些言論在當時就曾激起社會各界的譴責，冷泉港實驗室還剝奪了華生的主任職務（1968 年至 2007 年華生一直是該實驗室主任）。現在，由於華生一再堅持其涉嫌種族歧視的言論，冷泉港實驗室才把華生的榮譽主任一職免除，徹底把他掃地出門。

首先，由於智商測試出現任何黑人與白人的差異，主要還是來自環境差異的影響而不是基因差異造成的。在這方面的偏頗認識是十分有害的，會造成社會達爾文主義的死灰復燃和蔓延，更涉嫌為種族歧視乃至壓迫和殘害張目，從而從「科學的不正確」過渡到「政治的不正確」，如第二次世界大戰中發生的納粹對猶太民族的大屠殺。

其次，從科學本身來講這也不正確。智商是指個人智力測驗成績和同年齡者測試的平均成績相比的指數，一向被視為衡量個人智力高低的標準。

　　但這本身引起的爭議是，該表測量的是一個人對基本認知技能的掌握和發展。這些技能包括記憶、推理、學習、閱讀、寫作、算術等，而一個人比另一個人的測試成績更高，主要在於掌握這些技能的速度，而不是最終掌握程度。智商並不足以說明一個人的智力與成就的相關性、與創造才能和成果的相關性。即便從基因上找原因，如全基因組關聯分析（GWAS）也無法得到明確結論。但更多的現象表明，大多數人職業成功、生活幸福與智商的相關性連 1/3 都占不到，而與人的堅毅、勤勉、想像力、激情和社會融入能力密切相關。

　　一個偉大的科學家對於自己並不熟悉的領域的偏見，而且不計後果的堅持，終會導致其身敗名裂，這是創新思考走入失誤的悲慘結果，這不能不令人惋惜。

　　有人認為一個科學家的偉大，主要原因是在一個恰當的時機，選擇了一個恰當的、即將成熟的蘋果，從而取得了偉大的成就。所謂「天才」的成分與「機會」相比，其實是退居第二位的。一句有失文雅的俗話：「若是站在風口浪尖，母豬也能飛上天」，值得我們從中獲得啟示。但是，能在最恰當的時間，找到並登上風口位置的也絕非等閒之輩。

　　大多數科學家的回憶錄都迴避任何私密的行為，華生卻不同，他是「全盤托出的人」，許多科學家認為，這種做法是冒犯和粗俗。譬如他把「DNA 雙股螺旋結構的探求，在某種意義上描述成一個搶險故事」。

　　「當看到鮑林的 DNA 模型還未擊中要害時，才鬆了口氣，我迅速衝到倫敦，提醒國王學院小組，鮑林的新螺旋一團糟」，這是一種壓抑不住的喜悅。

　　「沉浸在我們的新發現所帶來的幸福之中，加上我自己的積極主動，我認為完全可以找到合乎我的新名望的女朋友。」這是抱怨缺乏情投意

合的配偶，在狂熱地尋找當時還很神祕的 DNA 分子的作用的同時，華生的頭腦幾乎未曾遠離過他心儀的最終目標 —— 一個迷人的斯沃斯莫爾學院女生，即哈佛大學著名演化生物學家恩斯特·邁爾（Ernst Mayr）年僅 17 歲的大女兒克麗斯塔。

後來克里克在讀到這些書後，他惱怒了，給華生寫了長達 6 頁的信表達憤怒。他指責華生把他們曾轟動的合作，寫成了彷彿只是為了滿足獲取諾貝爾獎成名的欲望，而不是基於渴望對大自然的認識，而且公開地對前輩和對手的無禮相當出格。

在獲得諾貝爾獎以後，華生再沒有做什麼積極的研究，只在哈佛大學任教，及在長島冷泉港實驗室負責管理工作。克里克則繼續取得了一些在 DNA 方面的輝煌勝利，尤其是他關於編碼及此後轉入的神經生物學的研究。威爾金斯後來大致也在這一領域繼續工作。

華生的任性，似乎驗證了美國作家馬克·吐溫（Mark Twain）的名言 —— 不懂的事，你自然會多加小心，惹禍上身的都是你自以為懂的事。

又如 2008 年諾貝爾生理學或醫學獎得主呂克·蒙塔尼耶（Luc Montagnier），這位法國科學家因發現人類免疫缺陷病毒 HIV 而獲獎。但他宣揚「順勢療法」而引發爭議，「順勢療法」認為，把在健康人體內產生症狀的物質進行稀釋後，可用來治療同種疾病，而且越稀釋，療效越強；脫氧核糖核酸（DNA）可以透過電磁波訊號進行空間傳送；用抗生素可治療自閉症等。對這些沒有任何實驗支持的說法，世界衛生組織已作為偽科學發出警告。

獲得諾貝爾獎，並不意味著獲獎者一定是完人。有了一定社會地位的人，更應該謹言慎行，防止對社會造成更大的傷害。

◆ 曲線思維 —— 毛姆的計謀

曲線思維是在常規方法之外另闢蹊徑，避開問題的鋒芒，多維度迂迴思考，可能有浪漫的取巧，而又不失大雅，但保證思維結果正確性不變，預期目標不變，變的是思維通道和達到預期目標的途徑。

英國著名作家威廉·毛姆（William Maugham）一生著作頗豐，但開始時並不被人重視，很多著作銷路不暢。他突發奇想，在一家著名的報紙上刊登了一則徵婚啟事 —— 本人年輕英俊，億萬富翁，教養深厚，優雅風趣，欲尋一位毛姆小說中女主人模式的女孩子為終身伴侶。啟事刊出，如春風吹皺池水，打動了無數女孩的芳心，反映強烈。可是她們並不知道毛姆小說中的女主人是怎樣出色的角色，便蜂擁地去購買毛姆的小說。一時間他的小說一版再版，仍被搶購一空。毛姆也成為家喻戶曉的著名作家了。

毛姆是何許人呢？為何有此奇特的思維和另類行為模式？他是英國小說家、劇作家，生於巴黎，父母早亡，由伯父接回英國撫養，20多歲棄醫從文。他一生經歷複雜，第一次世界大戰時期赴法國戰場做救護傷員工作，並為英國做情報工作。

毛姆小說創作啟蒙於莫泊桑（Guy de Maupassant），他寫作生涯初期的作品，皆因不成熟而失敗。作為劇作家，由於他與演員、導演合作是他的短板，也沒有成功。他曾遍遊歐亞美，住過精神療養院，交往了許多不同階層的人物。1928年後他定居法國南部，開始堅持長期寫作。他的奇特經歷，也許是提出曲線思維計謀的誘因吧！

毛姆變換思維角度，利用讀者好奇心，轉移了大眾的注意力，但是他成功的根本原因還是著作本身的水準吸引了讀者。曲線思維富有浪漫色彩，是利用常人始料不及的思路去達到預定的目標，與欺騙是不同的。

　　傳說發現新大陸的哥倫布曾在航船上打賭，看誰能在顛簸的航船上，用 5 秒鐘把雞蛋穩穩立在桌上。眾人認為是不可能做到的，而哥倫布把雞蛋立著向桌上狠狠一敲，雞蛋是破了，但也穩穩立在桌上。這就是頭腦的靈活性。

　　縱觀世界發明史，重大發明往往是透過曲線思維打破傳統思維的枷鎖而取得的。原子筆剛剛在日本製造出來時，最大的困擾是在書寫一段時間後，由於圓珠不耐磨而漏油。有的工程師從提高圓珠品質入手，有的則從改進油墨效能入手，一時都未能解決問題。東京山地筆廠的清宮渡邊，卻從四歲女兒把原子筆用到快漏油時，就都丟棄不用的現象中得到啟發，建議老闆把筆芯做得短些，不等它漏油，筆油就用光了。這項「無漏油原子筆」的小發明，深受顧客歡迎，為老闆賺了大錢。

　　靈活利用曲線思維，包括下面的逆向思維，都是謀略上的迂迴曲折之路，但能出奇致勝，從而獲得創新成功。

◆ 逆向思維 ── 並非僥倖的飛機著彈孔分析

　　逆向思維在戰場上有意想不到的應用。

　　在第二次世界大戰中，美國為了減少重型轟炸機在歐洲戰場上的損失，希望透過統計方法找出改進轟炸機設計的有效途徑。軍方組織了大量人力調查那些執行完轟炸任務返航的轟炸機，對其中彈部位及中彈數量做詳細記錄。人們注意到，許多重型轟炸機跟跟蹌蹌返回基地時，機身上千瘡百孔簡直像瑞士乳酪，機身部位中彈幾乎是發動機部位的兩倍，飛機機翼的中彈數量甚至比機身更多。

　　依據這些數據作出的結論是，既然機身部位中彈最多，那就在機身部位增加裝甲，特別是機身內有重要裝置和飛行員。在這些地方增加裝

甲看起來非常合理。

但統計學家、哥倫比亞大學教授 Abraham Wald（1902–1950）認為這是大錯特錯的決定。他向高層軍官解釋說，正確的做法恰恰相反，應該是為那些沒有彈孔或彈孔不多的部位增設裝甲。初聽起來費解，但卻充滿了數學家的智慧。因為這些取樣數據，均包含了那些中彈後又返航卻倖存下來的飛機中彈的特徵。統計中發動機中彈的彈孔少，並不是因為發動機被命中的機會少，而是因為這種情況下，飛機基本不可能返航。

逆向思維絕對不是胡亂思維，是在科學原理指導下的創新思考。

因為在高炮向那一片天空噴射砲彈時，從機率學考慮，轟炸機各部位受損是均衡分布的，而被擊落的飛機殘骸並沒有被統計在內。死掉的數據是不會開口講話的。這從統計學上講是「倖存者偏差（survivorship bias）」，是因資訊不足而導致錯誤結論。所以，這位數學家建議的價值絕不低於一次戰役取勝的價值。

這一結論在實戰中也被證明。1944 年轟炸法國土倫行動中，一架改進後的美軍 B-24「解放者」轟炸機被高炮的砲彈撕掉了右翼後緣，卻依然成功返航。

其實在統計學中如何選擇樣本，會影響到統計學給出的結論。如果統計樣本缺少隨機性，就會誤導而產生偏差。如 1936 年美國總統選舉，美國《文學文摘》（*The Literary Digest*）進行了大規模事前民調，回收到 230 萬份回饋。據此該雜誌預測阿爾弗雷德·蘭登（Alfred Landon 會以絕對優勢戰勝羅斯福而當選總統，而選舉結果恰好相反。問題就出在樣本選擇，回收的 230 萬份問卷是從雜誌讀者、電話調查、飛機場火車站等公共場所人群中取樣，他們多來自富裕階層。所以樣本的隨機性大打了

折扣。美國 2016 年總統大選中唐納‧川普（Donald Trump 與希拉蕊‧柯林頓（Hillary Clinton）的對決，很多媒體就預測失誤，據分析也多半是相同的原因。

逆向思維可能是最「愚蠢」、也可能是最聰明的策略。比如，一個看來似乎遲鈍的孩子，被允許從兩個硬幣中選一枚，作為給他的禮物。如果故意讓他從一枚直徑要小一些的銀色 10 分硬幣和另一枚是直徑反而要大些的銅色 5 分硬幣中選擇，孩子每次被叫去做測試總是拿走 5 分硬幣，很多人多次反覆測試都是同樣結果，所以人們便認定孩子智力有缺陷。但有一次這孩子對他的夥伴透露了底細，即：「如果我第一次就選了 10 分硬幣，那我就不會有後面那麼多次的禮物了。」這是孩子的逆向思維，「狡猾」地愚弄了自認為聰明的人。

逆向思維也可在產品設計、定位、行銷策略上大有作為。

經典創新模式以已開發國家為目標市場，而這一市場以規則成熟、基礎設施建設完備、環境保護要求高及創新產品效能強、價格高著稱。由此，經典創新的目標消費人群及最初採納者常常是對價格不敏感的收入較高群體。創新企業會研究這一類人群需求，並根據這一需求實現創新。創新產品首先切入點為已開發國家，然後在已開發國家間擴散，之後才擴散到發展中國家。這一創新模式的缺點在於，它限制了跨國公司的創新思路，使他們創新生產的產品一面對向已開發國家及新興經濟體的塔尖，導致只有富裕人群才能購買得起。已開發國家創新後，所做的僅僅是將它們在原產國（已開發國家）開發的產品進行改良，出口到新興發展中國家市場。國際金融危機爆發後，高收入上班族中產階層購買力萎縮，這種以高收入上班族作為目標人群的市場受到衝擊，從而加大了創新風險，降低了企業創新的積極性。

逆向創新模式則不同於經典創新模式。逆向創新回歸產品注重實用性功能的設計本質，將市場切入點放在發展中國家及已開發國家的、收入較低的人群，從而形成了不同於經典創新模式的全新創新概念。逆向擴散的創新不是沒有創新，而是以中低收入人群為消費目標，強調低價格創新，從而創造和激發新的市場需求。

◆ 批判性思考 ──「知識」與「想像力」悖論

經驗說明，兒童時期的好奇心和想像力特別強。這在圍棋比賽中已經被證實。但隨著受到的教育增多，好奇心和想像力很有可能遞減。這是因為，知識體系都是有框架、有假定、有邏輯推演的，想像力常常要挑戰這些假定，批評現有框架和邏輯傳承的。

當然，兒童及年輕人由於知識的不足，所提出的這些挑戰和批評，在大多數情況下並不正確，或純屬白日夢而被否定，或屬於那種萌萌的童話被保留下來。隨著知識的增加，在客觀上就產生了抑制好奇心和想像力的效果。難怪愛因斯坦感嘆過：「好奇心能夠在正規教育中倖存下來，簡直就是一個奇蹟。」這樣客觀上就形成了「知識」與「好奇心、想像力」之間的悖論。更多的教育有助於增加知識（也可能助長了對知識的迷信），排除了幼稚的幻想，提高了創造力，另一方面又因抑制了好奇心與想像力而減少了創造力。

美國哈佛大學前校長德瑞克·伯克（Derek Bok）將大學生 4 年內思維狀態的變化，分解為三個階段。

無知的確定性（ignorant certainty）階段，這個階段盲目相信從中學所學的知識，認為都是千真萬確的。這個確定性來源於學生已有知識的有限性，因此是一種無知下的確認。

　　漸知的混亂性（intelligent confusion）階段，即在大學裡學生接觸到各式各樣的知識，學派紛呈，說法各異，甚至完全對立。雖然學生知識增加了，但他們往往會感到困惑，「公說公有理，婆說婆有理」，無法判斷出哪個說法更有道理。

　　批判性思考（critical thinking）階段，這正是教師必須引導他們進入思維成熟的階段，有別於單純消極的批評。讓學生可以在不同說法之間，透過分析、實驗、取證和推理等方式作出判斷，寫出有自己判斷性、創新性認知的論文，論述出哪種說法更有說服力。該過程要能夠對專家和權威的結論提出質疑和挑戰，從挑戰中找到研究的切入點，去證實或證偽，給出自己新的發現、解釋、補充或全新的理論。由此可見，批判性思考的重要性，這一思維過程對於任一級別的科學家的創新過程也是重要的，是突破悖論的法門。

　　創新思考是由「知識」＋「想像力、好奇心」形成的，但在考試教育的條件下，情況會變得更糟。當學生學習的唯一目的是獲得好成績，當教師教書的唯一目標是傳授標準答案，那麼結果可能是：受教育年限越長，教師和學生越努力，雖然學生知識成長了，但他們的好奇心和想像力卻被扼殺得越系統、越徹底。破解的唯一辦法是批判性思考。

　　孔子曾說過：「學而不思則罔，思而不學則殆」，點破了這一悖論，即不可不相信書本，但又不可全信書本，即批判精神。

　　賈伯斯（Steve Jobs, 1995–2011）1997 年重返蘋果公司時，公司正處於谷底，他的信念是「不同凡想（think different）。」為公司精心設計了一個跨時代的廣告「獻給瘋狂的人」（to the crazy ones），在蘋果手機再度輝煌時，他說打敗三星集團的手機是出於「不同凡想」。三星集團做手機追求的目標是做一款最傑出的「通訊工具」，而蘋果公司做手機追求的

目標是做一款最傑出的「成人玩具」。結果就有了不同。

　　另一個毀滅創新激情的是不同的價值觀取向，價值取向可以分為直接功利主義、間接功利主義或非功利主義。對直接功利主義者而言，創新是為了發表論文、申請專利、公司上市等，這些獲得獎勵的是精神的、物質的利益。而對間接功利主義者，創新是為了填補空白，爭取國內或世界一流。精神與物質利益的追求並非直接目的。對非功利主義者而言，創新的內心動力是好奇心，而不是為了個人的回報和社會獎賞；是為了追求對自然規律的認識、追求真理、改變世界和造福人類，只有非功利的創新激情才是永遠不會熄滅的。可以說這類人才是脫離了低階趣味的人。

　　即使到了 21 世紀的今天，人類在許多領域也還處於「無知」狀態。2004 年諾貝爾物理學獎得主大衛・格羅斯（David Gross）在論壇上丟擲了一系列的未知謎團，例如：

1. 135 億年前起源於大爆炸的宇宙，它的結構是什麼樣的？135 億年間，宇宙又是如何演變的？

2. 普遍認為宇宙主要是由暗物質構成的，但什麼是暗物質的本質？暗能量的本質又是什麼？

3. 宇宙當中的暗能量若能導致宇宙加速膨脹，是否就是愛因斯坦多年前所說的「真空能量」？它是否永遠存在？宇宙是否會永遠加速膨脹下去？

4. 在量子物理學中，真空被認為能夠轉換成各種能量和力量，所有物質將會不斷波動，這些由電腦大量計算的結果引匯出的「夸克漸近自由理論」、「異型弦理論」模型能被實驗證實嗎？

5. 人的思維過程之謎。人有大腦，人的意識和記憶是如何形成的？人

的胚胎是沒有意識的，但青年人是有意識的，認識是如何從沒有意識過渡到有意識的？

……

格羅斯總結說：「越多的知識給我們帶來越多的『無知』，『無知』使我們意識到我們還不了解的自然領域，恰恰是這種『無知』促進了科學的發展……是基礎科學前進的動力！」

由此可見，不是「知識」與「想像力」產生了悖論，而是「無知」驅動我們的「想像力」在無限的未知領域馳騁。

為了進一步理解格羅斯，我們不妨來看看他的創新經歷。

已知構成物質的中子、質子等都是由更基本的粒子「夸克」構成的，而通常情況下夸克總是被約束在質子、中子內部，沒有發現有單個的、自由的夸克，有 2 個或 3 個夸克的集合體才能處於自由態。

1973 年，提出的「漸近自由」理論，用數學模型解釋了夸克的上述神祕行為，預言夸克之間距離很近時，相互作用會變弱，這跟宏觀的物質相互吸引的規律完全不同。三位科學家的理論認為強作用力會隨著夸克彼此間距離增大而增大，因此沒有夸克可以從原子核中向外遷移，獲得真正自由，所以這些夸克會被結合在一起。

夸克漸近自由現象，確立了粒子物理的標準模型，使物理學家可以對自然界各種力有一個統一的描述方式，使物理學家更接近了一個偉大夢想 —— 為強相互作用力、電磁相互作用力、弱相互作用力、萬有引力建構一個統一理論，這是唯一能夠兼顧現代物理學的兩大支柱 —— 愛因斯坦相對論和量子力學的理論模式。

一般而言，我們用相對論來描述非常大的物體，比如星星、星系乃至整個宇宙，同時我們借用量子理論來闡述非常小的尺度的物體，比如

185

分子、原子、亞原子、粒子等，這都沒有問題。但為了完全而徹底地理解整個宇宙，我們必須知道微小的新生宇宙為何會變得如此龐大，而要追溯從大霹靂至今的過程，就需要兩個理論一起工作才行。

這樣做的難度在於，相對論的時空是一個平滑的四維毯子，而量子場理論則表明，時空是由大小約為 10^{-35} 米的點單元所組成的，量子場論甚至並不將時間看成是真實且可觀察的事物。由此可見，建構統一理論的難度。

但上述發現的重大意義在於：

其一，未來如果從了解夸克之間相互作用力的性質，找到開啟自由夸克的辦法，能合理利用夸克內部的強作用能，那麼人類就可能獲得比核能還要大得多的能量，即掌握和利用「粒子能」。

其二，可以探尋早期宇宙剛剛形成的瞬間，即只以基本粒子狀態存在的宇宙如何演化至今的過程。如果可以得到這些解釋，物理學家必須相信標準模型不可能是一個最基本的理論，所以我們仍然是「無知」的。

◆ 傳承思維 —— 磁之薪火相傳數千年

歷史上許多重要發明創造都不能一蹴而就。早在中國古代戰國時期，西元前 400 年左右，已經發現磁石可以吸引鐵屑，可以製成指南針，後來指南針成為在航海中必不可少的儀器。

曾當過印刷廠徒工的麥可．法拉第（Michael Faraday），在 1831 年時已經成為公認的大科學家。他經過多年觀察思索，認為既然電可以轉變為磁，磁應該也可以轉變為電，但多年的研究沒有結果。一次偶然間，他發現把一塊磁鐵插入一個導線圈內時，與線圈相連的電流計上的指標忽然發生了偏轉，並發現只有在不斷上下抽出、插入磁鐵時，才有不斷

出現的電流。據此得出結論是，只有線上圈不斷切割磁鐵周圍的磁力線時，才能產生電流。法拉第沒有受過系統的科學教育，雖然他的實驗能力很強，但數學定量分析能力不足，所以他對這一現象只知其然、不知其所以然。

詹姆士·馬克士威（James Maxwell）在法拉第發現磁電互轉現象的同年誕生。他從小就是一個神童，15 歲時中學還未畢業就在《愛丁堡皇家學會學報》上發表了討論二次曲線的論文，並考進了愛丁堡大學，後轉入劍橋大學。雖然法拉第十分欣賞這篇文章，但兩人一直沒有謀面。之後馬克士威輾轉到多所大學任教，直到 1860 年，馬克士威回到倫敦皇家學院就職，才拜訪了法拉第，此時法拉第已經是 79 歲的龍鍾老人了。兩人一見如故，想見恨晚。

馬克士威經過深入研究和精確數學分析，在 1865 年發表了一組描述電磁場規律的方程式，揭示了磁場與電場相互轉化的規律，以及磁場和電場可產生的超距離的作用，並論證了電磁波的傳播速度與光速相同，這使馬克士威在科學界名聲大振。

馬克士威的影響在物理學界幾乎無處不在，但一旦跳出物理學界，了解他的人就很少，很多人還不知道他的貢獻其實應與牛頓和愛因斯坦齊名。愛因斯坦正是站在馬克士威的肩上，才完成了 20 世紀有深遠影響的物理學革命。這位身材矮小（約 160 公分左右）的蘇格蘭物理學家出身富裕家庭，是家中的獨生子，他與妻子凱薩琳沒有孩子。他治學勤奮，深居簡出，夫婦兩人常常在寧靜的夜晚，共讀莎士比亞的作品享受生活。妻子對他的科學研究事業十分支持，妻子病重時，他會不眠不休地陪伴守護，被人稱為是「無比地摯愛」。

馬克士威之所以被世人所忽略，是因為作為一個純「理論」物理學

家，他的成就在當時人們主要興趣所在的工業技術發展方面顯得不合時宜。

除了電磁學的馬克士威方程式以外，他還提出了馬克士威分布方程式，解釋了分子在被加熱時速度增加並非都是相同的，必定有不同的分布。他還用數學方程式估算各種分子擁有的不同速度的機率，奠定了統計物理學的基礎。他的機率觀念甚至被推廣用於社會科學研究中的民意調查和選舉預測。

馬克士威還依據湯瑪斯‧楊（Thomas Young）提出的「三色視覺理論」，發明了彩色攝影的方法。他分別用紅、綠、藍濾光鏡光源拍攝同一景物，然後再將這三色圖片疊合，就成功製作了彩色照片。

後人評價說法拉第不用數學來了解所有現象，而馬克士威卻用數學理解所有的事，在電磁學發展中兩人真是珠聯璧合。馬克士威終生潛心學術研究，從事教育事業，淡泊名利，學術成就和人品皆為世人所敬仰。

馬克士威在劍橋大學籌建第一個物理實驗室 —— 卡文迪許實驗室，同時開設講座，講解電磁理論，由於曲高和寡，聽講的人越來越少。1879 年馬克士威雖然只有 48 歲，但已病入膏肓，聽課的學生只剩下兩個人了。他對著空曠的大教室說：「電磁波會被發現的！會被應用的！理論總是要超前一步的！」

年輕的德國學者赫茲是一名實驗物理學家。他在 26 歲時把兩個金屬小球調到一定位置，中間留有一小段間隙。通電後，兩個小球間產生一閃一閃跳動的電火花。按照馬克士威的理論，電場激發磁場，磁場再激發電場，連續擴散開去，就應產生電磁波傳遞。

到底是否真的實現了電磁波傳遞呢？他在離這套裝置 4 公尺遠的地

方，安放了一個有缺口的銅環，如果有電磁波傳遞，那在銅環缺口間也應有電火花跳躍。實驗結果真的證明了馬克士威理論的預測，而且證明電磁波的傳播速度為光速，可惜赫茲年僅 37 歲時就在波恩大學與世長辭了，他的去世是歐洲物理學界很大的損失。

義大利物理學家古列爾莫·馬可尼（Guglielmo Marconi）在了解了赫茲的研究成果後，思索這一現象能否找到實際應用。經過仔細研究後，他認為最好的應用方式是用於通訊。因為 1844 年英國已經發明了有線電報業務，實現了遠距離通訊。如果按赫茲的研究成果啟示，是可以使用無線電通訊傳遞資訊的。

在這一理念的指導下，他在父親別墅與自己住房相距 1.7 公里之間架設了天線，改進了發射器與接收器，終於證實了自己無線電通訊的設想。他決定到倫敦去展示和推廣他的發明。雖然他在倫敦舉目無親，帶來的裝置又被海關沒收了，但他得到了英國郵電部總工程師的支持，並首先在郵電部大樓與相距 3 公里的銀行大樓間實現了無線電通訊。

1901 年馬可尼決心進行一次極大膽的實驗，即在英屬牙買加的康沃爾建立一座 130 英呎（約 40 公尺）高的電波發射塔，然後回到大西洋對面的紐西蘭去接收訊號。有人說電磁波如果和光波一樣，必須在大西洋上空懸一面大鏡子才能將電磁波反射到大洋彼岸。可是馬可尼仍堅持一試。馬可尼的接收天線用風箏升到了 400 公尺的高空，果然接收到嘀–嘀–嘀的訊號聲，馬可尼的電波一下子飛躍了 3700 公里，為此馬可尼獲得了 1909 年諾貝爾物理學獎。大西洋上空真有一面很大的反射鏡嗎？它真的可以把電波再反射回地面而成就馬可尼的事業嗎？

馬可尼跨洋通訊的成功，立即引發了一批物理學家對地球上空大氣層研究的興趣。1902 年英國物理學家奧利弗·亥維塞（Oliver Heaviside,

1850–1925）提出在地球上空大氣層中有一層導電粒子，稱之為電離層的假說。愛德華‧阿普爾頓（Edward Appleton, 1892–1965）經深入研究，證明了電離層的存的，還確定了它的效能，並發現了電離層的結構及它對電磁波的吸收與折射的性質，以及它對無線電通訊和雷達探測的作用，為此他獲得 1947 年的諾貝爾物理學獎。

由此可見，後人應從前人的發現和發明中尋找到最有潛質的亮點，然後加以鑽研，找到研究的切入點，這才是成功最重要的訣竅。這也再次證明發現問題比解決問題更為重要。

4.5
行動力

行動力（execution）是指自覺自願地做一件事併力爭獲得成功結果的行為能力。具有很強行動力的人往往也具有很強的自制力，並樂於嘗試、創新和思考，其中就包括自覺和有目的地觀察，在逆境中尋找解決辦法，以及努力去說服他人，爭取更多支持與合作等。

◆ 發現問題 —— 從教堂吊燈引出的顛覆性成果

發現問題是解決問題的前提，發現並選定有潛在價值的命題作為研究方向，是每個創新者成功的根本素養之一，而發現基於觀察，自覺地、有目的地觀察和發現就是科技工作者行動力的表現之一。

1583 年伽利略從比薩大教堂走廊經過，看到一盞懸於半空中的銅燈

被風吹得擺動，這引起了伽利略的注意。當風停下的時候，他發現儘管吊燈擺動的幅度越來越小，但每擺動一次所用的時間好像是一樣的。他先用自己的脈搏跳動計時並初步證實，由此他確信發現了自然界的一個奧祕。他回到實驗室，用不同質量的物體，用不同長度的繩子懸掛進行實驗，證實了單擺的等時性。伽利略作為近代科學的建立人開始了「以實驗事實為根據，結合數學分析推進」的研究方法。

在伽利略所處的時代，古希臘的偉大哲學家亞里斯多德享有至高無上的威望，但他在天文學和物理學上有許多觀點是錯誤的，他只講了表象而沒有揭示本質。伽利略打破了統治了兩千年的亞里斯多德的物理學體系，推翻了以亞里斯多德為代表的、主觀臆測的物質觀和純屬思辨的自然觀。

伽利略雖是一位數學教授，但是他採用實驗查證、數學推論的科學研究方法，為近代科學研究開了先河。他重視如何把科學發現應用於解決實際問題，有較強動手製造機械裝置的能力。這種做法的初始誘因是，當時數學教授的薪水不到醫生的 1/10。他雖終身未娶，但有一位和他私定終身的女伴瑪麗娜，且生下了兩個女兒和一個兒子需要撫養。為了貼補家用，他必須私下授課和發明製造一些小的新奇玩物出售。如他曾利用溫度變化引起液體密度的變化，再透過其浮力的改變製造出顯示溫度的伽利略測溫計。

當他在報紙上讀到荷蘭眼鏡製造商用透鏡組裝，可以增強人眼觀看遠處的能力時，便按照報導的介紹，試著組裝這種新儀器，並將它介紹給帕多瓦大學的評議委員會。1608 年他與荷蘭眼鏡商利伯希一起製造了後來被稱為望遠鏡的儀器，這激起了帕多瓦大學教授們的熱情，並決定把伽利略的年薪提高到 1,000 銀幣。經他改良後的望遠鏡，放大倍率達

到 1,000 倍，觀察到了木星的衛星、太陽黑子、月球表面的環形山、土星的光環及其衛星等。他的理論與實驗相結合的研究方法、親自動手製造儀器的能力，成為他研究事業巨大成功的基石，伽利略的發現和理論研究，對哥白尼的「日心說」提供了有力的支持。伽利略於 1630 年完成了《關於兩大世界體系的對話》（*Dialogue concerning the Two Chief World Systems*）的手稿，並於 1632 年出版，從側面宣傳日心說，但他很快卻遭到了教會的殘酷迫害。1633 年他作為異教徒被羅馬宗教審判所判定終身監禁，還被迫害至失明。但他對研究工作鍥而不捨，用單擺的等時性設計了機械鐘，撰寫了數本著作，特別是他從實踐發現問題、以數學思考分析推理的現代科學方法長久流傳於世。

日心說與教會的衝突從 1633 年伽利略被判刑開始，一直持續到 1822 年教會解除了對日心說的禁令，人們才能談論地球的繞日運動。又過了 12 年，伽利略《關於兩大世界體系的對話》才從禁書名單中剔除。359 年後的 1992 年，教皇若望保祿二世（Sanctus Ioannes Paulus PP. II）才取消了教會對伽利略的譴責，宣稱對伽利略的判決是「比薩科學家與宗教法庭審判者相互間的不諒解而產生的事件」。

科學研究能否具有顛覆創新性成果，當然與科學研究選題有密切的關係。從文獻中分類選題的性質時，共有以下幾類：

1. 據經驗判斷，用舊思路和老辦法能解決的問題，這類研究屬於「作業式」，成功把握很大，可以透過計劃來安排。

2. 用舊思路試圖解決老辦法不曾解決的問題，稱為「重驗式」，這是研究者不認同前人失敗的實質原因。創新性不高，而風險性高。

3. 用舊思路試圖解決新出現的問題，屬於「試探式」。成功與否取決於老辦法的理論基礎本身能否揭示新問題的本質。

4. 用新的思路解決曾用老辦法已經解決了的問題，屬於推廣新方法時檢驗新方法的理論基礎，稱為對新方法的「驗證式」。這是推廣新方法前把新理論加以證實並吸收到本學科的一個必經階段。

5. 用新的思路試圖解決老辦法不能解決的問題，屬「探討式創新」，成敗取決於對新理論基礎的把握程度。

6. 用新的思路去解決新出現的問題，此類研究風險性很大，失敗與成功拼的是對新猜想或新理論的判斷深度和實驗操控能力。這類研究選題，是可能出現破壞性創新成果，當然也是最有價值的。

科學研究選題可以是跟蹤性的，因為人類科學發展是有繼承性的。美國物理學會（American Physical Society, APS）曾對已發表的論文的標題、作者、單位、參考文獻、被引用領域主題分類程式碼等資訊進行了統計分析，發現某時間段內某一主題發表論文數目集中度高，便將該主題稱之為熱門研究主題。

另外，科學是以要創新形式的工作真正向前發展的，而這類工作多為原創性的研究，不追蹤熱門就是要花時間在冷門領域做原始創新性高的探索，並成為領跑者，這當然會有比較高的風險，但之後也會有較大的收穫。如何拿捏要靠研究者自己的判斷。一般來說，選熱門主題在熱度上升的初期作研究可能有利或成為逆襲者，在熱度下降期選擇就需認真判別是否有第二波高潮了。一個研究團隊的人力、物力都是有限的，正確選題可能是成功的先決條件，而發現有潛在重大價值的研究題目，是優秀領導者的基本素養。

當然科學家也要有偶然發現「珍寶」的才能。斯里蘭卡有一神話故事，講的是三個王子在旅行時，總是透過意外和智慧發現無價珍寶。現實中，英國天文學家、音樂家威廉·赫雪爾（Wilhelm Herschel, 1738–

1822）也有此經歷。他自德國移居英國成為一個音樂教師，偶然間他的興趣轉向天文，於 1781 年發現了天王星。隨後，他完成了對 5,000 多個星雲的分類，成了著名的天文學家。接著又因為偶然的發現，成為物理學家。在 1800 年人們已知太陽光會發熱，但他想弄清牛頓把太陽光用稜鏡分出的不同波段的光譜中，哪段長波是可優先轉化成熱能的。他在不同陽光波段，分別放置了溫度計，偶然發現在紅光譜區域外的地方，顯示的溫度最高，從而發現了紅外輻射。

　　1856 年，17 歲的化學系學生威廉・帕金（William Perkin）在導師奧古斯特・霍夫曼（August Hofmann）的建議下，從焦煤油中分離奎寧（quinine），但分離奎寧沒有成功，卻看到煤焦油中有一種紫色物質，從而合成出第一種人工紫色染料 —— 苯胺。因 1856 年前，英國崇尚稀有的紫色布料，這一顏色被稱為「皇家顏色」，而這一發現使得紫色布料風靡一時。所以，每次意外的偶遇也必有智慧才能抓住。

　　正是因為發現一個有價值的問題，比解決這一問題更重要、更有價值，所以博士生導師的主要作用，首先應該是為學生指出有價值的研究方向，選定課題，其次才是研究過程中的具體指導。

◆ 整體尋優 —— 錢學森倡導的系統工程理論

　　系統工程理論和實踐的萌芽已有數十年的經驗，可以列舉出的如下：

　　1940 年，為建設橫跨美國東西部的微波通訊網，貝爾電話實驗室首次使用了「系統工程」這一術語。

　　1940 年至 1945 年的美國「曼哈頓」計畫，用系統工程方法進行組織協調，6,000 多位多學科專家在較短時間內成功地製造出了原子彈。

　　美國「阿波羅」登月計畫的成功，是組織了 2 萬多家公司、120 所大

學，動用了 42 萬人，共生產了 700 多萬個零件，耗資 300 多億美元才完成的系統工程。

系統工程理論對後來類似的大工程專案等的組織管理模式，對工程決策，對物力、財力、裝置的安排，以及對協調多方利害關係等複雜巨系統的目標改善，都產生了重大指導作用。

如何從方法論層面認識系統工程？錢學森曾指出：「我們所提倡的系統論，既不是整體論，也非還原論，而是整體論與還原論的辯證統一。」

對於系統問題，首先著眼於系統整體，同時也要重視系統的組成部分，並把整體與部分辯證地統一起來，最終從整體上研究和解決問題。系統工程學早已證明區域性改善方案常常並非是整體的改善方案。

系統論方法吸收了還原論方法和整體論方法各自的長處，這種把系統整體和組成部分別辯證地統一起來進行研究和解決系統問題的系統方法論，稱之為「綜合整合方法論」。

綜合整合方法論的實質是把專家體系、數據體系、數據資訊與知識體系以及電腦體系有機結合與融合的體系。

重大工程管理活動一般的決策主體，由總體決策、支持體系和總體執行體系三個部分構成。其中各個部分之間相互關聯，構成一個更為複雜的遞階分布自適應系統體系。為了剖析這一巨系統體系，重大工程管理理論提出了 9 個核心概念，即重大工程由環境複合系統、管理複雜性、深度不確定性、情景、主體與序主體、管理平臺、多尺度、適應性、功能譜所構成。

為了充分揭示重大工程管理活動中主體行為與對象特徵相互耦合的基本規律，科學家提出衡量重大工程管理理論中基本學術素養的主要標

準，又提出了複雜性降解、適應性選擇、多方位管理、疊代式開發與遞階式委託代理等 5 個基本原理。

隨著大數據和電腦技術的快速發展，系統工程理論和實踐變得更為科學、準確和定量化。人工智慧則是在大數據的基礎上，讓機器主動學習，達成策略改善，應用於剖析非線性、多分叉、自適應、自回饋、強交聯的複雜巨系統。

系統科學是 21 世紀中葉興起的一場科學思維革命，而系統工程實踐又將引起一場技術革命，這場科學和技術革命，在 21 世紀必將促發組織管理的革命。其應用價值可能會越來越大。21 世紀，在世界將會出現更多、更複雜的巨大工程專案，系統科學將會有廣闊的馳騁空間，給出最改善的應對方案。

◆ 虛擬推理 —— 關於比薩斜塔實驗

第一個運用虛擬推理實驗法獲得成功的學者據推斷應該是伽利略。400 多年前，傳說中著名的自由落體科學實驗，讓義大利比薩斜塔舉世聞名，人們一直把這作為科學史上的重大事件，也從來沒有人懷疑過這件事。日本科學史研究者市場泰男卻對此提出質疑，傳說伽利略做自由落體實驗是在 1590 年，是 26 歲的伽利略在比薩大學做講師時完成的。在那時，學術界主流觀點是信奉古希臘大哲學家亞里斯多德的學說「物體越重下落越快」，這一觀點「統治」了學術界近 2000 年。

市場泰男認為初出茅廬的伽利略竟敢挑戰大人物，並在鼎鼎大名的比薩斜塔上當眾做實驗去驗證大師的論斷，在當時就應該是一個大新聞，肯定會引起轟動。可是市場泰男遍查了當時的各種文獻，包括伽利略本人的著作和手稿，卻根本沒有一點記載，實在匪夷所思。

關於伽利略在斜塔做實驗的記載，最早出現在伽利略的學生溫琴佐·維維亞尼（Vincenzo Viviani）撰寫的伽利略傳記，這本傳記是在伽利略去世後 12 年出版的，伽利略本人不可能親自審閱書稿，所以該事件的可靠性就值得懷疑了。

據考證，伽利略關於落體下落速度相同而與重量無關的論斷是透過「紙上實驗」來對自己的理論做檢驗的。伽利略先設想了兩個一輕一重的球，並且用一根理想的桿子把兩個球連線起來變成一個啞鈴。如設想讓這個啞鈴從高處自由落下，情況會是怎樣的呢？

情景一：按亞里斯多德觀點，重球應該落得快，輕球應該落得慢，結果這個連線在一起的重球受到輕球的牽制，應該落得更慢。

情景二：由於輕球和重球相連的啞鈴是個整體，它的總重量應該比重球還要重，根據亞里斯多德的觀點，這個啞鈴應該比重球下落的更快。

根據同一觀點，兩個設想情景相互矛盾，就表明亞里斯多德的理論是錯誤的。所以伽利略的理論證明過程既沒有用真正銅球，也沒有實際地跑到斜塔上去做實驗，伽利略的理論確鑿無疑，但只是用虛擬推理實驗完成的，或稱「矛盾法」，即「以其人之道還治其人之身」，證明了亞里斯多德的謬論所在，這種「虛擬推理實驗研究方法」，在數學和物理學等研究中被廣泛使用。

至於伽利略在比薩斜塔上做實驗這一美麗傳說的流傳，很可能是由於維維亞尼出於對自己老師的崇拜，把西蒙做實驗的故事聯想到伽利略的理論上來了。這無損於伽利略的偉大，更給比薩斜塔蒙上了一層聖潔的光環。

◆ 假想實驗 ── 兩隻奇特的「貓」

在物理學中著名的假想實驗很多，如愛因斯坦的「快速列車」和「升降機」對相對論的貢獻等，它們是在頭腦中做實驗，透過哲學思辨來發現自然規律的。

量子力學的理論常常超出常人的理解範圍，正如波耳所說：「如果誰第一次聽說量子理論而不感困惑，那他一定沒有聽懂。」

在解釋單個電子行為時，哥本哈根學派的玻恩認為這裡的電子處於「各種疊加態」，而薛丁格提出了一個假想實驗進行反駁。1935 年薛丁格提出設想，將一隻貓關在裝有少量鐳和氰化物的密閉容器裡。鐳的衰變存在機率，如果鐳發生衰變，會觸發機關打碎裝有氰化物的瓶子，貓就會死：如果鐳不發生衰變，貓就存活。根據量子力學理論，由於放射性的鐳處於衰變和沒有衰變兩種狀態的疊加，貓就理應處於死貓和活貓的疊加狀態。這隻既死又活的貓就是所謂的「薛丁格貓」。但是，不可能存在既死又活的貓，結果必須在開啟容器後才能知道。

薛丁格提出的假象貓實驗，挪揄了哥本哈根學派的解釋，成為量子力學界的一個十分狡黠而又有名的故事。

第二隻奇異的「貓」則出現在 1978 年，美國著名的物理學家約翰‧惠勒（John Wheeler, 1911–2008）在普林斯頓大學任物理學教授，曾任美國物理學會主席，是「黑洞」等名詞的創造者。在他撰寫的著作中，他曾建議在頭腦中組建如下面的一組光學實驗裝置。這個裝置要回答的問題是：如果從光源 S 處僅發出單個光子時，兩支檢測器 D_1、D_2 如何發聲響並報告光子是否到達了。先設想如果光子在第一個分光片 A 時，被「抽成了兩半」，「一半光子」發生了反射，經 M_1 走過了 $2a + 3a$ 的路程；另「一半光子」發生了透射，經過鏡片 M_2，走過了 $2b + 3b$ 的路程，兩

個「半光子」在 B 處發生兩束相干光的疊加，其中之一的檢測器由於光相干加強而發出指示，另一個檢測器由於相干減弱則不會有指示。

如果據上所述，一個檢測器有響聲指示，而另一個檢測器則沒有指示，由於光子是不可能被劈成兩半的，那就證明了「光子」表現出波動性，否則就不會有這種現象產生，反之則表現出光子顯示出粒子性。這說明光子顯示出粒子性還是波動性與我們的觀察方式相關，這個解釋恰好印證了波耳的「互補性原理」。

仔細思考會發現一個更詭異的現象，在 B 處所發生的事，似乎決定了具有波粒二重性的光子前期在 A 處到底是表現為粒子性還是波動性，也就是說前面發生了什麼事情要由後面發生的事來決定。

在量子事件中出現的「後果」影響到「前因」這種詭異的假想實驗結果與薛丁格的「貓」同樣怪異，所以有人就戲稱其為「惠勒貓」。

多年來，雖然惠勒在物理學領域作出了許多貢獻，成為這一領域的佼佼者，但諾貝爾物理學獎忽略了他。而「假想實驗」這種重要的研究方法，在未來研究中，仍會被廣泛採用。

◆ 說服他人 —— 丁肇中的 5 分鐘演說

創新實踐必須有資源投入，而創新科學家要爭取到資金支持必須要說服科學管理決策者，而潛心科學研究，訥口少言又常常是科學家的天性，所以，對科學家來說這一矛盾必須克服。

為了捕捉來自遙遠星系的神祕宇宙線，需要建立一個大氣層外的「高能物理實驗室」。如果大霹靂理論一致，所產生的物質和反物質應該是平分秋色，等量齊觀的。而另外構成已知星系的那些可見物質只占宇宙總量的 5%，其餘 95% 是暗物質與暗能量，對這麼多的暗物質和暗能

量我們怎麼毫無所知呢？

已知每秒鐘有 1,000 個帶電粒子闖入地球，但被 1,000 公里厚的大氣層所吸收和衰減了。如果在太空設定一個比地球磁場強 4,000 倍的「阿爾法磁譜儀（Alpha Magnetic Spectrometer）」，則可使其偏轉。這些帶電粒子會因性質不同而發生不同程度偏轉，這就可以測量它們質量、速度、電荷等的分布等，從而可以得到來自遙遠宇宙的資訊。

這一重大物理學的難題，就被發現了 J 粒子的丁肇中（1936–）選為自己的研究課題。

在丁肇中的主持下，1998 年 6 月「發現號」太空梭載著 AMS-01 型阿爾法磁譜儀在太空飛行了 10 天，證明了在太空探測高能粒子的可行性和優越性。

隨後，丁肇中著手建設功能更為強大的阿爾法磁譜儀 AMS-02，這個由 16 個國家 60 個研究機構、600 位科學家共同參與的儀器，準備安裝在國際太空站長時間工作。它要透過大量數據的收集、統計，才能得出結論。

但「臨唇之杯也有失手之虞」。2003 年 2 月 1 日，美國哥倫比亞太空梭墜毀，導致美國空間計畫大幅削減，AMS-02 的發射計畫也被撤銷。

眼看山窮水盡，走投無路，丁肇中利用參加美國國會聽證會的機會，僅在 5 分鐘的限定發言時間內，用精心挑選的 10 幅圖片說服了聽眾。在講清楚了 AMS-02 重要作用後，特別講到對於已經花費了 1,000 億美元建設的宇宙太空站，如不載入這樣實驗儀器叫它在軌道上空運轉將是極大的浪費。精彩的遊說打動了決策者們，終使 2011 年 5 月 16 日「奮進號」太空梭把 AMS-02 送上太空站，並最終安裝在太空站太陽能桁架右側。

　　從此，瀑布般的數據送入歐洲核子研究中心，它幾年間獲取的宇宙線數據，遠遠超過了前 100 年間的總和。我們期待科學家最終能從中發現占宇宙 20% 的暗物質的端倪，找到反物質隱藏之處。

　　丁肇中因發現了 J 粒子，曾榮獲 1976 年諾貝爾物理學獎。這又是一段靠說服成就的故事。發現 J 粒子的實驗難度極大，依丁肇中的比喻，就猶如下雨時，如果每秒有 100 億個雨滴在某處下落，其中只有一滴是藍色，而發現 J 粒子就是要把它從雨粒中找出來，這很可能是「把錢砸出去，卻無果而終」。但如果尋找到這一預計存活時間為 0.00000000000000000001 秒、但是比其他新粒子壽命要長 1,000 倍的、不帶電的 J 粒子，對粒子物理學意義重大，對夸克的研究也會開啟一扇大門。

　　由於這一新粒子被發現的機率非常小，而實驗投資巨大，雖然丁肇中作了充分的理論和測量方法的準備，但仍先後被費米實驗室和西歐核子中心等機構拒絕。他的堅持被人說成是「傻子」。

　　好在丁肇中最終說服了美國布魯克黑文國家實驗室（Brookhaven National Laboratory，簡稱 BNL）接受了他的研究專案，並完成了這項難度極高的實驗，這也使該實驗室享譽世界。

　　科學家必須能把自己從事的深奧研究，用最正確、最簡單樸素的語言，向人們解釋清楚，得到社會的理解和支持，而且這本來也是科學家另一項重要義務，即為提高全民素養所必需的科學普及任務。

　　其實推介科學家自己的研究成果或研究計畫，且使他人認同，是有方法可循的。主要是要「拉近」科學家與聽眾的距離，要努力做到使聽眾自己說服自己：

1. 給出幾種方案，逐步誘導，使聽眾意識到擬定的方案最佳；
2. 對風險進行預估，排除不確定性，增加成功信心；

3. 破解聽眾的「慣性思維」和拒絕變化的天生惰性，分析變化的價值和付出的代價；

4. 縮小變化的幅度，一步步改善放大，靠近最終目標。

對於一個創新研究工作者，一生中總會遇到這種情況，這時最重要的是防止因簡單粗暴地否定對方的觀點而形成對立的局面。

曾經有一個故事，說某性格高傲的學子去古剎請教一位高僧關於如何能進一步使學術精進的奧祕。老僧含笑不答，而一直往他的茶杯裡水肉，水不斷溢位。學子不解，連說水已滿了，注不進去了。這時老僧才說道，要想學到新知識，就像向茶杯裡水肉一樣。首先要把茶杯清空，新茶才能注入，如果一個人自滿地認為自己已無所不知，自然就無從接納新知識了。

◆ 國際協同合作 —— 尋找希格斯玻色子

許多重大科學發現是靈感的瞬間閃現，但更多的科學成就卻歷經長期砥礪，是多國科學家協同奮戰的成果。

1964 年 10 月 19 日，彼得·希格斯在《物理學評論快報》（*Physical Review Letters*）上發表了說明「對稱破缺與規範玻色子的質量」的論文，提出存在著一種特殊的場，正是這種場與其他粒子的作用，才使得這些粒子具有質量，因此他猜想可能存在一種新粒子，它的附著使其他粒子產生了質量，這種粒子被命名為希格斯玻色子。它可以解釋各種粒子具有質量的原因，是世界萬物具有質量和慣性之源。可見它在物理世界的重要性。

全世界重要的物理實驗室也開啟了大合作，以尋找這種希格斯粒子。事實上，粒子物理學標準模型中所預言的 62 種基本粒子中，已有

60 個都得到了實驗數據的支持和驗證，但是關鍵的希格斯粒子卻是一直渺無蹤跡。

2000 年，歐洲核子研究中心利用世界最大的正負電子對撞機（LEP）擒拿希格斯玻色子失敗。2003 年美國芝加哥費米實驗室利用正負質子對撞機，試圖尋找希格斯玻色子的蹤跡，也沒有成功。

直到 2012 年 7 月 4 日，歐洲核子研究中心宣布，集結了來自多國的 3000 名科學家，用大型強子對撞機（LHC），從 800 兆次質子對撞數據中，發現了疑似希格斯玻色子，它的質量為（125±0.6）電子伏特，不存在的機率是三點五億分之一。

在釋出會現場，人們熱烈鼓掌，拍擊著桌面，就像足球場上的熱烈場面。在場的希格斯只是靜靜地坐在大廳角落裡，淚流滿面。80 多歲的希格斯已從愛丁堡大學退休，他是一個直截了當、生性固執、靦腆、不善交際的人，卻堅持著似乎沒有什麼前景的信念，而曲折艱難的尋找歷程已經過了 48 年。

其實對於發現希格斯玻色子的歐洲核子研究中心，還曾有過一個強大的競爭者。1983 年美國能源部決定籌建一個「世界最大」的、被稱之為「超導超級對撞機」的加速器，它的環形粒子加速器周長 87.1 公里，隧道位於地下 70 公尺。它有 8,662 塊超導偶極磁鐵，而且用 10 個冷凍廠的液態氮維持在 4.3k 低溫。接近光速的兩束質子在 4 公分孔徑中，以 40 兆電子伏特能量迎頭相撞，模擬出大霹靂後瞬間的物理環境，以找到希格斯玻色子及其他新粒子。預計這項工作有 5,000 個來自全美和世界各地的科學家參與。

從 1991 年春工程啟動至 1993 年，工程預算已增加到 110 億美元。當它因成本巨大而被眾議院否決時，已經花掉的 20 億美元和已完成的

20% 工程也全部廢棄。

　　如果「超導超級對撞機」建成，會比歐洲的強子對撞機（LEP）大 3 倍，美國可能早 10 年就發現希格斯玻色子了。全世界科學家額手同慶發現希格斯玻色子時，也許只有美國粒子物理學家「別有一番滋味在心頭」。

　　因此項成果，2013 年 10 月 8 日，彼得‧希格斯（Peter Higgs, 1929–）和弗朗索瓦‧恩格勒（François Englert, 1932–）毫無懸念地共同了獲得諾貝爾物理學獎。

　　具有戲劇性的是，希格斯還收到了一封來自霍金的簡訊，信中僅有幾個字，「支票已寄出」。原來霍金曾與希格斯打賭說，如果大型強子對撞機也找不到希格斯玻色子，物理學將更有趣些。霍金賭輸了，他兌現了賭金 100 美元。

◆ 評價和過濾資訊的能力

　　在資訊爆炸的當今社會，人們在創新思考和進行「腦力激盪」的過程中，面對世界萬物無限豐富的體驗時，可能在紛繁的資訊和思路中迷失。比如拿一個晃動的寶石吊墜放在你眼前，你看到的是什麼？伽利略看到的是一個以均勻節奏不斷往復運動的「擺」，而亞里斯多德看到的更可能是一塊試圖從外部擾動中恢復其自然位置的石頭，他注意到外加的搖晃力總會越變越小，直至最終消失。對同樣一個簡單的經驗現實，兩人的描述由於關注點不同而不同，而他們又都是正確的，而在心理學家、催眠師、寶石商人等眼中又可能剖析出另外的細節。人們常常不能同時均等地注意到經驗中的一切細節，出發點和興奮點的差異，使一個「世界」在不同人眼中呈現出完全不同的另一個「世界」。

　　如果一個人不能夠有效地過濾次要資訊，適當地抓住其主要精髓，其中的精妙之處就很可能被忽略。

　　其實這一問題早已在中國古人的詩詞中出現過。如描寫早春草原景色時，寫道：「草色遙看近卻無」—— 這是一首描寫早春的詩句，遠看草地，忽略細節，可見一片嫩草已萌發，如在枯草之中，糾察細節，則這些嫩芽又迷失在枯叢之中了。

　　又有人給出了一張畫像，遠看像是瑪麗蓮·夢露，而近看則是愛因斯坦。這是利用了大腦對清晰和模糊畫面反應的差異，大腦分析清晰影像的速度比分析模糊影像的速度快，大腦過濾掉部分資訊，可以創造出隨距離而改變的畫面。

　　愛因斯坦曾寫道，他選擇物理學而非數學，是因為對他來說在這一領域中「易於識別出那種導致深邃知識的東西，而把其他許多枝節東西撇開不管」，講的就是篩選對其有效資訊的能力。如果一個人不能專注研究某一問題，恰當地無視或忽視一些無關的細節，卻同時重視或聚焦於另外多種細節時，那麼他可能陷入眼花撩亂、暈頭轉向的境地。

　　愛因斯坦曾說過：「過度追求純粹性、明晰性和精準性，是以犧牲完整性為代價的。」區域性的數據和細節經常難以說明整體的問題。

　　所以，記憶是大腦的偉大功能，而遺忘也是大腦必不可少的功能。把那些無用的枝節、細部的記憶片段從記憶中刪除，以突顯主要的關鍵部分，加快大腦的運轉速度，也有很大的意義。

　　過濾掉無用的細部記憶，但又不要讓瞬間就可能失掉的創新火花溜掉，也十分重要。

◆ 判斷創新創業策略方向的能力

作為一個創新、創業者是否能取得傲人的業績，個人的知識、能力當然有著重要的作用，但世界上人才濟濟，不是每一個有天賦又勤奮的人都能取得重大成就。其成功與否，還有另一個關鍵因素，就是看他能否正確地判斷創新、創業的策略方向，把握到一個既為社會需求，而其所需的科技預備知識和技術又已接近成熟的課題，有悟性並集中目標，一躍而斬獲成功。這樣成功的例子很多，如 DNA 雙股螺旋結構的發現、元素週期表的提出等。但也不乏相反的例子，由於決策的失誤，導致不得不雙手把自己打造的金飯碗讓與他人。

美國全錄公司（Xerox）是世界影印機領域著名的領軍企業，它的成功輝煌一時。它 1906 年成立於康乃狄克州，到了 1950 到 1960 年代已成為著名的辦公裝置公司。1997 年營業收入 181 億美元，居《Fortune》雜誌世界五百強中的第 209 位。它曾斥巨資在加州建立施樂帕克研究中心，任命鮑勃·泰勒組建了有世界影響的電腦開發機構。泰勒是個有策略頭腦的科技研究領導者和組織者。在他的領導下，施樂帕克創造了無數奇蹟。但他並不是全錄公司的最高決策者。

1973 年，全錄公司發明了第一臺真正意義上的個人電腦，1979 年 8 月 7 日公司才正式將這項成果發表。這臺個人電腦已與雷射列印機聯網，具備了物件導向的程式語言，有複用程式碼模組，配有滑鼠、影像顯示器和伺服器等。所有現在個人電腦的基本構架，它一應俱全，但公司卻沒有組織大規模商業開發。

全錄公司執行長沒有意識到個人電腦發展的巨大潛力和市場，醉心於主打的影印機技術，以致把自己首先發明的圖形使用者介面讓微軟和蘋果公司最先用於作業系統，它發明的文書處理程式也被微軟普及。其

電腦工程師梅特卡夫開發成功的乙太網（Ethernet），是一種共同使用傳輸媒介的區域網，1973 年乙太網已經把該公司內所有電腦聯網，但這也沒能在未來的網路風暴中有所作為。

　　全錄公司的科學家們創造了幾乎涵蓋當今電腦科技中全部的基礎技術，施樂帕克高度密集的優秀成果也堪稱技術史上的奇蹟，但都與電腦革命擦肩而過。如果在創新創業策略方向上沒有判斷失誤的話，全錄公司的歷史將改寫。所以判斷創新創業的策略發展方向時，永遠是要以社會時代最需要的為主，而不是自己最擅長的那個。

　　最可惜的是全錄公司痴迷於傳統列印技術，但 3D 列印技術的發明卻又與它無關。因此，眼光放遠，時刻關注對未來有意義的創新，才能防止故步自封，讓企業長久地保持輝煌。

4.6
內驅力

　　內驅力（motivation）是在需要的基礎上產生的一種內部喚醒狀態或緊張狀態，表現為推動有機體活動以達到滿足需要的內部動力。其實，只要用心地把握自己，每個人都能夠找到創新和創造的真正內驅力。正是這種內驅力，才能驅使和推動創新者發自內心地去探索和堅持，而不是在外界的迫使下去做事。當然，一個人不同的性格、興趣愛好，以及不同的環境和成長經歷都往往決定著他的內驅力的底蘊有多麼扎實和雄厚。

◆「最簡單」即「最美麗」思維 ── 奧卡姆剃刀原理

在物理學家眼睛裡，最「美麗」的科學之魂，是用簡單的儀器和裝置，發現最根本、最深邃的科學現象。這些實驗成就了一座座科學史上的豐碑，完成這些實驗的科學家本身具有的知識、能力和素養，展現出人類智慧的頂峰，完美展現了 14 世紀英格蘭邏輯學家奧卡姆（Ockham, 1285–1349）提出的「最簡單就是最有效」原理，即奧卡姆剃刀原理（Occam's Razor）。這應對大眾有所啟示。

羅伯特·克瑞斯是美國布魯克黑文國家實驗室的歷史學家，他在物理學界做了一次調查，要求各位學者提名歷史上最美麗的科學實驗。結果完全證實了對「美麗」的物理實驗定義的共識，排名前十的各項實驗，並不是耗資數億美元以上、動員數百名科學家參加、需要超級電腦處理幾個月的大專案。人們無法忘卻的美麗科學事件是：

排名第十的是米歇爾·傅科鐘擺實驗

1851 年，法國科學家傅科在大眾面前展示了一個科學發現。他用一根長 220 英呎（約 67 公尺）的鋼絲將一個 62 磅（約 28 公斤）重的鐵球，懸掛在大教堂的屋頂棚下面。鐵球下端裝有一隻鐵筆，鐵筆記錄鐵球擺動時所畫出的軌跡。觀眾發現鐘擺在擺動中畫出的軌跡會逐漸偏移，並發現軌跡在發生著旋轉。觀眾無不驚訝。傅科的演示說明房屋的緩慢移動，是因為地球圍繞著地軸在自轉，並推斷在南極時，軌跡是逆時針旋轉，轉動一周的週期是 24 小時。此實驗簡單明確地證明了地球在自轉。

排名第九的是拉塞福發現原子核的實驗

1911 年，拉塞福在（1871–1937）曼徹斯特大學的放射能實驗室工作。當時人們對原子結構的猜想，就像是一個「葡萄乾布丁」，即大量正

電荷聚整合的軟物質，中間包裹著電子微粒。但他們發現向金箔發射帶正電的 α 粒子時，只有很少量被彈回，這使他們大感意外。拉塞福經過深思和計算，提出了一個原子結構的新猜想。即原子的絕大部分物質，集中在中心的小核即原子核上，電子在原子核周圍做環繞運動，這是一個以實驗為基礎的全新的原子模型。

排名第八的是伽利略的加速度測定實驗

伽利略實驗室做了一個 6 公尺長、3 公尺寬、光滑筆直的木槽，再把木槽傾斜固定，讓銅球從木槽頂端沿斜面滑下，並用水鐘測量銅球每次下滑的時間，以測量銅球的滑落速度。按照亞里斯多德的預言，滾動球的速度是均勻不變的，銅球滾動 2 倍的時間會走出 2 倍的路程。而伽利略的實驗卻證明銅球滾動的路程和時間的平方成正比，銅球滾動在 2 倍時間內會走過 4 倍的距離，由此證明了存在恆定的重力加速度。

排名第七的是古希臘學者埃拉托色尼測量地球圓周長的實驗

該實驗可參見本章第 1 節的內容。

排名第六的是卡文迪許的力矩實驗

牛頓的偉大貢獻之一是他闡明瞭萬有引力定律，但是萬有引力到底有多大，卻是 18 世紀另一位英國科學家亨利·卡文迪許測定的。他將兩邊繫有小金球的 6 英呎（約 1.8 公尺）木棒，用金屬線懸吊起來，就像一個懸空的啞鈴，再將 350 磅（約 159 公斤）重的鉛球分別放在啞鈴的近端，以產生足夠的引力使啞鈴轉動，並使金屬線發生扭轉，然後測量金屬線所受到的微小力矩。

實驗驚人準確地測出了萬有引力恆量的參數。在此基礎上卡文迪許計算出地球的密度和質量，給出地球的質量是 6.0×10^{24} 公斤。

排名第五的是湯瑪斯·楊的光干涉實驗

1830 年英國醫生、物理學家湯瑪斯·楊，採用雙縫裝置，把一束單色光先分離為兩束，分別透過窄縫並形成干涉。由於兩者在不同螢幕位置產生了相位差，再合併照射到螢幕上，生成了明暗條紋。證明光也可以像水波一樣相互干涉，從而證明了光線有波一樣的性質。

排名第四是牛頓的稜鏡色散實驗

牛頓 1665 年畢業於劍橋大學三一學院，當時大家都信奉亞里斯多德的說法，即太陽光是一種純色的白光。但彩色是如何出現的呢？人們無法解釋雨後的彩虹的色彩。牛頓把一面三稜鏡放在一束陽光下，當陽光穿過這種均勻的透明介質後，由不同波長組成的陽光發生了不同角度的折射，出現了紅、橙、黃、綠、青、藍、紫的基礎色帶。這是因為同一種介質對不同色光的折射率不同。他又用 7 種顏色組成的圓盤高速旋轉，合成了白色的光，使人們對陽光有了較深入的認識。

排名第三的是羅伯特·米利肯的油滴實驗

雖然早在 1897 年，英國物理學家 J. J. 湯姆森已經證明陰極射線是由帶負電的粒子（即電子）組成，但電子電量的定量測量卻是由美國科學家羅伯特·米利肯在 1909 年完成的。米利肯用一個香水瓶噴頭，向另一個透明的小盒子裡噴油滴。小盒子的頂部和底部分別連線一個電池的電極，當小油滴透過兩個電極板時，會捕獲一些靜電。油滴下落部速度可以透過改變兩個電極板之間的電壓來控制。米利肯不斷改變電壓，仔細觀察每一顆油滴的運動，發現油滴帶電量是不連續的，它們都是一個最小數值的整數倍，這個最小值是某一常數，即單個電子的帶電量。

排名第二的是伽利略的自由落體實驗

　　這一故事使比薩斜塔世界聞名，這一謎團已在本章前一節中做了說明。

排名第一的是湯瑪斯·楊繼「雙縫實驗」後的實驗工作

　　20 世紀初，普朗克和愛因斯坦指出光的波粒二重性，從一些實驗中可見光波的干涉現象；而從另一些實驗中，如解釋光電效應時，光又是由離散的粒子構成的。湯瑪斯·楊設想能透過實驗直接地觀察到這一現象。他設想使被抽成兩股的粒子流，透過雙縫實驗裝置，看看是否會發生相互干涉，出現明暗條紋，同時也呈現出光的特性。這種用簡單方法驗證光的波粒二重性的實驗有深奧的原理，但實際上這個實驗有較大的難度，直到 1961 年才從設想變成現實。

　　這些重大發現的實驗過程，似乎離我們很遙遠，但似乎又離我們很近。在沒有說明以前，如同站立在一個紙糊的窗前，看到的是一片茫然。而當這些大師在窗戶上刺破一個洞時，則豁然開朗，看到如此美麗的風景。很多有價值的發現其實都不是遙不可及的，關鍵是我們有沒有能力和智慧戳破這層窗戶紙！

◆ 好奇心、上進心 ── 石墨烯的發現

　　好奇心、上進心是高等動物的本能。

　　石墨烯的發現使英國曼徹斯特大學的安德烈·蓋姆（Andre Geim, 1958–）和康斯坦丁·諾沃肖洛夫（Konstantin Novoselov, 1974–）獲得 2010 年諾貝爾物理學獎，瑞典皇家科學院評委們將他倆的發現，總結為一種「嚴肅的遊戲」。實際也的確如此，因為他們一開始完全是以遊

戲心態著手這項研究的，又是在一系列巧合中看到曙光後，才變得嚴肅
起來。

　　蓋姆的研究小組有個習慣，就是把 10% 的時間用於組員異想天開的
實驗，這些瘋狂的實驗安排在週五晚上，而且是完全出於遊戲和好奇。
蓋姆曾經讓青蛙在磁場中懸浮，像變魔術一樣變出「飛翔的青蛙」，這項
「研究」使他獲得 2000 年「搞笑諾貝爾獎」，而剝開多層石墨也是一個週
五的實驗專案。要知道 1 毫米厚的石墨大約有 300 萬層。

　　石墨烯是厚度只有一個單層碳原子的網狀結構的石墨，科學家們一
直認為純粹石墨烯的二維晶體材料是無法穩定存在的，尋找單層石墨的
許多複雜的嘗試也均以失敗而告終。

　　蓋姆最初先把分離單層碳原子網狀結構的題目交給了一個新來的中
國博士生。他買了一大塊高定向裂解石墨，讓這位博士生在一臺拋光機
上研磨，三星期後博士生報告說成功了，但實際上，所獲得的石墨片仍
有 10 微米厚，相當於 1,000 層石墨烯。後來這個實驗由諾沃肖洛夫接
手，他們決定用透明膠帶試試。想到透明膠帶，是因為他們在引進一位
技術員來搭建低溫掃描隧道顯微鏡時，這位技術員採用的清潔石墨烯樣
品表面的方法，就是用透明膠帶把石墨表層的汙物黏掉，這啟發了他
們。如果把石墨兩側黏上膠帶，不斷地重複「黏起後撕開」，就可以讓石
墨層變得更薄了，這時他們對實驗認真起來，因為薄膜必須有一種合適
的襯底用來支撐，蓋姆小組用的矽片襯底上剛好有一層自然形成的 300
奈米厚的氧化矽，石墨烯放在上面，正好可以透過顯微鏡看到，從而獲
得了單層網狀石墨烯的照片。由於石墨烯導電、導熱、透明、高強度、
高彈性和韌性等特點，可做觸控式螢幕；如用於鋰電池，可使儲電能力
和充放電速度大幅提高。當然，人們對它的用途還有很大的期待，但這

個源於好奇的遊戲確實震驚了世界。

三年後，蓋姆和諾沃肖洛夫在單層和雙層石墨烯體系中，分別發現了整數量子霍爾效應，隨之又發現了常溫條件下的量子霍爾效應（Quantum Hall effect）。在他們獲得諾貝爾獎後，諾沃肖洛夫坦率地說，這一發現起源於有趣的星期五下午，幾乎是「邊玩邊做出來的」。而從另一個角度來理解，偉大的科學發現並不神祕，並非高不可攀，只要保有童心，有創新性思維和不懈的追求人人都可做出驚人的成就。

1965 年諾貝爾物理學獎得主朝永振一郎，曾引用了一句很經典的話來概括「何謂科學研究」。「所謂科學研究，就是拿國家的錢來滿足科學家的好奇心」，「從自然現象中找出其中隱藏的連繫的好奇心」，「好奇心植根於人的本能中，這是使人之所以為人的一種行為」。對家人而言，應該努力把孩子們好奇心誘導到正確渠道上，而不是壓制。許多學術大師對好奇心的作用都有過類似的論述。

1969 年度諾貝爾物理獎得主默里·蓋爾曼說：「最重要的是好奇心，所以我們不能扼殺孩子的好奇心。」

1973 年諾貝爾獎得主江崎玲於奈說：「一個人在幼年時透過接觸大自然，第一次對科學倍感興趣，萌生了探究科學的最初的、天真的興趣和欲望，這是非常重要的啟蒙教育和科學意識的萌芽，這是通往產生一代科學巨匠的路，應無比珍視，精心培養，不斷激勵和呵護。」

1999 年諾貝爾化學獎得主亞米德·齊威爾（Ahmed Zewail）說：「在現代化的科學發展中，好奇心驅動力研究被漸漸遺忘了。」

2001 年諾貝爾化學獎得主巴里·沙普利斯（K. Barry Sharpless）說：「孩子的好奇心非常重要，（雖然）可能僅僅表現為對一隻小兔子的好奇。但所有的諾貝爾獎得主都是這樣誕生的。他們不是出於功利的目

的，而僅僅是對知識的好奇，想要創造新的知識。」

2003 年諾貝爾物理獎得主安東尼・萊格特（Anthony Leggett）說：「學生們應該被鼓勵去探索自己的好奇心，每個人都應該尊重自己的好奇心，跟著你的好奇心走，得到的結果一般都不太會讓人失望。不要怕自己問出愚蠢的問題，很多物理學上的突破，一開始都是從看上去很愚蠢的問題開始的。」

2009 年諾貝爾物理學獎得主高錕說：「我從小就喜歡什麼都要拆開來，好奇心很強，不是研究，是看裡面好不好玩。」

所以，創新一定是興趣盎然的，滿懷熱情的。在楊振寧的學術生涯裡，他從不趕時髦做熱門研究課題，他解釋道：「不是說它們都不重要，而是我有自己的興趣、品味、能力和歷史背景，我願意自發地找我自己覺得有意思的方向，這比外來的方向和題目更容易取得進展。」「如果你做一件事時非常痛苦，那是不容易出成果的。」

上進心（或稱事業心）是創新行為的又一原始動力。我們會發現美國麻省理工學院的校徽上繪有一支海狸鼠，因為在自然界，海狸鼠是最勤奮的「工程師」，一生不停地在湖泊上為家園築壩，成就它自己的「事業」。而劍橋大學物理實驗室的「圖騰」是一支鱷魚塑像，表示實驗室永遠向前。

上進心和好奇心一樣，可能是人類生來就具有的能力，也需要呵護，不可挫傷，它是永不枯竭的創新動力。

上進心可以表現在：

⇨ 追求成功的心理，透過努力實現自我信念；

⇨ 為社會奉獻心理，為他人、為社會鞠躬盡瘁；

⇨ 為國家、為集體、為個人追求名譽的心理，以受人尊敬，確立威望；

⇨ 追求效益，追求效率，使國家、集體或個人獲利；

⇨ 追求唯美的心理，追求完善、精益求精的心理；

⇨ 競爭的心理，創造紀錄和衛冕的心理。

　　只要在對集體有利、不妨礙他人的條件下，這些表現都是值得鼓勵的。

　　好奇心其實是人生的一種基本情感的體驗，愛因斯坦曾寫道：「……體驗到的最美好事物，是一難以理解的神祕之事。這種基本情感，是藝術和科學的真正搖籃。誰要是不了解它，誰要是不再有好奇心，誰要是不再感到驚訝，那他就如同死了一般，他的眼睛早就黯淡無光。」

◆ 堅持不懈的執著 —— 費馬大定理的證明

　　科學大師們為了追求創新，證明一個原理，堅持不懈、前仆後繼幾百年的故事並不罕見。例如費馬大定理的證明便歷經了近 400 年。

　　事情要從西元前 500 年講起，古希臘畢達哥拉斯學派宰殺百頭牛歡宴，慶祝畢達哥拉斯定理的發現：直角三角形兩個直角邊平方之和等於斜邊平方，即 $x^2 + y^2 = z^2$。西元前 12 世紀中國《周髀算經》也提出過「勾三股四弦五」，後稱勾股定理。

　　1670 年，在大數學家費馬（Pierre de Fermat, 1601–1665）的遺稿中，人們發現他曾在討論 $x^2 + y^2 = z^2$ 題目時寫道，將「高於二次的冪分為兩個同次的冪是不可能的」，「我確信已發現了一種奇妙的證法，可惜這裡的空白地方太小，寫不下」。這樣，費馬就留下一個定理，即「不存在 x、y、z 正整數解，使得 $x^n + y^n = z^n$，n 為大於 2 的正整數。」但大家翻遍費馬的遺稿，也沒找到這一證明，於是數學界留下了費馬大定理證明的猜想。

　　1678 年根據費馬的少量提示，德國數學家萊布尼茲用無窮遞降法證明了 $n = 4$ 時，費馬大定理成立。1770 年尤拉證明了 $n = 3$，1823 年、1825 年法國數學家勒讓德和德國數學家狄利克雷先後證明了 $n = 5$，1832 年狄利克雷試圖證明 $n = 7$，卻只證明了 $n = 14$，1839 年法國數學家拉梅證明了 $n = 7$。

　　19 世紀最大貢獻來自德國數學家恩斯特·庫默爾（Ernst Kummer），他孜孜不倦地奮鬥了 20 多年，證明了當 $n < 100$ 時，除了 37、59、67 三個數外費馬大定理均成立。

　　為推進費馬大定理的證明，布魯塞爾和巴黎科學院都數次設獎。1908 年德國數學家佛爾夫斯克爾臨終時，曾設獎十萬馬克，期限是要在 100 年之內破解這一猜想。

　　在試圖解決這一問題過程中，數學家創造出了許多新理論、新方法，以至於數學家希爾伯特於 1900 年宣稱自己已能夠證明該定理，但表示不願意公布，其原因是：「我應更加注意，不要殺掉這隻經常為我們生金蛋的母雞。」

　　數學家就是這樣緩慢而執著地向前邁進，但大型電腦的出現推進了證明的速度。1976 年德國數學家瓦格斯塔夫（Samuel Wagstaff）把證明推進到 $n < 125,000$，1985 年美國數學家羅瑟把證明延伸 $n < 41,000,000$。但數學是嚴謹的科學，要證明 n 等於無窮大，仍尚有漫長而遙遠的路要走。1983 年，年僅 29 歲的德國數學家格爾德·法爾廷斯（Gerd Faltings）證明了代表幾何中的莫德爾猜想（Mordell conjecture），獲得 20 屆國際大會上頒發的菲爾茲獎。莫德爾猜想有一個直接推論，對於形如 $x^n + y^n = z^n$（$n \geq 4$）的方程式至多隻有有限多組整數解。雖然與費馬大定理有關，但從「有限多組解」到「一組解也沒有」，還有很大距離。

1955 年日本數學家曾提出一個谷山猜想，1985 年德國數學家弗雷和德國數學家佩爾提出佩爾猜想，即如果費馬大定理不成立，則谷山猜想也不成立。1986 年美國加州大學柏克萊分校的數學家裡位元證明了佩爾猜想。

◆ 摒棄僥倖，堅守信念 ── 癌症病因的探索

癌症又稱惡性腫瘤，是威脅人類生命的三大病因之一。癌症就是患者體內的腫瘤細胞無休止、無秩序地增生、轉移，大量消耗體力營養物質，導致患者免疫能力、抵抗能力下降，最終使某些器官功能衰竭導致死亡。

早在 1910 年美國醫師弗朗西斯·勞斯（Francis Rous），就開始研究癌症的病源。他把雞冠上的腫瘤切下來，用研缽磨細，經過細菌漏斗加液過濾，把濾液注入一支健康雞的體內，則該雞就會同樣生長雞肉瘤，由此首次提出癌變是病毒感染的。這一結論曾受到多人質疑，而實驗結果確切無疑，很多年後的 1960 年代這個結論才被廣泛接受。1966 年勞斯已 87 歲高齡時，他被授予諾貝爾生理學或醫學獎。

一般研究者容易產生一種「心理陰影」，如同一個賭徒走進賭場，親眼看見幾百臺執行的老虎機中，有一臺突然吐出一大堆硬幣，被老太太取走，這時您會選擇這臺老虎機參賭投幣嗎？一般不會，因為您知道它不會再連續吐幣了。研究工作者在選擇研究課題時，也難免產生這種類似賭徒的心理，這一領域剛剛獲得諾貝爾獎，想必新的可發現的東西已經被榨盡了。

然而，許多學者卻一直對勞斯的研究結果有保留。他們觀察到許多家庭中祖母、母親、女兒……相繼都發生了乳腺癌，許多現象說明癌症

可能遺傳，但他們一直沒有辦法證明此事。因為一般的概念是傳染病如肺結核病傳染，但不遺傳，而如癲癇病會遺傳，但不會傳染。既然勞斯已證明癌症是可傳染的，再說它會遺傳難以服人。直至黑子水谷證明存在逆轉錄酶，它可把後天改變了的 RNA 基因片段轉錄到主管遺傳的 DNA 中去，這樣就破解了為什麼癌症可以傳染又可遺傳的原因。正因為他們堅持自己理念不動搖而獲得了 1975 年諾貝爾生理學或醫學獎。

此時另有人仍堅守自己的信念，他們觀察到不少人因事業失敗、家庭突變等原因，精神陷入谷底，閉門不出，悶悶憂鬱不樂，在不可能有遺傳和感染的情況下，卻因癌症而死亡。他們堅信癌症的生成應另有他因，雖然這一問題的研究已獲得了兩項諾貝爾獎了。

其實癌細胞也可由「叛變」的正常細胞演變而來，我們身體時刻會面臨各種致癌因素刺激，比如受化學物質或物理因素刺激而產生異常，此時正常細胞也會突變成癌細胞。約翰‧畢曉普（John Bishop）和哈羅德‧瓦慕斯（Harold Varmus）研究發現人體每天有 3,000 多個癌細胞生成，但由於健康狀態的人身內有強大的免疫細胞，專門攻擊消滅癌細胞以保持身體健康。如果一個人整天處於緊張、焦慮的情緒中，免疫細胞能力下降，一旦癌細胞趁機漏網得逞，癌症就爆發了。癌變細胞數目達到 10 億個的時候，腫瘤組織的質量大約才 1 克，可見癌細胞的生成可能是一個較長的過程，手術切除病灶後可能仍有播散到他處的癌細胞，故術後仍需化療、放療。這不可避免傷及身體。這一弊端，促使科學家繼續進行探求。因為發現新的致癌病因，上述兩位美國學者獲得了 1989 年諾貝爾生理學和醫學獎。

因為同一問題的研究，每隔十年就有幾位科學家獲得諾貝爾獎，這一現象是從來沒有過的，而這一領域的研究仍在進行和深入中。

　　21 世紀初，加拿大生物學家瑞夫‧史坦曼（Ralph Steinman）發現免疫系統中的樹突細胞和其在後天免疫中獨特的激勵和調和作用，使醫生可採集患者體內免疫細胞，進行體外培養，獲得成熟的 DC 細胞和 CIK 細胞，重新輸入患者體內後可安全有效、持續殺傷癌細胞而不會產生嚴重排異的副作用，這也使它成為繼手術、放療、化療後第四種有效治療模式，他也因此獲得 2011 年諾貝爾生理學或醫學獎。

　　至此，關於癌症的研究仍尚未停歇。清華大學醫學院顏寧團隊在《自然》（Nature）上的一篇論文，又攪動了剛剛沉寂下來的一池靜水。

　　論文上說，所有細胞所需營養物質是葡萄糖，而葡萄糖是水溶性的，而細胞壁由磷脂構成。葡萄糖能穿過細胞壁，是因為有細胞壁上的葡萄糖轉運蛋白 GLOT1 等嵌於細胞膜上。大腦每天消耗 120 克的糖，占人體所需總量的 1/2。她們專門研究這些轉運蛋白的結構和工作原理，目前已可以部分干預轉運蛋白的行為。如果能最終只阻斷癌細胞的葡萄糖供應，使正常細胞不受干擾，從而可以「餓死癌細胞」。這一設想的後繼進展還有待觀察但前景非常令人鼓舞。

　　所以，當科學家透過觀察、研究形成合理信念時，就不應被外界所動搖，堅守信念的毅力就變得無比重要，又有誰能懷疑下一個諾貝爾獎不會由此而誕生呢！

◆ 耐住寂寞 —— 愛因斯坦與門得列夫的故事

　　重大創新成果往往需要有一段時間才能為同行接受，所以創新者需要耐得住寂寞。

　　有關這一話題，我們不能不提到 20 世紀最偉大物理學家阿爾伯特‧愛因斯坦（Albert Einstein）。愛因斯坦 1900 年 7 月從瑞士聯邦工學院

畢業，他是當年數理學部獲得學位的 4 位學生中，唯一一個沒有被留下做某教授助手的人。這種「屈辱」只是他早年夢魘般生活的開始。他墜入愛河，擔負養家餬口的責任，不得不打零工，甚至張貼出願意做私人家庭教師的廣告。他的幽默感讓他在給朋友的信中，寫下「上帝創造驢子，還給了它一張厚皮」，描述自己為維護尊嚴所面臨的窘境。貧窮艱辛生活的重壓，對他堅毅性格的形成，產生了極大的影響，正可謂「梅花香自苦寒來」。

愛因斯坦說自己是一個「獨行者」。他的工作基本上是孤軍奮戰，沒有一個人從他名下獲得過博士學位，也沒有形成一個所謂的學派。嚴格來講，他也不是好老師，僅有的幾次授課在日本、美國、西班牙、阿根廷雖受到空前熱烈的歡迎，但與他的授課藝術並不相干，更多的是慕名而來的粉絲。他曾多次抱怨，沒有幾個聽眾能真正聽懂他的演講。

同時也不能不想到他獲得諾貝爾獎的曲折過程。諾貝爾獎創立一個多世紀以來，一直在學術界有著崇高的地位，籠罩著一層極其神祕的光環。但從歷史上看，挑選獲獎者的評審委員會委員常帶有主觀偏見，有時判斷失誤，有時發生內訌。為了名利，有的獲獎者甚至不惜與曾經的合作者對簿公堂，這使諾貝爾獎具有無上光耀和至高地位時，也會產生負面作用。獲得重大創新成果的學者要有足夠耐心，耐得住寂寞，甚至誤解，經受得住不公正的對待。

從 1905 年開始，愛因斯坦提出四個開創性的理論：

1. 狹義相對論；
2. 質量與能量守恆與轉換；
3. 透過分子運動對布朗運動的解釋；
4. 光量子概念。

　　有關光量子的問題，起源於普朗克在 1900 年對「黑體」問題的解釋，涉及物體溫度與其發光波長之間的關係，他假定能量的發射是不連續的。1905 年，愛因斯坦將光量子概念轉變成一個理論。當時盛行的觀點是光是波狀的，他的理論假定光是由離散量子構成的，這種假定可解釋光電效應。

　　有關布朗運動，即微小粒子表現出的無規則運動，它代表了一種隨機的漲落現象，是英國植物學家羅伯特・布朗（Robert Brown）在 1827 年從花粉顆粒水溶液中觀察到的行為，直至 1905 年至 1906 年愛因斯坦和 Marian Smoluchowski 才分別從理論上分析了布朗運動，並於 1908 年由尚・佩蘭（Jean Perrin）用實驗驗證了愛因斯坦的理論。

　　它說明了液體分子運動不斷撞擊顆粒，顆粒越小，其質量越小，被液體分子撞擊時，布朗運動越明顯；液體溫度越高，分子運動越劇烈，布朗運動也越明顯。在 20 世紀初，人們對分子與分子運動的行為認知尚未成熟，這一認識對證實分子運動論有很大貢獻。

　　這些發現與他的 1913 年狹義相對論發現相比，其影響之大小有明顯的差別。1915 年愛因斯坦完成了他的廣義相對論，並把廣義相對論的論文交給普魯士科學院，論文解釋了天文觀測中水星軌道近日點移動之謎，而且預言星光經過太陽會發生偏折，偏折角度相當於牛頓理論預言的兩倍，並認為引力概念本身完全不必要，是恆星質量使它附近的空間彎曲了，光線自然會走最短的、彎曲的路程。1919 年天體物理學家亞瑟・愛丁頓在觀測全日食時，觀測到本應處在太陽背面的星星，他的發現支持了愛因斯坦的「空間重力可以使太陽周圍的光線彎曲」一說。這一報導使愛因斯坦成為舉世矚目的明星，直至相對論提出的 100 多年後，由兩黑洞合併事件產生的重力波，經過 13 億年的漫長旅行，於 2015 年 9

月 14 日抵達地球，被「雷射干涉引力波天文臺」（LIGO）探測器捕捉到，再一次證明廣義相對論是正確的，具有超強引力的黑洞，這被認為是檢驗廣義相對論的「完美實驗室」。

　　愛因斯坦是現代世界科學發展史上的一位里程碑式巨人。「因為他對於科學的貢獻，使物理學更加深刻地進入了人類思想的基本概念的結構中」，早在 1931 年，他就被法國物理學家保羅・朗之萬（Paul Langevin）推崇為「現在是、將來也仍然是人類宇宙中有頭等光輝的一顆巨星」、「也許比牛頓更偉大」。愛因斯坦不僅在科學上的貢獻沒有人能與之匹敵，而且其精神境界也具有大海一樣寬廣的胸懷和無私的信念，這一點從他的遺囑中可見一斑。

　　1955 年 4 月 18 日愛因斯坦病逝，他慎重地留下遺囑說：「我死後，除護送遺體去火葬場的少數幾位最親近的朋友之外，一概不要打擾，不要墓地，不立碑，不舉行宗教儀式，也不舉行任何官方儀式，骨灰撒在空中，和人類、宇宙融為一體，切不可把我居住的梅塞街 112 號變成人們『朝聖』的紀念館。我在高等研究院裡的辦公室要讓給別人使用，除了我的科學理想和社會理想不死之外，我的一切都將隨我死去。」

　　愛因斯坦的遺囑被認真執行，火化時只有兒子、妻子和遺囑執行人納坦以及最忠實的合作者等 12 人在場，免除了集會和宗教儀式，小教堂中一片寂靜。

　　試想世界上能有多少偉人懷有這樣對名利無求的坦蕩心境。在這份遺囑中，他唯一引為驕傲和自豪的是「科學理想與社會理想不死」。這點在他撰寫的短文中已寫明：「每個人都有一定的理想，這種理想決定著他努力和判斷的方向，在這個意義上，我從來不把安逸和享樂看作是生活目的的本身──這種倫理基礎我叫它豬欄的理想。照亮我的道路，是

善、美和真。」愛因斯坦遺囑是一本深藏智慧和玄機的偉大著作，是一面明辨是非與真假君子的鏡子。

儘管愛因斯坦的名望已如日中天，早在 1910 年他就獲得了第一次諾貝爾獎的提名，1912 年、1913 年、1914 年、1916 年都獲提名，但直到 1922 年他才終於獲得了補發的 1921 年度的諾貝爾物理學獎，而此時諾貝爾獎評委會仍不同意授獎給他的相對論。

1912 年愛因斯坦再次被提名為候選人，他被明確讚揚為「愛因斯坦與牛頓一樣，遠遠超過了同時代的人」。

1920 年愛因斯坦因為相對論再次被提名。到 1922 年，曾為愛因斯坦提名的科學家已多達 50 人次。

1938 年，美國總統羅斯福應邀規劃了世界博覽會的一個專案，即「要把我們時代的思想和感情，告訴 5,000 年後的人們」。方法是把許多當時生活、生產用具模型和名人的信函，封裝在牢固的箱子裡，深埋在紐約世界博覽會地下。地面上立一個石碑，說明後人要到西元 6939 年才能挖掘並公布於世。

為此羅斯福親自打電話給愛因斯坦，請他寫一封信告訴 5000 年後的人們自己對當代的認識。愛因斯坦信的內容是：「我們這個時代產生了許多天才人物，他們的發明可以使我們的生活舒適得多。我們早已利用機械的力量橫跨海洋，並且利用機械的力量，使人類從各種辛苦繁重的體力勞動中最後解放出來。我們學會了飛行，我們用電磁波從地球的一個角落，方便地同另一個角落互通資訊。但是，商品的生產和分配卻完全是無組織的，人人都生活在恐懼的陰影裡，生怕失業和遭受悲慘的貧困。而且生活在不同國家裡的人民，還不時互相殘殺。由於這些原因，所有的人一想到將來，都不得不提心吊膽和極端痛苦。」

這封信極簡要地說明了愛因斯坦的人生觀、世界觀，表明了這位大師的崇高坦誠境界。

其實受到不公正待遇的科學家又何止於此，偉大的俄國化學家門得列夫（Dmitri Mendeleev, 1834–1907）同樣如此。他因提出化學元素週期表而聞名於世，事實上，他在1871年就發表了他的元素週期表的最後版本。

門得列夫在大學任教時就對為什麼不同元素有不同的化學性質產生了疑問。為了尋求答案，他為每個元素分別製作了卡片，把這些卡片按原子量排列起來時，發現了它們的化學性質有週期性變化。

當時人們已知的元素只有63種。1869年，根據上述思路他指出其中17種元素原子量的測量可能不準確，又預言應有11種化學元素尚未被發現，並預言了它們應具有的化學性質，後來這些預言被一一證實。自然，門得列夫的貢獻十分巨大。

應該指出，當時的人們仍然不知道這種規律的物理意義。直到1913年，英國物理學家莫斯萊確認原子序數實際上是對應原子核電荷數，至此元素週期表才有了理論解釋。

1905年和1906年，門得列夫是諾貝爾獎候選人中的領先者，並得到了化學獎委員會的強烈支持。但是評委會的其中一個成員辯稱，他的發現太陳舊了，且已經眾所周知，便把1906年的諾貝爾獎授予了亨利·莫瓦桑（Henri Moissan），他因多於門得列夫一票而獲獎。具有諷刺意味的是，亨利·莫瓦桑是因發現了門得列夫週期表早已預測到的元素氟而獲獎。還有1911年第二次獲獎的瑪里·居禮，同樣是因為發現了門得列夫透過研究而預測存在的鐳和釙而獲獎的。

再說在諾貝爾獎頒獎歷史上，也有「預測」和「實驗發現」兩者都分別獲獎的例子。如1949年物理學獎授予日本湯川秀樹，因其預測到介

子的存在（1935 年）。而 1950 年物理學獎授予了英國塞西樂‧鮑威爾，因其發現了介子（1947 年）。

至於元素週期表的發現已經太陳歸了的說法，其實是站不住腳的。許多獲諾獎的研究成果的發表，距離獲獎的年限相差幾十年是屢見不鮮的。如 1966 年弗朗西斯‧佩頓‧勞斯獲諾貝爾生理學或醫學獎，他關於病毒是癌症起因的研究成果，發表於 1911 年，兩者相差了半個多世紀。

可惜門得列夫於 1907 年 2 月逝世了。現在絕大多數的人並不記得多數諾貝爾獎得主的名字，可是每個初中學生都不會忘記化學元素週期表和門得列夫的名字。人們為了永遠紀念他，把 1955 年發現的、原子序數為 101 的人工放射性元素命名為「鍆」（Md）。

◆ 抗爭逆境 —— 孿生質數猜想的證明和圖靈故事

數學家保羅‧哈爾莫斯（Paul Halmos）說過：「問題是數學的心臟。」一部數學的發展史就是人類探索和解決問題的歷史。而數學猜想又是數學發展中最主動、最積極、最活躍的因素之一，數學猜想強烈地吸引著數學家傾全身心之力投入，它也是人類理性思維中創造性最高的部分。對數學猜想的破解強而有力地推動了數學學科的發展。數學猜想一旦被證實，就轉化為定理，匯入數學理論系統中，所以數學猜想的研究和創造是數學思想方法的重要途徑。

1900 年，巴黎第二屆國際數學大會上，德國數學家希爾伯特（David Hilbert, 1862–1943）發表了「數學問題」的演說。作為當時國際領頭的頂級數學家，根據 19 世紀數學研究成果與發展趨勢，他提出了 23 個數學問題，對這些數學問題的價值、意義作了精闢的分析，指出它們是數學前進的指路明燈。

　　這 23 個問題涉及現代數學大部分重要領域，其中第 8 個問題是質數
分布問題，其中包含了黎曼猜想、哥德巴赫猜想和孿生質數猜想。希爾
伯特宣稱每門科學分支都要有能力提出大量問題，以此證明它仍充滿生
命力。如果缺乏問題，則預示著該學科的獨立發展已接近衰亡和終結。
數學研究也需要提出自己的問題，正是透過這些問題的解決，去發現新
的方法和新的觀點，達到更為廣闊的自由境界。為此，數學家的面前應
該沒有不可知的。30 年後的 1930 年，希爾伯特再次滿懷信心地宣稱：「我
們必須知道，我們必將知道。」在此情景下一個一個奇蹟出現了。

　　數學界對數學猜想的研究並沒有止步。2018 年 9 月 24 日，英國著
名數學家、菲爾茲獎和阿貝爾獎得主麥可·艾提亞爵士（Michael Atiyah）
宣布他證明了「黎曼猜想」。

　　黎曼猜想的內容很難用初等數學來描述，如「在黎曼 ζ 函數的非平
凡零點的實數部分都等於 1/2，即那些零點全部分布在複平面上橫座標等
於 1/2 的特殊直線上」。

　　黎曼猜想命題一般人很難理解，但黎曼猜想與一些複雜的物理現象
有著千絲萬縷的連繫，這就增加了黎曼猜想的重要性與神祕性。

　　據稱當代數學中大約有 1,000 條以上的數學命題是以黎曼猜想（或
其推廣形式）為前提的。這就是說，黎曼猜想一旦被證明，所有那 1,000
多條數學命題都可榮升為數學定理。反之，如果黎曼猜想被推翻，這
1,000 多條數學命題大部分就成了「陪葬」。對黎曼猜想而言，採用分析
方法取得的最強結果已證明，至少有 40% 的非平凡零點位於橫座標等於
12 的特殊直線上；而採用數值計算方法所取得的最強結果，則驗證了前
十幾兆個非平凡零點全部位於該特殊直線上，但並不能等同於最終的一
紙證明。

　　數學作為一切科學領域的王冠，它的認知是創新思考攀登的無數座聖母峰。

　　麥可‧艾提亞爵士是英國著名數學家，1929 年出生於倫敦，父親是黎巴嫩人。他從小對數學有濃厚興趣，並顯示出極高的數學天賦。在艾提亞看來數學最吸引他的地方是數學中不同領域之間的相互連繫。他認為研究數學問題，邏輯並不是最重要的，相比較而言，想像力、直覺的猜測更加重要，而證據只是將這一切有關的東西最後捆綁在一起，構成一個完整的結構。2018 年 9 月 24 日海德堡數學大會上，艾提亞用一張幻燈片展示了他如何使用反證法證明了黎曼猜想。

　　然而，很多專家對證明的有效性表示了懷疑，認為他的展示不可能被稱作黎曼猜想的證明，覺得他證明得太過模糊和不具體，更多人則保持了沉默。

　　外界有人認為他本已功成名就，冒著喪失名譽、晚節不保的風險，只為自己腦中的想法勇往直前是否值得？他的回答是：「我的名譽是作為一個數學家而建立的，如果我現在把它弄得一團糟，人們會說，他是個優秀的數學家，但到了生命的盡頭，他失去了理智。」

　　儘管艾提亞對黎曼猜想的證明受到諸多人的質疑，但一個耄耋之年的老人更像是一位在海灘上拾貝殼的小男孩，對未知依然充滿了熱情。雖然他帶著未解的數學之謎已離開了這個世界，但世界應銘記這位老人獻身科學的精神。

　　另一位在創造性思維上作出偉大貢獻而又受到不公正待遇的大師是阿蘭‧圖靈（Alan Turing, 1912–1954）。圖靈是一位天才的數學家，1912 年 6 月 23 日生於英國帕丁頓。1931 年進入劍橋大學國王學院，師從著名數學家哈代，1938 年在美國普林斯頓大學取得博士學位。第二次世界

大戰爆發後，英對德宣戰，圖靈應徵入伍，到「政府編碼與密碼學院」服役，為英國通訊部門工作，並擔任英美密碼破譯部門的總顧問。第二次世界大戰中他為英美對德作戰立下了不朽的功勳。戰爭中，德國人謝爾比烏斯開發了恩尼格碼密碼通訊系統，因為它可有 220 億個不同的傳遞資訊方案，被認為是不可能被破譯的傑作，納粹高層對它有十足的信心。阿蘭·圖靈受命在布來其利花園領導一個破譯團隊，透過破譯掌握了希特勒集團的高階機密。

例如，為保證英國海上運輸線，他們破解了德國潛艇的狼群戰術，組織了護航隊。由於有了精確的潛艇集結的情報，最終保護了英國海上運輸的生命線，轉敗為勝。因為有了倫敦大轟炸、東線庫爾斯克坦克大戰等德國部署包括高級將領之間的機密談話與情報，就讓同盟國占據了先機。特別是在誘騙德國對英美聯軍登陸地點的誤判、打破德國大西洋壁壘防線的「堅韌行動」中造成了十分重要的作用。有人猜想，沒有這些情報支持，德國的覆滅可能要推遲兩年，歐洲將是另外一番景象。美國的第一枚原子彈可能不是投在日本廣島，而是德國柏林了。

阿蘭·圖靈是個偉大的數學家，他製造出了電腦的雛形，而且提出了計算技術發展計畫。由於他對於頂層政治機密知道得太多，被認為是危險人物，再加上他有生理上的缺欠 —— 為了避免因同性戀被判刑，他接受了荷爾蒙治療，實施了化學閹割，這對他肉體上的折磨和精神上的汙辱是極端殘酷的。

終於在重壓下，圖靈於 1954 年 6 月 8 日逝世。他的遺體旁邊放著一個咬了一口、染有氰化物的毒蘋果，由此被認定是自殺身亡。這是西方童話中出現的，繼白雪公主繼母的青蘋果、牛頓拾到的落蘋果後，第三個有關蘋果的故事，或出於對他的崇敬和紀念，蘋果公司所用標誌就採

用了這樣一個被咬過一口的蘋果形象，數學家國際大獎的名字也稱為圖靈獎。

可以看出，在逆境中抗爭需要多大的勇氣。中國古代司馬遷受辱的情形與此有一定類似，從司馬遷對外的自述，可見他為完成《史記》忍辱負重、堅持毅力是何等艱難。近年來英皇已為圖靈恢復名譽，對他在天之靈也是一種靈魂的解脫吧！雖然抗爭沒能成功，但業績永存。

培根在討論逆境時說過：「如果奇蹟就是超乎尋常，那麼它常常是在對逆境的征服中顯現的。」「人的美德猶如檀木，只有在激烈的火焰中，才會散發出最濃郁的芳香。」

戰後，圖靈專心研究電腦理論，同時在神經網路和人工智慧領域作出了開創性的理論研究。1950 年圖靈提出著名的「圖靈測試」，當年 10 月他又發表了一篇論文，正是這篇文章，為圖靈贏得了「人工智慧之父」的桂冠。

圖靈提出「思考」應如何定義的問題，其關鍵是一臺電腦是否可以模仿一個真正的人。他提出了「機器思維」的概念，從行為主義角度提出假想，一個人在不接觸對方的情況下，透過一種特殊的方式，和對方進行一系列問答。如果在相當長時間內，他無法根據這些問答正確判斷出對方是人還是電腦，就可以認為這臺電腦具有同人相當的智力，即這臺電腦是能思維的。圖靈曾預測到 2000 年，應用 10GB 的電腦和軟體能夠製造出可以在 5 分鐘的問答中騙過 30% 成年人的人工智慧。

在這一安排下，2001 年有五臺電腦參加了一次測試，但只有名字叫「尤金‧古斯特曼（Eugene Goostman）」的電腦騙過裁判，尤金的開發者們很狡猾，他們把電腦偽裝成了不以英語為母語的 13 歲烏克蘭男孩，設計者主要的設計理念是尤金可以聲稱他什麼都知道，但由於年齡限制，

實際上他並不是什麼都知道，這一完全合理的「背景」，使尤金終於透過了測試。

這件事就發生在圖靈去世 60 週年的紀念日上，許多專家認為這一事件是人工智慧發展的一個里程碑。人工智慧領域沒有什麼比圖靈測試更具標誌性和爭議性的了，讓一臺電腦說服足夠數量的測試人員，讓人相信它不是一臺機器而是一個人，讓人誤以為它是我們可以信賴的人，這不能不讓人們警惕，可能因此產生的網路犯罪。

人工智慧正在高速發展和創新中，它會給我們人類社會帶來哪些改變，是我們應該提前思考的。

◆ 挑戰權威 —— 原子彈起爆的爭論

希臘偉大數學家歐幾里得（西元前 330– 西元前 275）寫出的舉世名著《幾何原本》（*Stoicheia*），千百年來被視為神聖不可侵犯，絕對正確。

尼古拉・羅巴切夫斯基（Nikolai Lobachevsky, 1792–1856）提出雙曲幾何，即三角形內角和在凹曲面上將小於 180 度，黎曼（1826–1866）提出橢圓幾何，即在凸曲面上三角形內角和將大於 180 度。至此，非歐幾何學的公設才完整誕生。可見挑戰權威要有非凡的膽識。

在工程實踐中也是如此。

提摩西・庫克（Timothy Cook）是猶他州立大學教授，炸藥理論權威。庫克在炸藥應用領域也成果傲人，發明了民用炸藥的一大系列「漿狀炸藥」。他還把炸藥面製成凹反射鏡狀，爆炸後匯聚成高速金屬射流的穿甲彈。有這樣的權威在，想必無人敢挑他的毛病。

作為原子彈研究的中心之一，洛斯阿拉莫斯實驗室的新任務之一是如何把兩塊（或數塊）單獨沒有達到核臨界體積的鈾塊用炸藥爆轟的方

法瞬間拼接成一塊，使之超過臨界體積引發鏈式反應，並造成原子彈爆炸。所以新要求下，炸藥爆轟問題就成原子彈成功與否的關鍵。

馮紐曼是一位數學家（John von Neumann, 1903–1957），原籍匈牙利，先後執教於柏林大學和漢堡大學。1930 年前往美國，在電腦、博弈論等領域成就斐然。

一批科學家包括馮紐曼，被高層領導空降直接派到洛斯阿拉莫斯實驗室，參與爆轟模型的研究。庫克首先表態，熱烈歡迎各位光臨指導工作，實際上他並沒把這些從來沒有接觸過炸藥行為的「菜鳥」放在心上，但馮紐曼很快指出了他的致命錯誤 —— 原有炸藥爆轟理論的前提就不對，假定「化學反應速度無限大」是完全不可行的，諸聽眾愕然想：「這理論我們用了幾十年，計算砲彈，炸土石方工程等從來沒有出過問題呀！」這引起了庫克的強烈反感。

馮紐曼建議原理論的基本框架保留，但應把「化學反應速度無限大」改為「有限速度」，從而建立起後人所稱的 ZND 模型，其中 Z 是紀念曾經做出貢獻的蘇聯學者雅可夫・澤爾多維奇，N 是紀念馮紐曼本人，D 是紀念一位德國學者沃納・多靈（Werner Döring）。ZND 爆轟模型對原子彈設計達到要求可是絕對需要，它使原子彈製造最終取得圓滿成功。但 ZND 模型卻給庫克惹了個大麻煩，他的全部著述文章、成果、專利、經費申請等，凡涉及爆轟理論的部分都得重新改寫。庫克心中不服，後來還不斷利用他在炸藥界的影響一直挑起爭論，可惜馮紐曼於 1957 年駕鶴西去了。

不同學術觀點有爭論很正常，庫克堅持「化學反應速度無限大」這種常識性的錯誤，不承認在實驗中由 ZND 模型預測到的「馮紐曼尖峰」現象就已經違背了起碼的科學準則。

事實上，ZND 模型仍有缺陷，該模型中忽略了化學反應中的輸運效應，即要考慮黏度、擴散和熱傳導的速度對宏觀反應過程的影響。雖然有奈維－斯托克斯方程式也可以表述，但 200 多年來該方程式一直沒有解析解。可想而知，在當時尚沒有電腦的條件下，馮紐曼作了這樣的妥協，也是符合實際需要了。

◆ 質疑傳統 ── 挑戰宇稱守恆定律

許多流行假說的「科學理論」和客觀實際完全沒有矛盾，而且邏輯嚴謹，但往往卻是缺少證明的，常有一些人把本來簡潔的科學原理複雜化，用離奇的觀點為其披上玄妙的外衣，以期待它有預言能力。就如同脫離現實去探究宇宙奧祕，那只能成為一種空洞的概念遊戲。學術不應該是某些「科學家」對自己淵博知識的炫耀。置疑心理引導人們用理性思考並冷靜地面對事物的真相，才是創新思考的原動力。科學創造活動的出發點就是合理的懷疑精神，依據事實思考，勇於懷疑一切現實權威的意見。

約定俗成的規則都是合理的嗎？例如有人對世界盃足球賽中，最後雙方踢平時，點球決勝負的做法是否公平提出質疑。問題的核心是先罰和後罰有影響嗎？實際上這涉及一個數學博弈學和心理學問題。從 1970 年到 2013 年重要足球賽事共有 1,001 次涉及點球決勝負，統計結果顯示若 A 隊先罰，由於有心理優勢，獲勝率為 60%。所以 A、B 兩隊罰球順序為 AB、AB、AB……交替進行的辦法就應受到質疑。有人建議採用 AB 、BA、AB、BA，應該就公平了。對於網球比賽的順序，數學家也曾提出自己的質疑。

許多偉大的理論就是因為「懷疑」才顛覆了那些約定俗成的假說，

創立了新的科學理論。例如：達爾文的進化論就是始於對神創論的懷疑，愛因斯坦創立的相對論源於對牛頓絕對時空觀的懷疑。科學理論不是神聖不能觸犯的宗教教條，去偽存真是科學發展的精髓。科學的魅力來自未知而不是已知，科學的真諦在於否定而不是肯定。現階段已習慣稱之為「理論」的認知，在新的認識中可能是不全面的，甚至是錯誤的。所以理論創新不能在現有的理論框架內翻花樣，真正的創新可能是顛覆性的。

1954 年至 1956 年間，粒子物理研究中遇到一個難題，即「τ-θ 之謎」。即荷電的 κ 介子有兩種衰變方式，一種記為 τ 介子，另一種記為 θ 介子，這兩種粒子的質量、電荷、壽命、自旋等幾乎完全相同，以至於人們不能不懷疑它們是同一粒子。但當 τ 粒子衰變時，產生三個 π 介子，而 θ 粒子衰變時產生兩個 π 介子。

對這一問題的研究引入了「宇稱」即「左右對稱」的概念。映象與原物的「宇稱數」分別記為（＋1）和（－1）。連續兩次空間反演（映象反射）就等於其本身。根據「宇稱守恆定律」，由許多粒子組成的體系，不論經過什麼相互作用、發生了哪些變化（包括粒子數發生了變化），它們的總宇稱數保持不變，這說明了 τ 粒子與 θ 粒子衰變時分別發生了 3 次和 2 次空間反演，具有相反的宇稱，如果確認 τ 和 θ 是同一種粒子，則必須承認宇稱守恆定律不成立。李政道與楊振寧發現至少在弱作用領域，宇稱守恆定律從未得到實驗驗證，他們實際上提出了宇稱守恆定律適用邊界的問題。

為此，1956 年早春，李政道教授去浦品物理實驗室拜訪吳健雄教授，他向後者提出關於 β 衰變的實驗現況，又解釋了 τ-θ 之謎，以及它如何引起對弱衰變中宇稱是否守恆問題的質疑。如果 τ-θ 之謎的答案是宇稱

不守恆，那麼這種破壞在極化核的 β 衰變的空間分布中也應該觀察到。

這時吳健雄意識到李政道正為他與楊振寧所提出宇稱可能在微觀世界不守恆的觀點尋找實驗證明。

當時，人們認為在所有相互作用中宇稱就應該是守恆的，更不用說向這一觀念挑戰了。

吳健雄問李政道，是否有人做過這類實驗，李回答是有人建議過，用核反應所產生的極化核或者用核反應堆所產生的極化慢中子來做實驗。當時吳健雄敏銳地感覺到它的重要性，提出了更好的實驗方案：透過退磁方法得到的極化鈷 -60β 源，其極化度可高達 65%，也許是一個更好的實驗途徑，這引起了李政道極大的興趣。楊振寧回憶說：「當時他們也與其他實驗物理學家談過這些思想，但都沒有積極的回應。只有吳健雄（1912–1997）作為一個傑出的科學家洞察到它的重要性。」

吳健雄是一個從事 β 衰變研究的物理學家，她勇敢地接受了這一挑戰，因為這一實驗即使最終實驗結果顯示在 β 衰變中宇稱是守恆的，也是有價值的，儘管這項實驗有很大難度。

實驗需要首先把 β 探測器安裝在一個液氮低溫恆溫容器內，而且要保障它能正常工作。另外還需要將 β 放射源鋪在一個薄的表面上，並可以被極化一段足夠長的時間，以得到足夠多的統計數據。

遇到的眾多困難中，最棘手的是在薄的鈷 -60 表面源極化方面的問題，它的極化不能僅保持幾秒鐘就全部消失了。唯一的解決方法是用冷卻的硝酸鈰鎂晶體把這層薄的鈷 -60 表面封鎖保護起來，但許多大塊的硝酸鈰鎂單晶製造又成了攔路虎。那時，吳建雄平均每天睡眠 4 小時，奔走於華盛頓國家標準局和紐約哥倫比亞大學之間。

大塊晶體培養和組裝在一起後，她們第一次看到了真實的不對稱效

應，它跟 γ 射線的各向異性效應精確地符合，實驗完全成功。

當時在物理學界以直言質疑著名的沃夫岡‧包立（Wolfgang Pauli, 1900–1958，因不相容原理，1945 年獲諾貝爾獎）對宇稱可能不守恆也一直極度懷疑，認為吳健雄的實驗是在浪費時間，並願意押下任何數目的錢來賭「宇稱」一定是守恆的。當得知吳健雄實驗成功的資訊時，除了表示難以置信的驚訝外，還開玩笑地寫道：「我很高興我們沒有真的打賭，因為我也許還輸得起一些名聲，但是卻輸不起我的金錢。」

吳健雄的研究工作已為許多物理學家所期待時，她對另一個潛在競爭者的工作情形卻一無所知。

1957 年 1 月 7 日，李德曼（Leon Lederman）、加文（Richard Garwin）利用 π 介子衰變成 μ 粒子再衰變成電子和微中子的實驗成功，給出了同一個問題輔助的證明。

由於吳健雄仍堅持對自己實驗結果反覆查證，1 月 9 日清晨 2 點，她終於把實驗查證全部做完。吳健雄嚴謹的科學態度，使這一證明在時間上留下了爭議。

在完成了「宇稱不守恆」的研究之後，吳健雄又有一項重大的實驗成就，即「向量流守恆」的實驗，對物理科學有著很深遠的影響。它首次由實驗證實了電磁作用與弱相互作用有著密切的相關性。隨後的幾十年中，電磁作用和弱相互作用的結合成了物理科學最重要的方向。在理論和實驗上引匯出系列重大成果，先後有三批 8 人憑藉此方面的貢獻獲得了諾貝爾物理學獎，被稱為「電 – 弱力」相關，這與當初安培與法拉第把電與磁連繫起來的發現，有同等的價值。

5 品格
QUALITY

科學家的精神來源於對國家未來的使命感。
科學家的靈魂在於對社會的責任擔當。

素養是內在人生觀、世界觀、價值觀的外在表現，是在言談待物間不經意的流露。它是受家庭教育、學校教育和環境薰陶長期累積而形成的素養，它會默默地指導著創造者的行為。其中學校教育是最系統、最關鍵的組成部分。

科技工作者必須具有的科學精神，具體表現為追求客觀真理，自由探索、理性質疑、執著求新，為人類進步、幸福和自我解放而不懈奮鬥，並具有經世濟民的特質。而這一切是在民族危亡、民生凋敝的環境下形成的，這也是科學精神的永恆主題。

愛因斯坦有一段語錄的大意是：

每天我都無數次地提醒我自己，我的內心和外在的生活都是建立在其他活著的和死去的人的勞動的基礎上的，我必須竭盡全力，像我曾經得到的和正在得到的那樣，做出同樣的貢獻。

—— 阿爾伯特·愛因斯坦

全世界人們都崇敬愛因斯坦對人類知識的偉大貢獻，而他自己卻時刻想著要回饋社會。這種感恩的精神，這種生於斯長於斯愛於斯的愛國主義精神，以及感謝自己師長、父母，包括對自己物質生活、精神生活提供過幫助的、相識或不相識的人們，並時刻準備著回報的精神，應是做人的基本素養。

雖然科技工作者在不同時代會表現出不同素養的特徵，但他們都需要貼近社會、貼近人民的需求。所以科學家的精神來源於對祖國和民族以及人類歷史的使命感。科學家的靈魂，在於對社會的責任擔當，這些都源於對國家面臨形勢和任務的深度理解。

　　從創新領域曾作出巨大貢獻的人物行為中，也可看出他們做人的品德素養，或是引做學習的榜樣，或應引以為戒。

　　羅曼‧羅蘭（Romain Rolland）曾說：「我稱為英雄的，並非以思想或強力稱雄的人，而只是靠心靈而偉大的人，沒有偉大的品格，就沒有偉大的人……」

5.1
創新人才養成的環境因素

◆ 困苦艱辛激勵成才 ── 獻給拉塞福等多位大師們

1. 歐尼斯特‧拉塞福的艱辛成長及對卡皮查的栽培

　　歐尼斯特‧拉塞福（Ernest Rutherford, 1871–1937），1871 年出生於紐西蘭，兄弟姐妹共 12 人，他排行老四。父親做木匠和農民，不停勞作，再加上母親做小學教師，養活一個大家庭。拉塞福和兄弟姐妹從小就體會到生活的艱難，都知道幸福要靠自己雙手創造。春天耕地播種，秋天收割莊稼都是全家出動，每個成員都分擔一份責任。拉塞福通常會做一些雜務，如劈柴、擠奶等，從小養成了熱愛勞動、勤奮踏實、善於合作等優良素養，他依靠刻苦努力取得獎學金並完成學業。

　　拉塞福在物理學研究取得卓越成就，都得益於他從小養成的性格，以及百折不撓、勇往直前的奮鬥求索精神。學生們曾為他起了一個外號「鱷魚」，並作成浮雕裝飾在實驗室門口，因為鱷魚從不回頭，張開大

口，吞噬一切，而且勇往直前。

　　拉塞福 10 歲時讀到一本有關物理學的科普讀物，被深深吸引了。書中描述了一系列的物理實驗過程，透過感性認知，對自然現象啟蒙，闡述了自然規律的奧祕。這本科普書對拉塞福走上科學道路產生了重大的影響。拉塞福數十年如一日，刻苦鑽研，創新實驗，致力於從研究物質的放射性出發，進而探索原子核內的結構，探索物質組成的內在機制，並用人工粒子轟擊原子核實現了元素的人工轉變，闡明瞭新的物質觀。

　　1919 年拉塞福管理卡文迪許實驗室，對英國科學學派的形成起了重大作用。

　　他具有偉大科學家所具備的判斷力，以及洞悉從哪些領域中的課題入手可以作出成就的超凡預知能力。他在管理卡文迪許實驗室時如同管理自己的封地，把這些重要課題交給被他稱為「孩子們」的眾多助手，他們一個接一個地成為諾貝爾獎的得主。他一生鍾情於物理學，因為他總認為化學不過僅是物理學的一個分支，聲稱「科學要麼是物理學，要麼就等同於收集郵票」。但讓他又驚訝又迷惑的是，他因為「對元素蛻變以及放射化學的研究」於 1908 年被授予諾貝爾化學獎，為紀念他，原子序數 104 被命名為「鑪」。

　　我們在宣傳這些科學家時，不需把他們形容成完美的聖人，不可企及。他們也都是有血有肉的普通人，有過人之處，但也有有趣的一面。

　　拉塞福把自己一生獻給了人類科學事業，心地坦誠，熱情無私，是一位傑出的學科帶頭人，被譽為「從沒有樹立過一個敵人，也從沒有失去過一位朋友」，是 20 世紀培養出諾貝爾獎得主最多的導師。他的學生和助手中有 12 人榮獲諾貝爾獎。

　　最為感人的是他對俄羅斯物理學家彼得・卡皮查（Kapitza Leonidovich, 1894–1984）無私的友誼和幫助。卡皮查在拉塞福領導下工作了 14年，拉塞福很喜歡這個年輕人，欣賞他的才能，專門成立了一個叫蒙德的實驗室，由卡皮查為實驗室主任。1934 年秋，卡皮查回國探親，蘇聯政府要他留在國內，不許他再回英國。沒有相應的實驗室，卡皮查一連 3 年無事可做。拉塞福為了幫助卡皮查，說服了蘇、英兩國政府，把蒙德實驗室所需的全部裝置和儀器，從英國搬到莫斯科，還派了一名助手幫助卡皮查安裝裝置。

1978 年卡皮查因發現超流體獲得了諾貝爾物理學獎，但卡皮查的研究工作成果是在 1937–1938 年完成的，與拉塞福的幫助應有很直接的關係。1937 年拉塞福去世時，卡皮查萬分悲痛。

拉塞福賞識卡皮查也經歷了一個有趣的過程。1921 年卡皮查屢遭不幸，父親、孩子、妻子先後死於瘟疫。在精神受到極大打擊時，困苦中的他偶然地訪問了英國劍橋大學，並為之所吸引，他便向拉塞福提出在卡文迪許實驗室工作幾個月的請求。據說開始拉塞福並沒有同意，卡皮查靈活地改變了話題，問：你們的實驗誤差一般是多少？回答是百分之二至三。卡皮查就說，那好，你們實驗室約有 30 多人，多一個人、少一個人都在誤差範圍之內吧。卡皮查機智且略帶幽默的說辭感動了拉塞福，也出於對處於困苦條件下青年學者的同情，拉塞福接受了請求。實際上卡皮查在劍橋一待不是幾個月，而是近 14 年，成了拉塞福的得力助手。

卡皮查的天才天賦在卡文迪許實驗室盡顯。他成功地完成了對 α 粒子磁場散熱能的精確測定等。1923 年取得劍橋大學學籍後，同年獲得了博士學位，這讓卡皮查從喪妻、痛失父子的陰影中走了出來。

卡皮查和拉塞福惺惺相惜的另一個原因是卡皮查的耿直不阿。1937

年，他強烈反對當時蘇聯長官意志介入瓦維洛夫與李森科之間的生物學論戰。1940 年蘇聯遺傳學泰鬥瓦維洛夫被迫入獄並死於獄中。對此類似事件，卡皮查不斷給最高領導寫信抗爭。他雖也被一路下放至鄉村八年，但他榮辱不驚，最終顯示出科學家求真務實的品格。

2. 以電感單位「亨利」留名的物理學家 —— 約瑟夫·亨利

約瑟夫·亨利（Joseph Henry, 1797–1878）出生於美國紐約州，父親是一個窮苦的車伕。亨利的弟弟出生後，亨利被送到鄉下外祖母那裡。艱苦的鄉村生活，培養了亨利的吃苦耐勞精神。14 歲時亨利因父親去世而失學，只好做學徒，學修理鐘錶和雕琢寶石。

18 歲那年，他偶然讀到一本科普讀物。書的開頭就提問：「為什麼扔一塊石頭或射一支箭，它不沿直線運動呢？」這引起了他對科學的濃厚興趣。

亨利決心接受系統科學教育。他透過刻苦自學，1819 年考入奧爾巴尼學院。以優異成績博得院長賞識，被聘為助教，協助院長做一些化學實驗。

亨利所處時代正值電磁學發展的爆發視窗期，1827 年起他開始研究電學、磁學，並認為電磁鐵是揭開電磁奧祕的鑰匙。

他用不同長度的絕緣導線的螺線，研究電磁鐵的提舉力，發現通電的線圈短路的瞬間，電流會增大。1832 年他發表一篇論文，把通電線圈短路時電流增大的現象，稱為自感應。

1837 年亨利到歐洲旅行，受到法拉第等人的熱情接待，並邀請他到皇家研究院一起做電磁實驗。法拉第曾感慨地說：「在電流自感應現象研究方面，亨利遙遙領先於他同時代的人」。

　　為了紀念亨利在電流自感方面的傑出貢獻，在 1889 年第二屆國際電學家大會上，學者提出採用「亨利」作為電感單位，獲得大會一致透過，這樣就形成了一個電流單位「安培」、電壓單位「伏特」電感單位「亨利」的完整的電學計量體系。

3. 惺惺相惜，困苦中成長出的兩位偉大科學家 —— 戴維和法拉第

　　19 世紀之初，漢弗里·戴維（Humphy Davy，1778–1829）已經是英國著名的化學家了。他發明了一氧化氮作為牙科和外科手術的麻醉劑，他用電解法首先發現和提煉了鈉、鎂、鈣、鍶、鋇、硼和鉀這七種化學元素。他經常在倫敦做科普講演，聽眾都為戴維的睿智折服，戴維也成為英國當時的風雲人物。

　　有一次英國皇室邀請戴維去做演講，聽眾爆滿。雖然上流社會的爵士、貴婦們不懂什麼科學，但戴維的講演如魔術一般，滿足了他們的好奇心。只見戴維從一個煤油瓶裡挑出一小塊他辛辛苦苦得到的新元素 —— 金屬鉀，放到水盆裡，看到它在水面亂竄，冒出淡紫色火焰，且嘶嘶作響，臺下聽眾都看呆了。但戴維因過度勞累，病倒在講臺上。

　　這次戴維正因請病假養在家，收到了一封信和一本 368 頁裝幀精細的書。書的封面工整地寫著「戴維演講錄」，書頁是用手寫成的，而且附有精細的插圖。信中寫道：「我是印刷廠裝訂的學徒，熱愛科學，但家境貧寒，沒有機會得到正規教育，聽過您的四次演講，現將筆記整理呈上，作為聖誕禮物，如能蒙您提攜，改變我目前處境，將不勝感激 —— 法拉第。」

　　戴維深深為法拉第（Michael Faraday，1791–1867）的行為所感動。首先是因為他本人早年的經歷，由於 1794 年父親去世，家境陷入困頓

中，為了養家餬口，作為長子的戴維曾被送到當地一位醫生那裡當學徒，也沒有接受過正規系統教育。所有的成就都是透過長期、周密的自學計畫，艱辛茹苦，不斷摸索實驗後完成的，化學知識是從一本本科學相關讀物中累積下來的。

法拉第不但有和戴維同樣的身世，而且他在裝訂科學書籍時，也如飢似渴地閱讀，並已讀完了《大英百科全書》（*Encyclopædia Britannica*）中的電學部分，還在他並不富裕的哥哥的資助下做一些實驗。

當戴維了解到法拉第的經歷時，他感慨萬端，聯想到自己的身世和遭遇，決心幫助這個與他有同樣毅力有志於學的青年人。

由此，法拉第從一個貧窮的徒工變成了戴維在皇家科普協會實驗室的助手。雖然法拉第有很多的時間都是負責清掃和洗刷儀器等勤雜工作，但他卻能耳濡目染，從戴維和同事們的討論和實驗過程中受到教育，進步飛快的法拉第讓戴維看出了潛質，逐漸放手讓他多參與實驗，甚至獨立完成一些工作。

1813 年秋天，戴維帶著法拉第到歐洲各地進行學術訪問，歷時一年半，法拉第實際上成了他的生活侍從。但藉此機會他也結識了許多著名的科學家，聽了他們演講、交流，了解了他們的研究活動，開闊了科學視野。正如熟悉法拉第的英國化學家武拉斯頓所說：「法拉第的大學是歐洲，他的老師乃是他所服侍的主人——戴維，以及由於戴維的名氣而使法拉第得以結識的那些傑出科學家。」

法拉第不斷成長，成功地製成了液態氯、冶煉出不鏽鋼，製備出多種有機化合物如苯等，發現了電解當量定律。當然法拉第最偉大的貢獻是在物理學和電磁學方面，他透過實驗闡明瞭發電機和電動機的原理，極大地推動了以電的利用為主要突破點的第二次工業革命。關於法拉第

的成就，還在另外的章節中有講述。

雖然由於虛榮心的驅使，當法拉第的成就漸漸超越自己時，戴維一度喪失理性，堅決反對 29 位皇家學會會員聯合提名法拉第為皇家學會會員候選人，但他也曾拒絕為自己發明的安全礦燈申請專利以有利於推廣使用，可見人性是複雜的。在他病危時，戴維回歸了善良理性，說出了令人肅然起敬的一句話：「我最偉大的發現是發現了法拉第。」

4. 世人崇敬的科學家瑪里‧居禮

瑪里‧居禮（Marice Curie, 1867–1934）出生於波蘭華沙的一個教師家庭。10 歲喪母，家境貧困，為了獲得去巴黎學習的機會，她整整當了 8 年的家庭教師，先供姐姐上學，姐姐工作後再供她上學。她為了科學十分執著，在十分簡陋的實驗條件下，完成了重大科學發現。青年時代的社會經歷，對她頑強性格的培育當然有密切關係。

1896 年法國物理學家貝克勒發現鈾及其化合物可以透過黑紙使照相底片感光。瑪里‧居禮對此產生極大興趣，決心揭開它的祕密。她選擇研究放射性物質作為自己的研究方向。她與丈夫皮埃爾‧居禮（Pierre）合作，在極端困難的條件下，進行了頑強的努力，透過實驗發現瀝青中含有比鈾放射性更強的物質。

四年時間裡，在數百噸廢瀝青中，他們分離出含放射性的 0.12 克鐳鹽。在進行多次純化、溶解、結晶後，卻發現蒸發皿中幾乎沒有剩下什麼了，他們不禁有些失落。直到在黑暗中看到蒸發皿螢光閃爍的痕跡，他們才喜出望外。原來微量的放射性鐳元素已被他們富集到了蒸發皿中，而且鐳的放射性強度遠遠大於鈾（鐳元素的放射性比鈾強 60 倍，相對原子量為 226）。

　　瑪里‧居禮的研究奠定了現代放射化學的基礎，促進了放射性物理學的發展，為人類作出了偉大貢獻，因而獲得 1903 年諾貝爾物理學獎和 1911 年諾貝爾化學獎。

◆ 貧病砥礪堅強意志 ── 克卜勒的故事

　　1571 年 12 月 27 日，德國一名陸軍軍官威爾喜得貴子。但這孩子是早產兒，不僅體質很差，在 4 歲時還患上了天花和猩紅熱，導致視力衰弱，而且一隻手半殘。這個父親如何也想不到他的兒子會成為一個偉大定律的發現者而名垂青史，這個孩子就是約翰內斯‧克卜勒（Johannes Keplex,1571–1630）。

　　身有殘疾的克卜勒 17 歲進入圖賓根大學攻讀神學。1591 年獲得神學碩士學位，家庭負債纍纍，父母希望他做一名牧師幫助家裡擺脫經濟困境，可是克卜勒數學才華出眾，被自然科學所吸引，把當牧師的想法拋得一乾二淨。他受到圖賓根大學天文學教授麥可‧馬斯特林（Michael Mastlin）的影響，信奉哥白尼的日心說，還獲得了天文學碩士學位。1600 年，30 歲的克卜勒貿然寫信給素不相識的丹麥天文學家第谷‧布拉厄（Tycho Brahe, 1546–1601），告訴了自己的研究成果和未來想法。第谷對克卜勒的才華驚嘆不已，邀請他作為助手。

　　18 個月後第谷逝世，他死前把自己一生的天文觀測數據，特別是關於火星的觀測結果遺贈給克卜勒。克卜勒由此開始了行星軌道的研究，1627 年他發表了關於行星運動的三條定律，說明了行星圍繞太陽運動的理論。

　　克卜勒第一定律：所有行星繞太陽運動的軌道都是橢圓的，而太陽處於橢圓的一個焦點上。

第二定律：對任意一個行星來說，它運動時與太陽的連線在相等時間內掃過的面積相等，即行星離太陽越近，運動速度越快，離太陽越越遠則運動速度越慢，所以行星運動速度不是等速的。

第三定律：所有行星的軌道的半長軸的三次方和它公轉週期的二次方的比值都相等，是一個常數。既行星距太陽越遠，它的太陽年越長。

克卜勒三定律的發現改變了當時認為行星是等速以圓形軌道繞太陽執行的錯誤。這些成果的取得是利用了第谷畢生觀測行星運動得來的十分準確的數據，克服包括生理上、精神上的重重艱難險阻，以及在與歸神學思想的論戰中所取得的成功。

此外，克卜勒也是近代光學的奠基者。他研究了針孔成像，並給予了科學的解釋，指出光強度與光源距離的平方成反比。他闡述瞭望遠鏡原理，把伽利略望遠鏡作為目鏡的凹透鏡改為小凸透鏡，被人稱為克卜勒望遠鏡。

克卜勒三大定律為牛頓推匯出萬有引力定律奠定了堅實的基礎，因為推導萬有引力定律必須要用到克卜勒第二、第三定律。可見科學創新認知是科學家成果相互傳承的結果，前一個偉大發現，可能是後一個偉大發現的誘因。牛頓曾說過：「如果我比其他人看得更遠些，那是因為我站在了巨人的肩膀上！」這個巨人當然包括克卜勒。

克卜勒以堅強的毅力在貧病中為科學理想奮戰，於 1630 年 11 月 15 日在雷根斯堡去世。他為自己撰寫的墓誌銘是：「我曾測天高，今欲量地深，我的靈魂來自上帝，凡俗肉體歸於此地。」雖然處於十分困苦環境，仍不乏幽默情趣。

最後要說的是我們很熟悉的史蒂芬·霍金，他雖然身體有嚴重病殘，但思維極敏銳，寫出了一部廣為流傳的科普讀物《新時間簡史》（*A*

Briefer History of Time），把我們幾代人的思想從現實生活帶到了數理模型的霍金世界中。雖然霍金的許多猜想等待著被證實或證偽，但他無疑是一個偉大的科普作家。

◆ 和諧親情促進成長 —— 波耳家族的奧祕

丹麥物理學家尼爾斯・波耳（Niels Bohr, 1885–1962）是 20 世紀前半葉物理學界偉大的領軍人物，建立了氫原子結構模型，因原子的量子理論獲 1922 年諾貝爾物理學獎。他所建立的哥本哈根大學理論物理研究所曾先後聚集過 32 位諾貝爾獎得主，成為當時世界物理學的研究中心。

原子的量子理論，是對拉塞福的原子模型的修正。拉塞福在進行散射實驗時，確認原子應有一個帶正電的核，帶負電的電子繞其執行。這個模型看起來既清楚又易被人接受，但它和經典物理學法則無法相容。依照經典物理學法則，旋轉的電子應放出射線，而它確實也射出了光線，那它就會失去能量，就會逐漸被核吸引，直到掉入核內，就無法保持穩定的存在，但實際上原子穩定地存在著。

而波耳引入量子的概念，他的解釋是電子在穩定情況下，不會放射光線（即光量子），只有在受激變換軌道時發生量子跳躍，電子才會放射光線。他不喜歡「電子軌道」這個稱謂，而改稱為「軌域」，正是這一新的原子的量子理論，為波耳贏得了 1922 年諾貝爾物理學獎，

另一個著名的德國物理學家海森堡，也對此作出過影響巨大的工作。海森堡與波耳的關係是從一場學術辯論開始的。1922 年 6 月，21 歲的大學生海森堡，在一次講演會上對原子物理學權威波耳關於塞曼效應的解釋表示了不同意見，引起波耳的注意。兩人一起散步長談，波耳邀請海森堡到哥本哈根做訪問學者，這次長談使海森堡受益匪淺，他回憶

說：「這是我能夠回憶起來的、關於現代原子理論的基本物理學問題和哲學問題的第一次透澈的討論。」

波耳提出了量子力學標準的「哥本哈根詮釋（Copenhagen Interpretation）」，指出在量子尺度上被觀測到之前，一切都是「不真實」的。他認為粒子的位置並不是確定的，而是隨機的，是由機率波函數決定的。在測量到的一瞬間，波函數坍塌成一個點，粒子將飛躍到這一點上，此刻它的位置才成為「現實」。

愛因斯坦以「上帝不會擲骰子」的觀點反對波耳及波耳所依據的海森堡「不確定性原理」。波耳則反駁說，「愛因斯坦先生，請不要告訴上帝怎樣做」。在 1927 年第 5 次索爾維國際會議上，路易・德布羅意（Louis de Broglie, 1892–1987）提出導航波（Pilot-Wave）理論，即每個粒子都具有確定性的空間位置或軌跡。他用導波函數支持愛因斯坦的觀點，但被指出導波理論無法解釋非彈性散射，從而無法說明導波的物理本質。到會議結束時，波耳學派以他們的革命性理論占了上風，導波理論也漸漸地被物理界遺忘。

雖然愛因斯坦與波耳長期就量子力學問題發生激烈的爭論，但當他們兩人 1922 年同時獲得諾貝爾物理學獎時（愛因斯坦是獲 1921 年度獎，在 1922 年補發），波耳卻急於向全世界表示自己與愛因斯坦站在一起時，多麼不足以得到這份榮耀。但愛因斯坦說：「親愛的或更確切地說，受人敬愛的波耳……我認為您的憂慮特別迷人，您大可將這份獎項從我面前領走，這真是屬於波耳的。您的新研究讓我更熱愛您的思想。」兩者都表現出謙謙君子的風範。

1928 年海森堡又用量子力學的交換現象，解釋了物質的鐵磁性問題。1929 年他與包立一道引入場量子化普遍方案，給出了量子電動力學

表述形式，為量子場論的建立奠定了基礎。由於海森堡在量子力學方面的開拓性成就，他在 1932 年獲諾貝爾物理學獎。

波耳和海森堡倆人是亦師亦友的關係，但在第二次世界大戰中，他倆分屬兩大敵對陣營，在原子彈的研製上他倆又都是各自陣營的核心人物。特別是在第二次世界大戰關鍵時刻，1941 年 10 月，海森堡再次來到哥本哈根，當時德軍已占領了法國、丹麥，海森堡在家庭晚宴上狂熱地宣稱德國將會占領並主宰整個世界。他認為波耳對怎麼製造原子彈已經有了一些基本構想，這次來丹麥的目的就是想探聽到一些原子分裂及製造原子彈的基本理念和想法，以及波耳能否跟他一起合作。兩人所談的內容並不為世人所知，在這次可影響到世界命運的會見後，波耳從丹麥逃到瑞典、英國，然後到美國參與了原子彈的研製。而海森堡回到德國，建議希特勒開發原子彈，這就使人們好奇他們的會見究竟談了些什麼，並產生了無限遐想。據傳說，由於後來海森堡犯了一個錯誤，在計算製造原子彈所需的中子數量上多算了 100 倍，才致使德國放棄了製造原子彈的打算。

波耳的父親是一位造詣很深的生理學家，在哥本哈根大學任教。他發現了血紅蛋白在血液不同環境下是如何與氧氣結合和擴散的，他的愛好是把不同學科的科學家請到家裡，暢談科學上的各種熱門問題。這種家庭式的科學討論會，對尚在求學時代的尼爾斯·波耳產生了很深的影響，引起了他對科學的興趣。祖孫三代積極參與，尼爾斯的兄弟也是卓有成就的學者，一位數學分析教授。在他們作任何重大決策時，都會進行家庭討論。

2005 年巴黎第七大學流體物理學家伊夫·庫代團隊，偶然做了一個「彈跳液滴」（bouncing droplets）實驗，認為它驗證了德布羅意的導波理論，似乎使這一理論復活。2015 年湯瑪斯·波耳（丹麥技術大學教授）

和安諾斯團隊，給出了十分有說服力的報告，指出庫代團隊的實驗存在關鍵性錯誤，實驗中忽略了噪聲，使用了不正確的方法和不充分的統計數據，再次推翻了德布羅意的理論。

最有趣的是，顛覆了庫代團隊報告、再一次捍衛了尼爾斯·波耳的量子力學代表的「哥本哈根詮釋」的湯瑪斯·波耳，正是尼爾斯·波耳的孫子。湯瑪斯曾強調：「考慮到自己在波耳家族中的位置，我覺得有義務見證最終結果」，顯示了親情對科學創新的推動。

尼爾斯·波耳很喜歡菸斗，他的照片經常有一根大菸斗相伴，研究所的年輕教授，開玩笑地說是被他菸斗燻著成長起來的。有一次尼爾斯·波耳在紐約街上行走，後面有個行人過來提醒：「老先生，您的口袋裡著火了。」他這才發現原來是他自己把沒有滅掉火的菸斗放進了衣兜。

對於他如何能把 30 多位諾貝爾獎得主聚集在一起，形成當代「哥本哈根學派」，產生出巨大成就的友情，也是大家十分感興趣的問題。

尼爾斯的另一個孫子，衰老研究的著名學者 Vilhelm Bohr 曾經解釋如下：

1. 比較聰明（brilliant），有對重大科學前沿課題的悟性；
2. 開放（openness），要有對所有觀點的包容；
3. 幽默（humor）、謙虛（humility），要用幽默使緊張工作放鬆，要真心尊重他人；
4. 有資源（resource），不僅要有豐厚的資金支持，而且也包括精神上的充實和體格上的健康；

這些加上他的人格魅力，使他能夠抓住當時物理學發展巔峰期，培育和聚集了一大批菁英，從而成為這樣一箇中心的創始人和領導者。上面 4 個單位的首個字母恰好組成了波耳（Bohr）的名字。

◆ 良性競爭有益創造 —— 鮑林在競爭中的成敗

美國著名物理化學家萊納斯‧鮑林（Linus Pauling, 1901–1994），在 1930 年代提出了化學鍵理論和共振理論，對化學反應過程進行了詮釋。但當時蘇聯在自然科學領域內大肆進行意識形態運動，把鮑林當成化學界的反面人物大加撻伐，猛烈地批判共振論是憑空臆想出來的，是主觀唯心主義的產物。共振論主張某些有機分子不能由一種結構式加以描述，而是兩個或多個共振結構組成的雜化體，這被指責是在宣揚不可知論，在方法論上抹殺了化學運動形式質的特殊性，把複雜的化學運動過程貶低，歸結為量子力學現象，是犯了機械論的錯誤。

兩方爭辯的過程中，共振論反而引起了學術界的注意。就在蘇聯起勁抨擊鮑林時，諾貝爾獎評審委員會卻青睞鮑林的成就，特別是他的化學鍵理論，把 1954 年諾貝爾化學獎授予了他。世事變化無常，三十多年後的 1977 年，蘇聯竟然又把自己國家化學界的最高獎項羅蒙諾索夫金質獎章掛到了鮑林的胸前，在這場學術競爭中鮑林獲得完勝。

鮑林對化學鍵理論的研究成就是長期努力的結果。他出生於貧苦的家庭，很小就萌發了對科學的興趣。18 歲在農學院讀化學時就對化合價倍感好奇，猜想原子外圍的電子似乎可能扮演某種角色。

一般的書籍中不會討論諸如硫元素為何是軟的，鑽石為何是極硬的？為何水在零度結冰，而甲烷卻在 –184 攝氏度才轉變為固體？為何鹽酸比硝酸腐蝕性更強？因為以前的化學家一直無法回答這樣的問題。鮑林區分了許多化學鍵的種類，如「共價鍵」、「離子鍵」，並首先正確地洞察了原子與分子之間微弱的引力，即今天我們所稱的「氫鍵」。鮑林用「結構化學」這一概念把 1920 年代初期的「平面化學」轉變成「三維空間結構」，並把研究的思路導向了生物學領域。

但在另一場競爭中，鮑林就沒有這樣幸運了。鮑林在生物學領域也有傑出的工作。他在 1953 年前就有了好幾項經得起歷史考驗的成就，如他和伊它諾一起研究鐮刀形紅細胞貧血病患者的血紅蛋白，確立了分子致病的觀念，還從分子鍵結構解釋了蛋白質中可能有螺旋形分子結構的現象。鮑林曾是美國研究生物大分子結構學派的代表人物，從 1930 年代初起他就和科裡用 X 光衍射技術研究結晶的氨基酸和小肽鏈結構。

1952 年 7 月，華生在參加噬菌體學術會議時，親耳聽到鮑林說他們「正在做的是用 X 射線解釋氨基酸的工作，對於最終理解核酸是非常重要的。」當時華生和克里克對 DNA 的研究正處於膠著狀態，進展很慢，學術權威鮑林計劃在 DNA 研究中大顯身手的一番話，無疑引起了二人極大的震驚，這一對年輕尚默默無聞的學者面臨著極大的競爭和挑戰。

1952 年 12 月中旬，華生和克里克從鮑林給他兒子彼得·鮑林的家信中得知鮑林終於沾手 DNA 結構研究了。這資訊如同一聲驚雷，意味著對 DNA 結構的研究競爭進入白熱化。顯然，華生和克里克處於弱勢，他們十分緊張，除了加緊工作外，十分想打探鮑林關於 DNA 結構研究的進展。一個半月後，即 1953 年 2 月初，華生和克里克又從彼得·鮑林那裡看到了鮑林關於 DNA 結構的論文原稿的複印件時，霎時間他們兩個人都緊張到了極點，「五臟六腑都收縮成了一團」，十分擔心他們夢寐以求的研究成果被他人搶先發現。

當他們匆匆看完這篇論文複印件後，又轉驚為喜，因為鮑林的 DNA 結構被描述成三條螺旋帶構成，這是犯了一個嚴重錯誤，因為華生和克里克已經看到了富蘭克林和威爾金斯提供的 DNA 晶體的 X 光衍射照片，肯定了 DNA 結構是由兩條螺旋帶構成。至此兩人這才大大鬆了一口氣，他們倆興高采烈，認為競爭勝負還未定。據後來華生的回憶中記敘，當

晚他們竟跑到老鷹酒吧為慶賀鮑林的錯誤乾杯。慶幸之餘，他們也十分清楚，精明老道的鮑林很快會來英國訪問，必然也會看到富蘭克林的 DNA 衍射照片，修正其錯誤，所以鮑林離正確的 DNA 結構模型也許只有咫尺之遙了。他們知道形勢緊急，決不可懈怠，為奪取最後勝利，兩人夜以繼日地艱苦打拚，雖然仍犯了不少的錯誤，但最終取得了成功。兩人關於 DNA 結構模型的論文在《科學》（*Science*）雜誌上發表，雖然論文長度還不到一頁，卻開啟了一個分子生物學時代，這時華生和克里克才取得了最後的勝利。

其實華生、克里克的成功還受到像鮑林這樣的許多科學家的啟發和幫助。

首先，是他們讀了薛丁格的《生命是什麼？》（*What Is Life?*）的論文。

其次，是美國生物化學家埃爾文·查戈夫（Erwin Chargaff, 1905–2002）關於 DNA 中的各個鹼基具有相等的量的結論，而他自己卻沒有意識到這對 DNA 結構的破解具有何等重大意義。這一結論被華生、克里克得知後欣喜若狂。據他們回憶道：「我像觸了電一樣，突然想到，啊！我的上帝，如果有鹼基的互補性配對，那就只能呈現出 1 對 1 之比。」這就是遺傳資訊的密碼的組成。

再者，華生、克里克率先看到了富蘭克林關於 DNA 的 X 光衍射照片，堅定了兩條螺帶的基本構造的認識。

最後，又得到專門研究氫鍵的專家多諾雷的幫助，糾正了他們初始模型中同鹼基配對的錯誤，並找到了正確鹼基對配對的方式。

可見重大發明中多學科交叉的作用。

雖然華生的 DNA 雙股螺旋結構是受鮑林所提出的阿爾法螺旋啟發而發展出來的，可當鮑林的鄰居德爾布裡克收到華生關於雙股螺旋結構的

報導並轉告給鮑林時，鮑林心無芥蒂，對此喜形於色，為這個美妙的模型感到高興，並且寫了一封信到劍橋表示恭賀。

　　1962 年華生、克里克和威爾金斯榮獲諾貝爾化學獎時，寬宏大度的鮑林給予了盛讚道：「雙股螺旋的發現和由此發明所產生的進展，是過去 100 年間生物科學和對生命理解上的最偉大的進步。」這一評價是非常客觀和實事求是的，鮑林雖功虧一簣，可他在競爭中的努力和胸懷大度，也應受到尊敬。

　　鮑林從不隱瞞他的政治信仰，他首先警告大量氫彈試爆將會造成長期惡果。1958 年他撰寫了一本名為《不再有戰爭》（*No More War*）的書，同年向聯合國祕書長哈馬舍爾德遞交了 1 萬名科學家簽名的停止核武器實驗請願書。1961 年他還參加了奧斯陸科學家討論裁減軍備的會議，為全世界人們謀求福祉。1962 年，因為在促進全面禁止核實驗條約簽訂的努力，鮑林獲得諾貝爾和平獎。

　　「一項事業若對社會有益，就應當任其自由地廣泛競爭，競爭愈自由，愈普遍，事業就愈有利於社會。」偉大經濟學家亞當·斯密的這句話依然具有啟發意義。

◆ 愛情可做創新催化劑 —— 多協定路由器的發明

　　1979 年，31 歲的美國 DEC 公司硬體工程師萊昂納德·波薩克（Leonard bosack, 1952–）被史丹佛大學聘用，成為電腦系的電腦中心主管。波薩克很快和商學院的電腦中心主管姍迪·勒納（Sandy Lerner, 1955–）深深地墜入愛河，感情日篤。雖然兩人的工作地點相距 500 公尺，但工作繁重，無法時常見面，可又一分一秒也不想失去聯繫，因此備受煎熬。

　　那時廣義網路的基礎還不具備。兩個人管理的電腦主機各不相同，一臺屬於 IBM，另一臺則是 DEC 公司的，連線在主機上的種種板卡型號等千差萬別。為了時刻保持聯繫，他們設計出了一個小盒子，可以將一個系統命令，模擬成另一系統能解讀的命令，這就是世界上第一臺小型路由器。小小盒子消滅了不相容的魔咒，架起了主機間無數切實可用的橋梁，它們進一步構成了改變世界的網路技術，意義巨大。1984 年，這對小夫妻決定自己創辦公司，公司的商標是由舊金山金門大橋側影作為連線和溝通的象徵，也讓波薩剋夫婦深覺它契合公司創辦的初衷。

　　公司正式營業的第 1 個月，簽下了 20 萬美元的合約，但籠罩在公司頭上的陰影，是發明智慧財產權的風險。因為從法律上講，兩人的發明，無疑屬於職務發明，智慧財產權應屬於大學。

　　作為矽谷的搖籃和對創新的傾心支持，史丹佛大學大度地與公司達成了專利許可協定。波薩剋夫婦成為鉅富後，也給學校大筆的捐贈回報。

　　波薩剋夫婦創辦的思科公司，根據他們兩人創新創業成功的啟示建立了一項制度，即鼓勵公司的工程師進行業餘創新創業，而且投資支持他們的活動，若專案成功，思科享有優先收購權，若失敗了，公司雖損失了一些投資，但省卻了不少人事組織管理的投入。從 1993 年以來，對外公布的思科的收購專案已超過百項，這使公司時刻保持著活力，這是一對傳奇的發明夫婦留給思科公司的一筆獨特的精神財富。

5.2
品德是創新精神的核心

前文中曾提到中國育人的理念早在《大學》一書開篇就已指明,「大學之道,在明明德,在親民,在止於至善。」所以,教育培養的首先是學會做「人」。

21 世紀面臨著一個高速變化中的世界,其社會生產方式、生活模式、思維方式和價值、道德觀念都產生著重大而深刻的演變,但對培養人才高尚的品德的要求始終不變。

許多科學偉人對品德培養也有精闢的論述。愛因斯坦在瑪里·居禮的追悼會上講:「第一流人物對時代和歷史程序的意義,其道德素養方面,也許比單純的才智成就方面更偉大。」他在 1936 年紐約州立大學講演中進一步論述道:「學校的目標應當是培養有獨立行為和獨立思考的個人,但他們要把社會服務看成是自己人生的最高目的。」

如果一個所謂的「科學家」只是為了個人揚名的目的,為追求顛覆性原始「創新」去做危害社會的事,將是十分可悲的、喪失起碼品德的行為。

2018 年,被世界共同指責的「生殖細胞基因編輯」事件就是一個典型的例子。

人類有兩類細胞,即體細胞和生殖細胞,即除了精子和卵子之外,其他都是體細胞。當前利用基因編輯技術治療疾病針對的都是體細胞。體細胞基因編輯雖也存在倫理問題和爭議,但在將基因編輯技術應用於生殖細胞時會有更大的風險。從目前看,禁止基因編輯技術應用於生殖細胞是全球科學界的共識,也是各國政府因為會出現倫理風險而禁止的。

技術上的主要原因是基因編輯技術不成熟，靶向效率低，而脫靶突變率高，倫理風險難於猜想。不僅對受試者自身具有高風險，而且也將使其後代患上不可逆的醫源性疾病。基因治療的先驅弗瑞德曼和安德森指出，只有滿足下列三個條件才可考慮進行人類生殖細胞基因編輯實驗：

1. 當體細胞基因治療的安全有效性得到充分臨床驗證；
2. 建立了安全可靠的動物模型；
3. 大眾廣泛的認可。

顯然，目前這些條件都未被滿足。

黑格爾在《法哲學原理》（*Grundlinien Der Philosophie Des Rechts*）前言中有句名言：「密納瓦的貓頭鷹只是黃昏時才起飛。」黑格爾是用古羅馬神話中智慧女神密納瓦（Mineva）的貓頭鷹來比喻哲學，黃昏起飛的意喻說明，哲學也是一種事後進行理性反思的學問。

在《論語・微子》中記有，「楚狂接輿歌而過孔子日：『鳳兮鳳兮，何德之衰？往者不可諫，來者猶可追。』」說明品德修養重要的一環是接受失敗的教訓。

瘋狂的「創新者」可能是沒有良心底線的，甚至可以提出人獸雜交等喪失倫理的衝動研究，目的是對名利的瘋狂追求，所以事後懲戒與事前教育同等重要。

◆ 品德高低 —— 影響科學成就大小的正回饋

1. 誠實敦厚的物理學家約翰・巴丁

約翰・巴丁（John Bardeen, 1908–1991）的故事告訴我們，在創造的路途上，雖然曲折不可避免，品德卻可以助人成功。

20 世紀初美國處於經濟大蕭條，年輕的巴丁成長在這樣的環境下，受教育家杜威倡導的「以培養學生創造性的思維作為主要目的」的教育思想的影響，以電工學作為自己最初的奮鬥方向，但到 AT&T（美國電話電報公司）求職失敗後，只好受僱於海灣石油公司，從事地質勘探四年。因為他對物理學有著濃厚興趣，所以他放棄了優厚薪資和已熟悉的工作，自費到普林斯頓大學讀物理博士學位。1938 年巴丁獲明尼蘇達大學助教職務，致力於超導理論研究，但未成功，申請去英國劍橋大學進修也未獲批准。

巴丁獲得的轉機是在貝爾實驗室，他在那裡認識了實驗物理學家華特．布拉頓（1902–1987），兩人情投意合，但研究組組長威廉．蕭克利（1910–1989）聰明、傲慢，不能容忍他人超過自己。

1947 年 11 月，一次偶然事故導致儀器進水，巴丁在清洗過程中偶然發現，如果儀器浸泡在電解液中，會觀察到更強的光電效應。進而他嘗試了各種材料和結構。多次實驗後，雙極電晶體裝置誕生了。由於受到蕭克利的排擠，他無緣參與電晶體後續開發工作，巴丁只好在 1951 年 4 月接受了伊利諾伊大學的聘請，開始了超導理論的研究。

巴丁做人尊重自己，也尊重別人，不做違反道德和誠信之事。雖然幾經挫折，但不屈不撓，結果反而使他獲得兩次諾貝爾獎。1956 年，巴丁、布拉頓和蕭克利因電晶體研究獲諾貝爾物理獎。1972 年因超導現象，再度獲諾貝爾物理獎。至此巴丁成就了自己，也成就了他人，凡是與他合作過的人都獲得了諾貝爾獎。雖然看起來巴丁是屢戰屢敗，但屢敗屢戰，堅韌使他大獲成功。

2. 心胸狹窄的科學家敗類菲利普‧萊納德

科技界也有極少數有著輝煌科學經歷、作出過重要貢獻、獲得過諾貝爾獎的科學家，由於品行缺欠，後半生劣跡斑斑的例子。

菲利普‧萊納德（Philipp von Lenard, 1862–1947），是德國實驗物理學家。1891 年萊納德作為赫茲（1857–1894）助手在波恩工作。1892 年赫茲向萊納德展示了一個新發現，即在放電管中，陰極射線可以穿透鋁箔而使鈾玻璃發光。在赫茲的指點下，1893 年萊納德用 2.65 微米的薄鋁箔製成稱之為「萊納德窗」的儀器。利用這一發明，不但可以使真空放電管保持高真空，還能使該放電管的陰極射線透出「窗」外，這為陰極射線本質研究提供了極大方便。

基於這一發明，萊納德率先對陰極射線進行了系統研究，萊納德窗射出的射線同樣可激發螢光物質並在磁場中偏轉，還可使照相底片感光，而且射線在氣體內散射正比於氣體密度……

但是萊納德對陰極射線管附近沒有用 X 光感光照相等方法進行跟蹤研究，錯過了發現 X 射線。後來當倫琴發現並廣泛利用了 X 射線，並由此獲得 1901 年第一個諾貝爾物理學獎後，萊納德十分反感，終生耿耿於懷。即使在他因陰極射線研究獲得了 1905 年諾貝爾物理學獎後，仍然敵視倫琴，拒絕使用科技界標準術語的「倫琴射線」一詞，僅稱為「高頻輻射」。

受當時流行說法的影響，萊納德也認為陰極射線是「以太波」，而不是一種粒子流，所以痛失了發現電子的良機。

1902 年萊納德發現了光電效應的重要性質，即只要向金屬表面發射某些頻率的入射光便可以獲得電子，由此得出，決定獲得的光電子的動能是入射光的頻率，與光的強度無關。

1905 年 3 月，愛因斯坦以萊納德的實驗結果為依據，引入普朗克的量子假說，對經典電磁理論無法理解的光電效應作出了完美的解釋。當 1921 年愛因斯坦因此獲諾貝爾物理學獎時，萊納德又遷怒愛因斯坦，並對相對論大加撻伐，繼而擴充套件到仇視猶太人，最後投入納粹懷抱，成為納粹在物理學界的代理人。1933 年他被授予日耳曼帝國鷹徽勳章，任第三帝國研究協會執行委員會主席。1936 年，在希姆萊推行的「大清洗運動」中，萊納德參與了清洗和鎮壓猶太人、政權反對者和非猶太德國異己的行動。他公開發表演說和著文，鼓吹「雅利安物理學運動」，把相對論和量子力學歸併為「猶太物理學」。為配合納粹的「大清洗」，萊納德與斯塔克羅列出一份具有「愛因斯坦精神」的人名單，把他們定為「帝國的敵人」，使這些人因這一指控遭到清洗。

從萊納德的研究工作出發，的確能「連結」到幾項重大發現，但在科學研究工作中，出現後浪推前浪的事件是十分正常的。但是萊納德不思自己的失誤，盲目抬高自己，貶低別人，且極端自私，傲世貪功，表現出道德和政治上的沉淪，最終成為向納粹出賣靈魂的科學界敗類。

3. 被萊納德終生如芒刺背的威廉‧倫琴

德國物理學家威廉‧倫琴（William Rontgen, 1845–1923），出生於商人家庭，因為在中學時和同學做的一個惡作劇被揭穿，他獨自承擔了責任而被開除。他被迫去瑞士求學，也因此發奮苦讀，1869 年獲蘇黎世大學哲學博士學位，然後到符茲堡大學物理學院任教授。

1885 年英國物理學家威廉‧克魯克斯（William Crookes）首先發現了氣體放電現象，使得對「陰極射線管」的研究成了時髦的課題。1896 年 12 月的一天，倫琴在暗室中發現，陰極射線管密封在黑紙匣中，即使

相距 1 米多遠，也會使塗有氰化鉑酸鋇的螢光幕上發出螢光。當他把手伸到放電管和螢光幕之間時，在螢光幕上出現了手骨的清晰陰影。他推斷除了不能穿透黑紙匣的陰極射線外，放電管還發射了某種射線，使手骨在紙屏上成像，他把這種未知的新射線命名為 X 射線。

這一發現受到解剖學家克利克爾高度評價，並很快被應用於疾病診斷。

1897 年底，符茲堡大學學子們為慶賀倫琴的偉大發現，特地組織了一次火炬遊行。威廉一世皇帝詔令倫琴去做御前演講，並與他共進晚餐。當他獲諾貝爾獎後，他將全部獎金捐獻給學校作為科學研究基金。倫琴不僅拒絕了授予他的一項貴族頭銜，還斷然拒絕申請專利，以有利於 X 光醫療診斷的普及。

由此可見，萊納德與倫琴都是因類似研究獲諾貝爾物理學獎的學者，一個淪為敗類，為人所不齒，另一個卻至今受到人們的崇敬和愛戴。

X 射線研究大門的開啟，也讓後繼者取得了優異的成績。

1914 年馬克斯・勞厄（Max von Laue）因發現 X 射線穿過晶體時的衍射影像獲諾貝爾物理學獎。

這是由於晶體中規則排列的原子間距約為幾十到幾百皮米（pm），它與 X 射線波長是相同數量級。由於晶體內不同原子對射入的 X 射線產生相互干涉，並在特定方向上產生強 X 射線衍射，這一衍射面譜與晶體結構相關，於是就可以對晶體試樣的物質結構進行定性和定量分析。

1915 年威廉・亨利・布拉格（William Henry Bragg）和威廉・勞倫斯・布拉格（William Lawrence Bragg）父子，因發現 X 射線可用作分析晶體結構獲諾貝爾物理學獎。

1917 年查爾斯‧巴克拉（Charles Barkla）因發現 X 射線的「二次輻射」可用於元素標識而獲諾貝爾物理學獎。

1950 年代富蘭克林，用 X 光衍射給出 DNA 晶體 X 衍射照片，導致 DNA 結構的發現。後來，用 X 射線衍射技術看清楚了愛滋病病毒裡蛋白水解酶的空間三維結構，還導致把愛滋病死亡率降低 80% 的藥物「利托那韋（Ritonavir）」的研製成功。

直到 2020 年，X 射線衍射技術還在用於對病毒結構研究，包括找尋非典肺炎疫情的應對方案等。

這一連串的成果更可顯示出 X 射線研究先驅者的重要作用。

◆ 人性的弱點 —— 從多角度觀察偉大科學家牛頓

艾薩克‧牛頓（Issac Newton）出生於 1643 年的聖誕節，從小體弱多病，父親在他出生前三個月就過世了，他是在母親照料下長大的。

1661 年他進入劍橋三一學院，後來他在那裡學習、工作了 35 個年頭。他勤奮好學，理解能力和觀察能力超群。

1665 年，由於倫敦和劍橋瘟疫流行，牛頓返回老家林肯郡。他在日光下把玩著三稜鏡，敏銳地發現了光的許多特性，如日光可以被分解為紅、橙、黃、綠、青、藍、紫七色。1668 年，在他 26 歲時製造出一架反射式望遠鏡，避免了傳統折射式望遠鏡的色差問題。他於 1706 年出版了《光學》（*Optica*）一書，使光學成為物理學中的重要組成部分。

關於牛頓力學的故事，常常是從一個蘋果落地開始的。儘管在有關可考的史料中都沒有記載這件事，但觀察重物落地，對於其力學啟蒙思考是完全可以理解的。深入的研究使他於 1687 年出版了《自然哲學的數學原理》（*Philosophiae Naturalis Principia Mathematica*），系統地闡述了

經典力學的框架，從哲學上超越了古希臘亞里斯多德的、把天上星球和地面的運動形式嚴格區分開來的思想。自牛頓開始，從物理學的角度來看，天空上和地球上的運動形式就統一了，而且要遵循著同樣的法則，重力的影響能到達每個地方，我們藉此可以理解整個宇宙。牛頓經典力學後來統治物理思維 200 多年，他開啟了一個科學新紀元，直至愛因斯坦相對論的出現。

據記載，牛頓曾非常謙虛地表示，他就像一個站在海灘撿石子與貝殼的小男孩，面前是未知的真理的大海。1727 年牛頓以 85 歲高齡逝世，英國人將他隆重地葬在西敏寺，猶如一位深受愛戴的國王被入殮。

根據許多書籍文獻中記載，牛頓竟在找尋重力根源過程中成為一位鍊金術士，留下了更多的有關鍊金術的文字，這也反映出他對財富的追逐。那個時代的人們認為，不僅植物和動物有生長發育的過程，金屬也具有這種能力，可以最終被冶煉成黃金。

1936 年，經濟學家凱因斯從牛頓後人手中買到了那時的手稿，他吃驚地發現，牛頓不僅是個理性時代的先師，也更像是「最後的魔法師」，醉心於鍊金術等巫術，幸好他隱藏得很深。為了改善牛頓的形象，一種策略就是加大對蘋果故事的宣傳，為此在劍橋大學三一學院移栽了一棵「牛頓蘋果樹」。

牛頓在 20 多歲時就表現出數學分析的天賦。他很早就將他的「流數運演算法」（即微積分演算法）介紹給了大家。據數學史記載，牛頓於 1665 年 5 月寫出了關於微積分的第一份手稿。牛頓從運動學瞬時速度中引出微積分概念，使它更容易理解。

而萊布尼茲關於微積分的文獻發表於 1675 年直至 1686 年間，他是從幾何學出發引入微積分概念，得出運演算法則的比牛頓的方法更規範

和嚴密,並首先創造了積分符號。應該說,兩人是並駕齊驅地從兩條不同路線上創立了微積分的。其實這些早期理論是有缺陷的,經過後來極限理論等的提出,它才有了堅實的基礎,所以,微積分曲曲折折的發展歷程整整用了 150 年。

牛頓與萊布尼茲爭奪新計算方式的微積分發明優先權時,表現得十分醜陋。牛頓不斷指控萊布尼茲剽竊他的作品,並且大多數為牛頓辯護的文章都出自牛頓本人之手、卻用親朋好友的名義發表。當爭執日趨激烈時,萊布尼茲犯了一個錯誤,他向皇家學會起訴,試圖用這個辦法來解決這一爭端。牛頓作為該學會的主席,指定了一個清一色由牛頓朋友組成的、「公正的」委員會來審查此案,正式譴責萊布尼茲剽竊。萊布尼茲死後,牛頓還在雜誌上撰寫文章,表達他為此的洋洋得意。

牛頓晚年追逐權勢,不僅活躍在議會中,而且在宗教教派中積極從事反天主教運動,作為酬勞,他最終得到了皇家造幣廠廠長的肥缺。顯然這一任命與傑出物理學家並不相稱,可見不擇手段地追逐名利,是許多人的弱點。

孔子說:「君子好財,取之有道。」孔子向曾子解釋為什麼收取學生束脩(十條臘肉作為學費),曰:「吾豈匏瓜也哉,焉能繫而不食」(我也不是葫蘆,可以掛在牆上不吃不喝呀?),說得風趣而直白,可見君子和小人有不同的財富觀。作為一個科學家,牛頓獲得了巨大的成功,但作為一個人,缺乏應有的、正直的人品,這令許多人厭惡,也為許多科學史家所詬病。

◆ 沉默淡定 —— 靈魂最純潔的保羅·狄拉克

保羅·狄拉克(Paul Dirac, 1902–1984),因量子理論的貢獻,被授予 1933 年諾貝爾物理學獎。但他並不為此高興,反而苦惱,他對好友

拉塞福說，想拒絕這一榮譽。原因是他討厭名聲，不喜歡媒體的大肆宣傳。拉塞福因為對他十分了解，毫不感到意外，只好誠懇地對狄拉克說，如果你這樣做，你會更出名，人家更要來麻煩你了。

狄拉克以直接和坦率聞名，是就是，非就非，沒有任何彎彎繞。一次狄拉克到美國威斯康辛大學講課，一位聽眾說道，黑板右上方的那個方程式我不懂，幾分鐘過去了，會場鴉雀無聲，一片尷尬的沉默籠罩著教室。當主持人請狄拉克回答這個問題時，狄拉克愣了一下，說道：剛才那個並不是問題，只是一句評論。

狄拉克沉默寡言，不管是政治事務還是與異性交往，他全不感興趣。因為科學，早已吸引了他的全部注意力。也許這樣的性格會有助於狄拉克成為一名偉大的科學家。

1928 年，26 歲的狄拉克提出了一個符合相對論的電子方程式 ——狄拉克方程式。根據這一方程式，可以成功推匯出所有已知的、關於電子的屬性，這是理論上的重大進展。因為在此之前，電子的這些性質，全部是分析實驗結果總結出來的，並沒有給出理論解釋。

以這一方程式為核心，狄拉克闖入了量子力學領域。方程式囊括了波耳原子理論的精髓，即當電子從一個能級向另一個能級躍遷時，釋放出的光量子的能量是兩個能級之差。可它卻奇妙地脫離了波耳的「軌道」概念，納入了愛因斯坦的相對論，它同時在新的量子理論與牛頓理論之間架起了一座「橋梁」。並將兩個量子理論，即海森堡的矩陣力學與薛丁格的波動力學統一起來。

狄拉克方程式在德國哥廷根引起不小的波瀾，海森堡斷定這篇論文應出自劍橋數學界領銜人物之手，而海森堡的老師玻恩更驚訝地說：「狄拉克這個名字我怎麼從來沒聽說過，」他的「這種方法如此完美，是值

得無比讚譽的。」

　　但是這一優美的方程式卻隱含著一個致命的疑點，它包含了所有具有負能量的量子態的解，這一點是違背當時物理學基本認知的，但也可能潛藏著一個偉大創新的突破點。此時，狄拉克再一次顯示出驚人的天賦，他據此提出一個極大膽的猜想，即在真空中存在具有負能量的量子態，即吸收了能量之後，跳躍出真空，形成帶有正能量和正電量的反電子。這是人類第一次預測反物質的存在，但當時幾乎沒有人願意相信。

　　1932 年 8 月 2 日，美國物理學家卡爾‧安德森（Carl Anderson），在拍攝宇宙射線影像時，首先發現了正電子，證明狄拉克猜想的正確，整個科技界為之轟動。到了 1950 年代，當陸續發現了反中子、反質子之後，人們才明確地意識到，任何基本粒子，都在自然界中有相應的反粒子存在，當正反物質相遇時，雙方會相互湮滅，並產生巨大能量，大霹靂的認識就基於此產生。狄拉克在物理學界，投出這樣一個巨大炸彈，引起洶湧的波瀾，但這與他無關，狄拉克的世界始終平靜如初。

　　狄拉克不管對於任何人或事，他只憑本能與直覺去領會，絲毫不懂得如何加以修飾或婉轉表達。有一次他對喜歡文學和詩歌的羅伯特‧奧本海默（曼哈頓計畫的主要領導者）發問：「聽說你在寫詩，我不明白一個工作在物理學前沿的人，怎麼能夠同時又去寫詩？這兩者是不相容的學科，把以前沒有人了解的事情，用大家能明白的話說清楚是科學，詩卻是將大家都已經知道的東西，以無人能夠理解的方式表示出來。」可見他思維方式的獨特。

　　波耳曾發出感嘆，在所有的物理學家中，狄拉克擁有最純潔的靈魂。事實上，20 世紀量子力學界的著名物理學家中，幾乎人人都有令人驚嘆的才藝，拉小提琴的愛因斯坦、足球國手波耳、彈鋼琴的海森

堡、擅長詩歌創作的薛丁格，而對於狄拉克而言，沉默淡定是他唯一的標籤。

狄拉克，一個 26 歲的年輕學者勇於挑戰世界頂級難題，並作出成績，這對後來人很有示範意義。他作為理論物理學家，崇尚抽象思維，這是他獨特的科學素養表現。他認為，一個物理學定律，必須具有數學美，而數學的最高境界是結構美，是簡潔的邏輯美。正是他提出的狄拉克方程式，引導發現了正電子。狄拉克的作風顯得有些刻板和冷靜，可能也正是因為此，他才心無旁鶩，也支撐了他的學術成就。

◆ 理性判斷 ── DDT 冤案

瑞士化學家保羅・穆勒（Paul Müller），由於發現 DDT（雙對氯苯基三氯乙烷）殺蟲劑而獲得 1948 年諾貝爾生理學或醫學獎。DDT 因其高效殺死蚊、蠅等有害昆蟲，且對人畜無害而受到重視。第二次世界大戰中，盟軍解放了義大利的那不勒斯，由於納粹破壞了供排水系統，使傷寒病大流行。美國運來了 60 噸 DDT 噴灑，一舉消滅了蝨子，控制了流行病。相比 1812 年拿破崙 50 萬大軍因傷寒暴發而兵敗莫斯科，以及「一戰」中俄國有 300 萬人命喪傷寒，DDT 在戰勝大規模瘟疫上確實立下了不朽功勳。

此後 DDT 被廣泛使用，溫斯頓・邱吉爾（Winston Churchill）在 1944 年 9 月 28 日廣播演講中說：「傑出的 DDT 粉經過充分檢驗，確認有神奇效果。」DDT 能改變昆蟲神經細胞的鈉離子通道，從而使其無法正常傳遞訊號導致機體死亡。由此，DDT 和原子彈、雷達、青黴素並稱為第二次世界大戰期間的四大創新成果。

DDT 功能強大，製造簡易，價格低廉，廣譜殺蟲持久，人畜無害，

儲運方便，在戰後達到輝煌巔峰，為世界各國大規模使用。美國農民使用其殺滅了 300 多種農作物害蟲。因為頻繁動用飛機對廣泛田野森林噴灑，1959 年美國的使用量達到了 3.6 萬噸。

但另一方面，經研究發現，幾十年來地球上幾十億人暴露在大劑量的 DDT 中，尚無一例中毒記錄，在有限的使用範圍內，DDT 毒副作用比咖啡還小，志願者口服 DDT 兩年安然無恙。

由於 20 年來瘧疾猖獗，而 DDT 對預防瘧疾有獨特效用。因為禁止 DDT 反而導致每年有 100 多萬人死於瘧疾。《侏儸紀公園》（*Jurassic World*）作者麥可·克萊頓（Michael Crichton）說：「禁止 DDT 也許是 20 世紀最大悲劇。」1999 年 3 月 29 日，包括 3 位諾貝爾獎得主的 371 位著名瘧疾專家就曾呼籲請 DDT 重新擔當抗瘧大任。直至 2006 年 9 月，世界衛生組織才改變了對 DDT 的態度，宣稱室內噴灑 DDT 滅蚊和驅蚊，是防範瘧疾的主要手段。

◆ 淡泊名利 —— 零美元的專利轉讓費

對眾多學術大師的成功歷程進行總結發現，創新的永恆動力應是好奇心、上進心、平常心與淡泊名利。大哲學家叔本華認為：「金錢是人類抽象的幸福，所以一心撲在錢眼裡的人不可能會有具體的幸福。」

科學應當是純潔的。人們一提到高尚的科學家，自然就會想到一個幾乎純潔無瑕的象徵 —— 瑪里·居禮。瑪里·居禮發現了元素鐳，而鐳的放射性要比鈾強 60 倍，將在癌症治療及工業領域中有許多用途。而當有人建議她立即申請專利，以便得到豐厚的回報時，雖然當時瑪里·居禮的經濟條件並不富裕，但她仍一口拒絕。

我們都知道專利是對智慧財產權的一種保護措施，也是對創造發明

的一種肯定，專利的巨大意義無可置疑。但為了更快地推廣某一種專利，特別是為了拯救生命而捨棄專利則是一種高尚的美德。

1955 年，喬納斯・沙克研製出小兒麻痺症疫苗後，有人問他：「誰將擁有這個疫苗的專利呢？」他回答說：「這個，我只好說，人民擁有專利。」還補充說，「根本沒有申請專利，你能申請一個太陽的專利嗎？」他的意思是，普惠眾生的太陽不需要專利保護，那麼應該普惠眾生的疫苗，為什麼要申請專利呢？

這類能投射出理想光輝的人物，在當代算是鳳毛麟角。

美國學者丹尼爾・格林伯格的著作中指出，大學是基礎科學知識和大量技術知識的主要生產者，大學所僱用的專家則是科學認識的生產者、闡釋者和監護人。如果一個法官與原告或被告有關係，為了避免利益衝突，法官對此案就要迴避。同樣，與商界有密切關係的科學家還有資格做政府的科學事務顧問、學術期刊審稿人或面對大眾的科普工作者嗎？盛行的商業價值觀是否會汙染了學術研究，使之偏離了追求社會效益的目標？有些科學工作者由於拿到過菸草公司大量資助，就說：「吸菸有害健康的說法，缺乏充足的證據，」這樣的資助難道不損害科學的靈魂、不損害大眾利益嗎？

無論如何，科學家淡泊名利的品德是值得弘揚的。

◆ 童心與叛逆 ── 科學大師也有另類

數學物理學家弗里曼・戴森（Freeman Dyson, 1923–2020）出生於英國，第二次世界大戰後到美國開展物理學研究工作。他成績斐然，證明了施溫格／朝永振一郎的變分法方法與費曼的路徑積分法相互等價，為量子電動力學的建立作出了奠基性的貢獻，成為量子電動力學第一代巨

擎。不少人認為戴森在量子電動力學的理論工作，完全有獲諾貝爾獎的資格。

　　在介紹普林斯頓高等研究院科學大師的著作中，也曾有一段對戴森的評價 —— 戴森一直是個備受爭議的人物，也許還有點名聲不好。在專業研究上，他不像院內其他人那樣從一而終，總是時而研究這個，時而研究那個，什麼方向都淺嚐輒止，好像世上使他感到新鮮有趣的事情太多，所以童心未泯，不能投入全部心力只做一件事，他既是粒子物理學家，又是天體物理學家，還是理論數學家……又旁通其他學問，造詣頗深。

　　對此，戴森自己開脫說：「我頭腦沒有年輕人快，跟他們一起湊這個熱鬧（指他一度關注的超弦研究）不太明智，所以我改選一點不太時髦的工作，比方說研究生命的起源。」

　　戴森喜歡拿科幻小說來說事講理，作案例分析。他認為科幻小說比科學本身能讓人明白易懂，且「可以顯示有人情味的輸出」。這通常要「比任何統計分析都高明」。

　　作為一位深具遠見卓識與人文情懷的智者，戴森常拋開職業偏狹與門戶之見，探討戰爭與和平、自由與責任、希望與絕望等事關人類前途和命運的倫理問題。他認為沒有倫理的進步，科學注定要把巨大的困惑和災難帶給人類。他還常常討論科學與宗教問題。

　　當然，我們不能以戴森沒有諾貝爾獎的光環籠罩而失去對他成就的崇敬，至於他那超脫、浪漫、叛逆、瀟灑，遠離世俗的名利觀，以及被有些人看做近似瘋狂的另類作風能教給我們什麼，只能是仁者見仁、智者見智了。

◆ 競爭的限度 —— 大師們的暴怒互毆顯失態

在 20 世紀初葉，糖尿病是不治之症。雖然醫學界已經知道胰島素有治療作用，但因胰腺的「外分泌物」胰液會破壞胰島的「內分泌物」胰島激素，所以醫生無法有效獲得胰島素。

1920 年 10 月，加拿大北安大略醫學院青年教師弗雷德里克・班廷（Frederic Bantin, 1891–1941），在閱讀一篇關於胰臟結石對胰島和糖尿病關係的參考的最新文章時，突然觸發了他的靈感。班廷想到如果透過結紮動物胰腺管，使其萎縮失去功能，就可以避免胰蛋白酶對胰島內分泌物的「消化」，從而可成功採集胰島素。

在該醫學院系主任的推薦下，班廷找到多倫多大學生物學系權威教授約翰・麥克勞德（John Macleod, 1871–1935），該教授同意在自己度假期間將實驗室借給班廷使用，並留下兩個學生和 10 條狗協助。這樣班廷和助手貝斯特（Charles Best, 1899–1978）歷經艱辛和挫折，從已經結紮的狗身上壞死的胰腺中提取了胰島活性物，注射到切除胰臟、患有糖尿病的狗體內，結果症狀明顯改善。1922 年，多倫多 14 歲的糖尿病患者首次成功接受胰島素注射治療，從此胰島素拯救了千萬人的生命。

1923 年因胰島素的發現，班廷和麥克勞德獲諾貝爾生理學或醫學獎。這使班廷勃然大怒，聲稱拒絕領獎，因為他既不願意和「竊名盜譽」的麥克勞德分享，也不願讓「並肩戰鬥」的貝斯特被遺漏。實驗室贊助人古德漢姆極力勸慰，痛說加拿大的第一個諾貝爾獎的不易，班廷才勉強答應並接受。但不依不饒地揭露麥克勞德僅靠出借實驗室獲得諾貝爾獎。班廷還把自己獎金的一半分給貝斯特。麥克勞德也不甘示弱，詳盡列出在每個重要時刻，透過信函對班廷的指導和度假歸來的全力投入，並把自己獎金的一半分給參加提純胰島素的生物化學家考利普。在衝突

白熱化的時候，班廷甚至在實驗室揮拳將考利普打昏在地，這些「大師們」的惡鬥嚴重地損害了他們自己的聲譽。

胰島素的發現是臨床醫學上的一個勝利，但很長時間以來，這些爭奪名利的人都對胰島素的化學結構和它的醫療機制一無所知。直到 19 年代，弗雷德里克‧桑格（Frederick Sanger, 1918–2013）因分析蛋白質獲得 1958 年諾貝爾化學獎，胰島素才展示了其確切的成分。

◆ **性別偏見，學術界的恥辱 —— 梅特納的故事**

諾貝爾獎的評獎一直歧視女性科學家，這個現象直到 20 世紀仍然屢見不鮮。德國女數學家埃米‧諾特（Emmy Noether, 1882–1935）證明了著名的諾特定理，即「對稱性相當於守恆律」，她將數學定理與物理定律連繫了起來，因此這是一項開創性的成就。儘管如此，諾特所在的哥廷根大學卻不准她開課。被譽為「20 世紀初最重要的數學家」希爾伯特（1862–1943）聞之拍案而起說：「大學又不是澡堂子，為什麼男女有別？！」最後還是以希爾伯特的名義開課，由諾特代課，此事才得以透過。

另一位被粗暴對待的是猶太裔女科學家麗茲‧梅特納（Lise Meitner, 1878–1968）。她於 1906 年完成關於同質物體內的導熱論文時，年僅 28 歲。當時更高等級的學府還未曾接受過女性入職，但由於普朗克發現梅特納擁有出眾的天賦，便接納她成為自己的助理，使她有機會進入物理學界。當時，奧托‧哈恩（Otto Hahn, 1879–1968）剛從美國返回德國，並準備開闢一個科學新領域的研究，稱之為「放射化學」。這項研究是從化學角度，更正確地表達放射性物質的特性。這種跨學科的研究，要求他必須以化學家的身分，尋找一位能勝任此研究的物理學家，由此促成

了梅特納與哈恩的合作。1908 年，他們共同發表了對放射性元素「錒」（原子序數 89）的研究成果。

1911 年德國成立威廉皇帝協會，在達勒姆建立了威廉皇帝化學研究所。1913 年梅特納和哈恩這對工作搭檔搬到了這裡，並於 1917 年接管一個屬於梅特納主導的部門 ——「物理 - 放射性」部門。這時兩人的合作很順利，興致來了還會一起唱起布拉姆斯的二重唱。梅特納回憶：「在這段短暫的時間裡，我們是年輕、愉快、無憂無慮的。」

兩人在 1917 年發現了放射性「鏷」元素（原子序數 91），並闡明「錒」是由「鏷」經 β 射線衰變而成的。1938 年，由於德國納粹分子的迫害，梅特納逃往瑞典。但她與哈恩仍保持密切的聯繫，繼續參與中子照射鈾的研究工作。1938 年 11 月，梅特納與哈恩在哥本哈根會面，反覆討論了實驗細節。1938 年 12 月 19 日，哈恩在實驗中發現，用中子轟擊鈾時，沒有產生預期中的超鈾元素，而得到原子序數為 56 的鋇原子時，感到大惑不解、迷失了方向，便急忙寫信給梅特納尋求答案。

這資訊傳到身在瑞典的梅特納耳邊時，她立刻在頭腦中產生了以下影像 —— 具有高電量的鈾原子核，由於被捕獲的中子打碎，核內產生劇烈運動而被拉長、形成「細腰身」的啞鈴形狀，並分裂成大約同樣大小、重量較輕的兩個核而反向分離。同時她也藉由這一概念，估算在此過程中釋放的能量大小。這一解釋在 1939 年初由哈恩在華盛頓大學召開的理論物理年會上發表。

1945 年底，在斯德哥爾摩舉辦的 1944 年諾貝爾化學獎頒獎典禮上，哈恩因發現核裂變而獨自得獎，物理學家梅特納則空手而歸。熟知內情的人都了解梅特納才是真正的精神領袖。梅特納常掛在嘴邊的是對哈恩的勸告：「小恩，讓我做這個吧！你對物理根本一無所知，」而哈恩從不曾反駁。

　　不過，梅特納這時仍然能保持平靜地說：「我愛物理，我很難想像我的生活中沒有物理會怎樣，這是一種非常親密的愛，就好像愛一個對我幫助很多的人一樣。我往往自責，但作為一個物理學家，我沒有愧對良心的地方。」不過，不知道這時，她是否還記得起她在對趙忠堯實驗結果判斷失誤時所造成的不利影響。

　　國際純化學和應用化學聯合會並沒有忽視梅特納的貢獻，把 109 號元素命名為「Meitnerium（䥑）」來紀念她，並授予她 1966 年費米獎。

　　直至 1950 年代倫敦國王學院還禁止女性進入為教職員而設的咖啡館，而眾所周知，英國咖啡館是學術交流的重要場所，所以女性科學家是一直在隱忍和抗爭中成長的。

◆ 追問良心 —— 窺探哥白尼的內心世界

　　哥白尼（Niklas Koppernigk，1473–1543），18 歲時入克拉科夫（Krakow，波蘭舊都）大學求學，接觸到了托勒密（約西元 90–168）的著作。

　　書中描述的宇宙模型中，地球靜止於宇宙中心，其他天體則環繞著地球旋轉。這個模型符合美學原理，也能解釋人類眼睛觀察到的天文現象，並能滿足教會當權人士的要求。所以數百年來一直沒有受到質疑。而且托勒密在書中更重要的成績是，使模型能解釋當時已知的 7 個「執行星」的執行軌跡，即太陽、月亮、金星、水星、土星、木星、火星的執行軌跡。這一解釋滿足了前輩天文學家的觀察記錄，為此托勒密只能以亞里斯多德的哲學為基礎思考這一難題，提出了所謂「本輪 - 均輪」宇宙體系猜想。根據他的猜想，這些「執行星」本身並不是以地球為中心旋轉，而是分別以一個假想點為圓心，環繞著它做正圓運動。「執行星」走的圓稱之為「周轉圓」，也稱為「本輪」，而「周轉圓」的圓心再以正

圓軌跡環繞著地球執行，後來又修正為「偏心圓」。這第二個正圓軌道即稱之為「均輪」。整個「本輪 - 均輪」宇宙體系猜想相當複雜，在人類從矇昧走向理性的過程中，也許是必然的過渡。

在哥白尼遊學結束那年，人們根據托勒密猜想預測的星球交會現象發生了重大錯誤。一些人把這歸結為觀測技術不完備，因當時還沒有望遠鏡，而人類肉眼觀察所能達到的精度，最多只能到 20 弧分。

哥白尼開始對托勒密體系中的「均輪」模型感到不滿，但他根本沒想創造一個新天文學。隨著研究的不斷深入，他吸收了許多人的思想，並全面總結、彙集到他的鉅著《天體運行論》（*De Revolutionibus Orbium Coelestium*）中。

書中提出 7 條定律，可以簡化地歸納為：

1. 任何天體執行並不是只有一箇中心；
2. 地球不是宇宙中心，它只是月球軌道的中心；
3. 宇宙中心就在近太陽處；
4. 太陽與地球之間的距離，與恆星天的高度相比微不足道；
5. 恆星天的表觀運動，是球上觀察造成的，恆星天相對最外層天空是不動的；
6. 太陽呈現的運動現象不是太陽自身的運動，地球與其他行星一樣，都是沿各自圓形軌道繞太陽旋轉；
7. 行星的逆行或前移，並不是其本身如此，而是因我們從地球觀察造成的。

雖然哥白尼的論述在數學上還有不完美之處，一些細節也不夠深入，然而這是一個驚天的偉大發現。這一顛覆性的論斷，當然會忤逆教會思想，因而不被容忍。況且那時他正在教會任職，可想而知，他內心

的「理性」和宗教信仰以及對教會的感情之間的矛盾撞擊是何等激烈。

　　哥白尼本不想公開自己的著作，直到病入膏肓、生命垂危時，接受了維滕堡大學數學教授雷蒂庫斯的懇求才同意發表。1543 年印刷出版好的書交到哥白尼手中不久，他就去世了。

　　不管當時哥白尼所受到的內心折磨如何劇烈，最終他的良心、理智和科學占了上風。在後世，這種現象仍不斷重複，科學技術不斷地創新、人類文明不斷向前發展的過程中，理論猜想或非科學的假說，不斷地被證實或證偽，而固有的信仰或迷信不斷被沖垮，這也是真正科學家的素養使然吧！

◆ 犧牲精神 —— 氟元素的發現

　　早在 1529 年，德國礦物學家格奧爾格‧阿格里科拉（Georgius Agricola）曾記載過，當時礦工已用螢石（一種含氟的礦石）作為煉鋼時的鑄熔劑。

　　1670 年德國一位玻璃工偶爾將螢石與硫酸接觸，產生了一種氣體，使他所戴的眼鏡上蒙上了一層薄霧，他意識到這種氣體可以腐蝕玻璃。於是他用蠟保護玻璃的某些部分，使其他部分受這種氣體的腐蝕，這樣玻璃表面就形成了花紋圖案。有花紋圖案的玻璃受到了宮廷皇室的賞識，這項利用氟化氫刻蝕玻璃的技術使他賺了不少錢。

　　執著使化學家們前赴後繼地追求知識。1836 年，一對愛爾蘭兄弟企圖用氯與氟化汞反應以製取元素氟未獲成功，卻因中毒而長期被病痛折磨。隨後一名比利時化學家也重複了上述實驗，結果也因氟化氫中毒而獻出了生命。他的學生總結了前人失敗的經驗，認為氟元素十分活潑，用化學方法難以成功。1885 年，他採用當時已有的電解方法做實驗，但乾燥

的氣體氟化氫並不導電，他的實驗也失敗了，卻累積了大量的經驗。

研究工作傳遞到弗萊明的學生亨利・莫桑（Henri Moissan, 1852–1907），他繼續研究這一課題。莫桑自己設計了鉑制 U 形管裝置，在白金電極上接通電流電解「無水氫氟酸」，為了防止生成高溫氣體腐蝕容器，還採用了冷凍劑為實驗裝置降溫，由此生成的一種淡黃的氣體正是他夢寐以求的氟。亨利・莫桑「明知山有虎，偏向虎山行」，為獻身於科學，實驗中曾 4 次中毒。為此他榮獲 1906 年諾貝爾化學獎。因為健康受到了嚴重的損害，獲獎後的第 2 年他就去世了，年僅 54 歲。

氟元素的發現至今已有百餘年，許多含氟的化合物為人類的生活和生產作出了重大的貢獻，如聚四氟乙烯的優異效能是原子能、航天技術不可缺少的材料，冷凍劑氟利昂，含氟的纖維、油漆、抗癌藥劑、鋰離子電池中的六氟磷酸鋰等儲電材料等，它們中的氟元素都造成了重要作用。我們應該對以莫桑為首的氟化學開拓者心懷深深的敬意。

◆ 迷信權威 —— 天文學家集體出錯

英國天文學家勒維耶（Urbain Le Verrier）發現，天王星的運動軌跡依據牛頓力學原理推算有些異常。他猜想可能有另一顆沒有被發現的行星在干擾天王星，並計算出了這顆行星的位置。

接著，天文學家的目光聚焦到了水星身上。水星距離太陽最近，在長達數世紀的觀測中，人們發現水星運動軌跡依牛頓力學的推測，始終存在輕微擾動。為了解釋這種現象，勒維耶依據以往的經驗，再次搬出了牛頓的萬有引力定律進行了計算。他在 1859 年提出假設，即在水星軌道內，尚有一顆距太陽更近的行星未被人們發現。他用羅馬神話中火神的名字，兀兒肯（Vulcan）進行了命名，對應中國對火神的稱謂，中文

譯名為「祝融星」。

　　所有天文學家深信不疑地尋找祝融星，但是忙了半個多世紀，依然徒勞無功。

　　勒維耶堅信祝融星的存在。瑞士伯爾尼天文臺臺長、瑞士兩所大學天文系教授也堅信不疑。太陽黑子研究權威沃爾夫更宣布，他曾記錄過的幾個太陽黑子其實就是祝融星的凌星現象。阿根廷國家天文臺創始人古爾德也堅信自己已經拍攝到了祝融星。

　　由於認為牛頓力學權威不可動搖，又有使用牛頓力學發現了海王星的經驗可循，所有天文學家在長達 50 多年的時間裡，都迫切希望搶占發現祝融星的先機。而因為對太陽近距離觀測有很大困難，大家對祝融星的研究多建立在模型理論的互相巢狀上，容易集體走上思維定勢和路徑依賴的道路，較容易趨向於保守。

　　直至 1915 年 11 月 18 日，愛因斯坦在普魯士科學院的一次講演中，提出了祝融星其實並不存在。根據愛因斯坦的廣義相對論，引力並不是兩個物體之間瞬間產生作用的一個力，它本質上是時空的性質，太陽引力讓它周圍的空間彎曲了。水星離太陽很近，它的執行軌跡出現「異常」恰恰是正常現象，並不存在祝融星的干擾，果然，利用愛因斯坦引力場方程式的史瓦西解，把水星的軌道計算了出來，解釋了水星軌道的「異常」。愛因斯坦的廣義相對論為天文學家開啟了一扇大門，成為研究宇宙許多現象最權威的利器。

　　從另一個角度思考，一旦發現了一個全新的現象，過去的一切經驗和理論都無能為力的時候，可能正孕育著一個破壞性創新的出現。反之，由於學科之間的交叉關係，一個顛覆性新理論出現就很可能改寫多個學科領域的認知。

◆ 撬開蘋果的祕密 —— 賈伯斯傳奇

史蒂夫‧賈伯斯（1955–2011）作為創新、創業的奇才，有著傳奇般的人生軌跡：他以私生子的身世降臨，只上了六個月的大學，又退學去印度苦修，21 歲建立自己的公司，並很快進入富翁行列。然後被自己建立的公司「炒了魷魚」，再從 IT 業進入動畫界，最後重回蘋果公司，創造了無數個令人側目的神話，被稱為「天使與魔鬼」的組合體。

他為我們留下了哪些精神財富呢？

有強烈的使命感。他常說：「要在宇宙裡留下點痕跡。」為了聘請行銷大師、百事可樂公司前總裁約翰‧史考利（John Sculley）加入蘋果公司，他大膽地問對方：「你想一輩子賣糖水，還是改變世界？」是侮辱？是讚美？還是一種人生哲學的挑戰？

1. 不情緒化，有冷酷、清晰的頭腦。當蘋果公司陷入困境時，他善於判斷，收購 NeXT，代表著賈伯斯的高調回歸。
2. 聚焦自己的優勢，就意味著對其餘的誘惑說「不」！他宣稱：「如果蘋果公司要繼續生存下去，就要聚焦我們擅長的事。」
3. 站在消費者的視角，追求極致、唯美、簡約，是一個完美主義者。
4. 菁英主義。「只聘請天才，讓蠢材滾蛋」，他挑剔，幾乎把下屬逼瘋；同時尊重合作者，把產品設計者的簽名分別刻在電腦箱內。因為他們創造的是藝術品，「藝術家總會在自己的傑作上簽名的」。

賈伯斯特立獨行的內心世界與他創新創業的成功有何關係？這的確值得我們去深入探究，建議讀一讀、華特‧艾薩克森（Walter Isaacson）寫的《賈伯斯傳》（*Steve Jobs*）。

◆《新時間簡史》是否有過重大失誤

20 世紀末，英國的宇宙學家霍金（Stephen Hawking, 1942–2018）所撰寫的《新時間簡史》（*A Briefer History of Time*）成了全世界的科普暢銷書。再加上他本人雖患上「肌肉萎縮性側索硬化症」，處於幾乎全身癱瘓狀態，但堅持不懈地繼續從事研究，並被任命為劍橋大學盧卡斯數學教授，而正是在 310 年前，牛頓也曾被任命擔任的同一個教職。這樣傳奇的經歷使他成為世界上家喻戶曉的人物。

當霍金對「黑洞」邊界或稱視界（event horizon）的研究被喝采時，他高興地駕著輪椅在劍橋大學大街上狂奔，興奮之餘，霍金又推翻了關於「黑洞」的傳統觀念，即「黑洞不黑！」他認為黑洞也應有粒子輻射出來。這一論斷受到美國普林斯頓大學研究生雅各布·貝肯斯坦（Jacob Bekenstein, 1947–）的挑戰，即便是當霍金在深入研究後得到了支持對方論斷的結果，他仍很不情願地拋棄自己的偏見。科學史上又一次上演了年輕科學家不被保守傳統所束縛而有重大作為的一幕。所以，成功人士往往並不是完美無缺的，正如霍金曾經的妻子珍妮說過的一句話：「（我）告訴他，他不是上帝。」

霍金的研究領域是宇宙學，這項研究需要異常豐富的想像力和高深的數學水準。可以說，霍金在《新時間簡史》中給我們呈現了一個宇宙數學模型，使我們可以暢遊在這個數學模型描述的宇宙中。而這一模型的證實，還需要學者們長時間的工作，走過很長很遠的距離，這也許就是霍金和諾貝爾獎的距離。

《新時間簡史》的瑕疵還應從 1981 年的一件事講起。當時霍金到莫斯科訪問，安德烈·林德（Andrei Dmitriyevich Linde, 1948–）將自己在宇宙研究中的「宇宙暴脹」理論告訴了霍金，兩個人進行了討論。到莫

斯科訪問結束後，霍金立即飛往美國費城，接受了富蘭克林學院給他頒發的富蘭克林獎章。在會後學術交流時，賓夕法尼亞大學的一位年輕物理學家斯坦哈特（1952–）也曾與霍金討論了關於宇宙膨脹問題的新見解。

1982 年在劍橋的一個講習班上，大家主要討論宇宙膨脹問題。對於「會議紀要」，兩位美國物理學家滕勒和巴洛認為應該把林德與斯坦哈特各自獨立提出的「宇宙暴脹」理論寫進去，而霍金當時不贊成「分享功勞」，反而要把霍金 - 莫斯的論文作為參考數據列入。

滕勒和巴洛對霍金這樣不公正的態度感到很氣憤，尤其是後一建議無疑是他本人想搶奪「宇宙暴脹」理論發現的功勞。

斯坦哈特知道此事後，在 1982 年就將自己的筆記本和信件寄給了霍金，證明 1981 年 10 月在費城聽霍金演講前，已經有了對「宇宙暴脹」理論比較成熟的想法，同時斷言在費城會議中絕沒有聽到霍金提到過林德的新想法。

在收到了斯坦哈特的信後，霍金回信說，他已經完全承認斯坦哈特的研究是獨立於林德的，還友好地表示希望今後合作。

然而，霍金在 1988 年出版的《新時間簡史》中提到此事時，卻寫道：「在費城討論會上，我用大部分時間討論了宇宙膨脹問題，還提到了林德的思想，以及我如何糾正了他的一些錯誤，聽眾中有斯坦哈特……後來斯坦哈特寄給我一篇論文，內容與林德的思想極為相似，他還告訴我，他不記得我曾為他描述過林德的思想……」完全違背了他 1982 年的承諾。

斯坦哈特看到了該書後十分惱怒，這使得他的聲譽受到了損害，導致美國國家科學基金會決定中止撥給他研究經費，使得他不得不為捍衛

自己的名譽戰鬥。恰好他找到了 1981 年一次會議的錄音帶，上面清楚表明在他在當時就提出了「宇宙暴脹」理論的關鍵思想。當這些材料被寄到霍金及該書出版社後，霍金才回信說，下一版將修改那些冒犯了斯坦哈特的文章。但他並沒有對這件嚴重損害他人的事件向斯坦哈特本人道歉，也不願公開承認自己的錯誤。

從種種情況來看，是霍金製造了這一事件，且被猜測是有意而為的。如果能把斯坦哈特排除在外，而他與林德又有過討論，並對林德的思想提出過修正和建議，那他是否可以擠進「宇宙暴脹」理論的發明圈呢？

世界上確有一些著名科學家，如牛頓與萊布尼茲，戴維與法拉第，萊納德與倫琴……他們之間都曾對發明權有過爭執，這不能不說起碼有一方過於「淺薄」了，這也許是由於他們強烈個性帶來的負面效果。對比達爾文、卡文迪許等大科學家在處理同樣問題時所表現的謙遜，後者更應受到尊重。

2020 年 10 月 6 日諾貝爾物理獎被授予英國羅傑 · 彭羅斯（Roger Penrose），因其發現黑洞形成是廣義相對論的一個有力預測。德國萊因哈德 · 根澤爾（Reinhard Genzel）和美國安德烈婭 · 蓋茲（Andrea Ghez）「在銀河系中心發現了一個超大質量的緻密天體」也同獲諾貝爾物理學獎。可見天體物理和宇宙學在處於一個黃金期，這使我們記起霍金對黑洞視界的研究。如果他能活到今天，是否會被諾貝爾評獎委員會選中，而彌補了他終生的遺憾呢？

5.3
創新精神離不開智慧

◆ 應把「雞蛋」放在哪個「籃子」裡

2011 年諾貝爾生理學或醫學獎得主，布魯斯·比尤特勒（Bruce Beutler, 1957–）主張做科學研究「要把所有雞蛋放到一個籃子裡」。雖然他的父親曾一再勸他「不要把所有雞蛋都放在一個籃子裡」。

比尤特勒出生於 1957 年 12 月 29 日，自稱生來具有摩羯座人的性格，超常勤奮、有毅力和抱負，對現實和困境不妥協，始終如一。

18 歲時他畢業於加州大學聖地牙哥分校，因以第一作者在《細胞》（Cell）上發表論文而被芝加哥大學錄取為研究生。比尤特勒一直強調家庭對他科學研究成就影響重大，他出生於科學世家，父親是著名血液學家與遺傳醫學家，長期任職於加州拉霍亞的斯克裡普斯研究所，他遠房表親潘梅拉·羅奈爾德是國際著名植物抗病專家。這樣的家庭環境使他從小對生物學產生了濃厚的興趣。父親對他要求嚴格，但他時而也會對父親的建議提出異議。比尤特勒對脂多醣（LPS）受體的研究在很長一段時間內主宰著他的思想，「而且我一直有種直覺，我們肯定能夠找到它。當然要花費很多時間和精力。其中一個阻礙的因素就是實驗中排序能力（sequencing power）非常有限，因為我們使用的是一個相當過時的平板凝膠順序分析儀來作研究」。因為久攻不下，「我父親建議我不要把所有雞蛋放在一個籃子裡」。「但我要給出相反的建議，應該把所有雞蛋都放在一個籃子裡，連續性地從事某項研究工作。如果你失敗了，或者是因為別人比你搶先一步，或者可能是你採用的方法不對，那麼你就再開始

做另一件事。不要同時研究很多東西，因為如果你的研究範圍非常廣，你就永遠不會進行深入研究」。

當比尤特勒得知自 1998 年 4 月起霍華德‧休斯醫學研究所（Howard Hughes Medical Institute），他表示：「將只會再資助我們實驗室兩年時，我們的士氣受到了很大影響」。儘管如此，比尤特勒卻孤注一擲，勇於為了 LPS 受體研究專案將實驗室其他所有專案都停掉，甚至連實驗室最後一臺測序儀都是自己掏腰包買的，真是到了背水一戰的地步。

「儘管如此，我依然決定繼續研究，因為我知道大多數關鍵的領域都已經研究過了，而且我感覺我們很快就能找到它。4 個月之後，我們發現了這個基因。」

有人戲稱比尤特勒沒聽老爹的話，結果失去了研究經費，不過獲得了諾貝爾獎。

比尤特勒獲獎後曾經說過：「的確，每個科學家都應該有一顆『諾貝爾之心』，每個人都應該志存高遠，但諾貝爾獎不應是研究的原始動機，肯定不是的，否則結果很可能讓你大失所望。我的動力來自於對該研究領域真誠的好奇，一個沒有生命的東西如何能夠與生物結合？這是我一直的好奇。」

「我們實驗室正著手建立起來，我們研究老鼠的基因突變如何在一系列不同情況下影響宿主防禦，我們已經有了很好的開始。」比尤特勒正在開始一個新的裡程，著手一個宏偉的專案。

◆ 如何理解模仿與創新的關係

應該如何理解模仿創造與創新發明的關係，是推進科技發展的一個重要的問題。模仿創造是產業轉型更新的捷徑，也是一個國家從低端製

造走向高階製造的必經之路。模仿創造在技術方面的優勢是技術開發的投入低、風險低和效率高。根據統計，在美國，原創性技術研究的成功率僅為 5%，在原創性技術基礎上的研究開發成功率為 50%，而模仿創造的平均成本是原創性研究成本的 65%，耗時是原創性研究的 72%。

我們知道全球 95% 的技術都是以專利文獻的形式公開的，這是專利制度的公開原則。一個優秀的模仿創造者，會根據企業自身的需要和發展方向，有針對性地在相同或相鄰領域的現有技術中找尋靈感，尋找有較好市場前景和發展空間大的技術作為模仿的基礎，對不同原創性技術進行比較，作細緻的拆解分析，判斷它們的技術優點和缺陷，或者它的專利保護不足的地方，以此作為模仿並二次創新的突破口，這也是後發優勢的特點。

在模仿並創新的活動中，最大壁壘就是他人的專利保護。所以，應該有「合理模仿、合理規避」的概念，即做到模仿又不構成侵權。透過創造性的模仿形成自己的智慧財產權，在一些情況下也可以在他人的母專利下，形成區域性自有子專利的專利權交叉許可，共同壟斷市場。在這一過程中應注意的是：

1. 模仿並創新目標的確定

在我們選定方向後，首先對各個可能的模仿產品的專利進行全面比較，注意每個授權專利檔案的專利保護範圍，即專利權利要求書所限定的範圍，在模仿並創新時一定要避開這些保護領地，而且對該專利執有者的競爭對手的專利，也全面檢索和分析。競爭者之間的專利通常關聯度很大，從中尋找機會切入，但一定要防止惡意模仿、粗暴模仿、低效能複製，這樣的後果是要承擔法律責任的。

2. 對失效專利的模仿並創新

專利保護是有時效的，而專利失效的產品往往仍有一定的市場價值。專利一旦失去保護，就成了社會共同財富，任何人和單位都可以無償使用，而無須徵得發明者的同意。失效原因很多，包括：

1. 專利保護期限屆滿而失效；
2. 在審查程式中被駁回而失效；
3. 專利權人未繳納年費而主動放棄的失效。

這些失效專利浩如煙海，價值巨大，是一座有待開發的金山。這也是所有研究創新者和企業都可以合理合法利用的空間。

除此之外，有些研究尚未完成，但有形成重要專利技術的可能，可以考慮提前進行合作開發，形成共有專利。

3. 利用專利組合的漏洞模仿並創新

專利組合是在專利布局下圍繞技術或產品進行的有機結合，包括核心技術專利和外圍技術專利。其中外圍技術專利又包括配套技術專利、延伸技術專利、應用領域技術專利、上下游產品的技術專利等。一般情況下專利組合總會有考慮不周全或當時技術發展水準限制而沒有想到的地方，後續的改進技術可作為模仿並創新者主要研究方向，將原技術嫁接到新領域，獲得獨立產權技術專利。

從各國技術發展歷史上看，日本、韓國等公司從 1967 年到 20 世紀後期都是從單純的對國外產品簡單模仿到創造性模仿，直到發展成自主開發創新。即便是處於領先地位，兩眼也應盯住競爭者的技術發展趨勢。

「知己知彼，百戰不殆。」無論是處於「跟跑者」「並跑者」還是「領跑者」的位置，善於模仿並創新是事半功倍的創新手段。

◆ 愛因斯坦是否也會犯糊塗

　　和所有人一樣，愛因斯坦的科學研究也會誤入歧途。透過了解這些過程，可以看出愛因斯坦的思想脈絡，對青年科學工作者是有裨益的。

　　1936 年 12 月愛因斯坦在《科學》（Science）雜誌上發表了一篇討論「恆星透過引力場偏折光線的類透鏡行為」的論文，其中談及距離恆星足夠近，光線就可能被引力強烈地扭曲，出現光線類似透過透鏡一樣的效果，稱為「引力透鏡」。文章結論是，光線經過鄰近恆星時形成的多重像之間的間隔大小，實際上是分辨不出來的。愛因斯坦雖然提出了「引力透鏡」的概念，但沒有意識到引力透鏡效應的強度與重要性。

　　數月後，加州理工學院天文學家 Fritz Zwicky（1898–1974）的文章尖銳地指出，如果恆星群結合起來形成星系，應該能觀測到包含千億顆恆星的大質量星系造成的引力透鏡效應。茲威基預言了引力透鏡的三個用途，即引力透鏡可放大那些本來看不到的遙遠天體，可用來測量最大尺度宇宙結構的質量，更進一步檢驗廣義相對論。這使引力透鏡的研究成了天文學的熱門。

　　2015 年 9 月 14 日，首次由雷射干涉引力波天文臺（LIGO）發現，距地球 13 億光年遠的兩個黑洞合併時產生了重力波，並以光速向四周傳播。重力波是空間形狀本身的震動，其中包含大量的質量和能量，即使穿過非常熱、密度非常高的地區，也不會被大幅吸收和分散，比電磁波更易觀測。利用對它的研究，可詳細繪製黑洞周圍翹曲的時空形狀。而探索黑洞碰撞時旋風般的時空形狀可以了解宇宙誕生時的大爆炸。100 年前愛因斯坦闡述的重力波概念，成為當今物理學研究的熱門，可當年最初的論文險些讓愛因斯坦與今日之成就失之交臂。

　　當愛因斯坦把稿件轉投《Journal of the Franklin Institute》時，原審稿

人、物理學教授羅伯森透過他的助手，善意地解釋了最初論文中的錯誤和可能解決的方法，使愛因斯坦意識到了問題的所在，最後發表論文的版本已經改寫成《論重力波》。多虧審稿人的熱心相助，使他避免了發表最初的、關於重力波不存在的錯誤論斷。

萊納‧魏斯（Rainer Weiss, 1932–）、基普‧索恩（Kip Thorne, 1940–）和巴里‧巴利（Barry Barish, 1936–）許三人因對重力波的研究獲 2017 年諾貝爾物理學獎。

愛因斯坦的另一個錯誤就是大家熟知的關於「宇宙常數」的問題了。當 1915 年愛因斯坦完成了廣義相對論時，學術界普遍的看法是，我們的銀河系被一個靜態永恆且無窮大的虛空所環繞。1917 年愛因斯坦發表了一篇論文《廣義相對論的宇宙學思考》（*Kosmologische Betrachtungen zur allgemeinen Relativitätstheorie*），在廣義相對論的方程式中引入了一個額外的常數項，即「宇宙常數（cosmological constant）」，以迎合當時普遍認為宇宙是靜態的觀點。

十多年後，科學界觀測到很多「宇宙並非靜態」的現象。愛因斯坦訪問愛德溫‧哈伯（Edwin Hubble）和他所在的威爾遜山天文臺後，了解到哈柏定律（Hubble's law），即「後退星系的速度與太陽系距離之間的線性關係」，讚揚了大霹靂的膨脹模型。其實若愛因斯坦當初有勇氣堅持廣義相對論，不支持靜態宇宙的觀點，就很可能是第一個預言宇宙膨脹的科學家了。很快，愛因斯坦就否定了「宇宙常數」的存在。

但是從現代量子理論的角度思考和 1998 年觀測到的新結果，說明宇宙在暗能量的驅動下，正在加速膨脹。引入「宇宙常數」，是否是可以解釋宇宙加速膨脹的理由之一呢？

2011 年諾貝爾物理學獎授予美國加州大學柏克萊分校天體物理學家

索羅‧珀爾穆特（Saul Perlmutter）、布萊恩‧施密特（Brian Schmidt）以及美國科學家亞當‧黎斯（Adam Riess）以表彰他們「透過觀測遙遠距離超新星發現宇宙加速膨脹」。

可以說愛因斯坦實際上發生了兩次誤判，第一次是因為錯誤的理由引入了「宇宙常數」；另一次則是迅速地丟棄了它，而沒有探索它的深層意義。

這說明任何一個偉大的科學家都有可能犯糊塗，迷信某個理論。其實理論只是對事實的解讀，但解讀可能有多種不同，也並非要全部與事實相符合，所以迷信理論不如尊重事實。1973 年諾貝爾物理學獎日本籍得主江崎玲於奈（1925-）曾對日本近年多次獲獎反思後，提出獲獎的「江崎黃金率」，即不可受制於迄今為止形成的經驗和正規化，否則發揮創造力無望；可以接受教誨，但不可唯大學者、大教授馬首是瞻；孩子般的好奇心與天真爛漫的感情意識不容錯失。

有關愛因斯坦的故事是否也與「江崎黃金率」暗合呢？

◆ 倫敦凶殺案如何改變了電報發明的命運

1845 年某天清晨，倫敦一位名媛被謀殺在室內。倫敦警方縝密調查，發現居住在斯勞區的「紳士」與此案有重大牽連。當警方趕到他的住所時，發現該位先生已登上了一輛前往帕丁頓的慢車。

警方急得如熱鍋上的螞蟻，倘不在帕丁頓趕上疑犯，緝捕將變得十分困難了。就在大家一籌莫展的時候，有人忽然想到在斯勞車站與帕丁頓車站間正在展示著一個新奇的新東西，這就是 1841 年查爾斯‧惠斯登（Charles Wheatstone）和威廉‧庫克（William Cooke）在帕丁頓和斯勞之間修的一條電報線路，全長大約 2.5 公里。

這種電報機的工作原理是，由電池與雙向開關構成閉合迴路，利用線圈的電磁效應控制磁針的偏轉方向而成的，稱為五針電報機。五根磁針排列在一個菱形刻度盤的中心線上，刻度盤上畫有字母，發報者可控制其中任意兩根磁針的偏轉，透過排列組合來指向特定的字母。

這是一個相當巧妙的設計，但由於結構的限制，只能傳送 20 個字母，而 J、C、Q、U、X、Z 是沒法表示的，但已有了一定的實用價值。當時的倫敦人認為它只不過是一個科學玩具的展示而已！

由於拘捕疑犯的迫切，警方也只好拿這個東西來試試看，發報的時候由於字母不全，在描述疑犯外貌時出現了困難。帕丁頓站的服務員多次要求重發，忙碌了好幾回才弄清楚。警察很快就鎖定了該名男子，尾隨他到一家咖啡館裡實施了拘捕。

凶殺案的偵破全靠電報迅速傳遞資訊，這在倫敦引起了轟動。各大報紙紛紛報導稱「科學的勝利」、「神奇的遠端通訊儀器揪出了凶手」，原本很快就要黯然退場的五針電報機戲劇性地引起了大眾的極大關注，使電報機技術迅速發展和推廣應用起來。到 1859 年，惠斯登還成為大西洋海底電纜的技術顧問。

但是惠斯登並不是第一個發明電報的人，早在 1753 年摩利遜就從發報點到收報點扯了一束包含 26 根導線的纜線，每根導線末端又掛一個金屬小球，小球下面掛著分別寫有字母 A–Z 的小紙片，發報人依電報內容依次用靜電機通電，而收報端相應紙片會被吸起。這種電報機雖為首創，但沒有可靠的使用價值。

由此可見，許多成功的技術發明都不是一蹴而就的，都是從前人的工作基礎上逐步完善、成熟的。如愛迪生發明電燈、瓦特發明蒸汽機莫不如此。最後成功的人士一定要能對前人首創發明的價值和優缺點有敏

銳判斷，並有果斷的決策能力，還要利用歷史機遇、社會的需求，才能取得成功。

倫敦凶殺案使世人了解到遠端電報通訊的重要意義。美國畫家摩斯（Samuel Morse，1791–1872）也對電報著了迷，他把畫室變成了電磁學實驗室，雖然屢遭失敗，家財耗盡，但最終在大西洋彼岸實現了他的夢想。

他發明的電報系統只用一條電線，透過電磁鐵線圈，發送長短斷斷續續的電流訊號即可實現簡單、保密的傳遞資訊。這種電報機架設在郊區小鎮到華盛頓市區 40 英里（約 65 公里）的距離之間，於 1844 年開始營運。當時這種發報機每分鐘已可發送 10 個字了。隨後義大利人馬可尼發明無線電報機，使電報技術在第二次世界大戰中盡享輝煌。技術仍然不斷進步，2006 年 1 月 27 日美國西聯國際匯款公司正式宣布停止電報業務，這代表著這一技術從誕生終於走到了死亡，走完了它一生的全過程。回想這一過程中的種種故事，叫人不勝感慨，也得到了很多啟示。

◆ 創新要抓住時機 —— 柯達公司的隕落

傳統照相技術大行其道時代，膠捲是與之相伴相生的重要角色。當時全球膠捲市場基本上是兩強相爭，美國的伊士曼柯達公司（Eastman Kodak Company）和日本的富士公司，中國後期曾有樂凱膠捲生產，但與前者相比，在規模和影響力方面都不在一個數量級上。

1888 年喬治·伊士曼（George Eastman）推出首款相機，此後的一個多世紀柯達也隨之成為攝影和照片伴生的名詞。該公司的市場龍頭老大地位從未動搖過，全球員工曾多達 14.5 萬人。柯達擁有雄厚的技術儲備。雖有後起之秀富士的追趕，但該公司認為可高枕無憂。孰料創新技

術發展，數位相機和智慧手機相繼出世。由於數位相機小巧玲瓏、不用膠捲、不須沖洗、照片便於儲存等諸多明顯優勢，雖因其畫素限制，畫面品質仍難以與傳統相機相抗衡，但傳統相機與膠捲行業已感到一陣陣寒意。

面臨創新技術挑戰之際，富士公司社長古森立刻清醒地感覺到迫在眉睫的危機。然而創新帶來的危機還要靠創新來應對。富士公司抓到了TAC 膜為主的平板液晶彩色電視顯示材料的創新生產機遇，2010 年將這款產品產值猛增至 2,185 億日元，彌補了停產膠捲的損失，並進軍噴墨式列印機、製藥和醫療器械領域。如果富士不立即尋求創新領域替代，命運不堪設想。但是螳螂捕蟬黃雀在後，創新是不斷推進的。手機的拍攝功能迅速提升，Nokia 推出了 4,100 萬畫素畫面、可以快速啟動、快速變焦、快速連拍等功能的新產品，開始了對數位相機的挑戰。

2005 年柯達每投資 1 美元在膠片生產上，即可獲得 70 美元的利潤，雖然他們擁有 1,000 項數位相機的專利，也試生產了第一臺數位相機，但投 1 美元於數位影像，僅能有 5 美分的利潤。2000 年柯達公司利潤達到 143 億美元，雖然到 2003 年利潤已下降到 41.8 億美元，但它仍然遲遲沒有創新的決策，結果柯達公司於 2012 年申請破產，淡出市場。

◆ 科技創新的否定之否定 —— 對宇宙模型的認知

「否定之否定」是黑格爾辯證法三個組成部分中的核心之一，另兩項是對立統一規律和量變質變規律。哲學思想對於啟發創新思考有重要幫助。

如對原子結構的探索。約瑟夫・湯姆森（Joseph Thomson）提出了「葡萄乾布丁模型（Plum pudding model）」，認為電子、質子等均

匀分布，雖然能解釋元素的週期性，但不能解釋光譜現象。被拉塞福的「行星模型」所否定，但新的模型仍不能解釋原子輻射光譜線的不連續特徵，再次為波耳運用普朗克量子理論建立的「原子能量的分立定態模型」，即電子軌道的機率模型所代替，它解釋了其他模型不能解釋的現象。

人類對於宇宙的認知也是在不斷否定再否定的過程中逐漸明晰的。20 世紀初愛德溫‧哈伯發現銀河系並非整個宇宙。1920 年 4 月，天文學家薛普利（Harlow Shapley）與柯提斯（Heber Curtis）在美國國立自然史博物館進行了一場天文學史上非常著名的大辯論。他們最大分歧是銀河系是否就是全部宇宙。而伽莫夫等則在 1940 年代提出了大霹靂模型；發展到今天，其根據如下：

1. 銀河外天體的元素光譜線有系統的譜線紅移，紅移程度與該天體距離地球遠近成正比。若用都卜勒效應（Doppler effect）解釋，即離我們越遠的天體跑離得越快，倒推回去，必然有大爆炸曾經產生過。

2. 由同位素測得的球狀星團都在宇宙溫度降至幾千度後產生，年齡短於 150 億～ 200 億年。

3. 許多天體氦豐度為 30% 左右，為宇宙早期高溫時產生，不能用恆星內部核反應解釋。

4. 1965 年測得的宇宙微波背景輻射，溫度約 3k，這與大爆炸宇宙起源假說推算相符合。

雖然因大霹靂模型，使宇宙學迅速成為一門嚴肅的自然科學。但仍有人在質疑，例如，宇宙應該是無中心、無邊界、無開始的，這與推算出 137 億年前發生的大霹靂並不相容，因為時間是運動的屬性，物質不運動就沒有時間，大爆炸若是運動的開始即等於時間的開始。

除此之外，宇宙是由大約 5% 的普通物質、25% 的暗物質及 70% 暗能量構成。這一認知是源於發現太陽系圍繞銀河中心旋轉一周的時間約為 2.3 億年，要使太陽系維持在這一圓周軌道上執行，必須在其軌道內銀河系有 10^{11} 倍太陽的質量才能實現，而可觀測到的其中恆星、行星和氣體、塵埃等的總質量要遠小於所需的一半。對這些宇宙中觀測不到，又占 95% 的暗物質和暗能量，我們怎麼能毫無所知呢？對其性質等尚不清楚……所以宇宙之謎還遠沒解開，顛覆性的發現也還可能出現。

2005 年，瑞典皇家科學院宣布將當年的克拉福德獎（Crafood Prize）授予詹姆斯·岡恩（James Gunn, 1938–）、詹姆斯·皮布林斯（James Peebles, 1935–）及馬丁·里斯（Martin Rees, 1942–）三人，表彰他們對「理解宇宙大尺度結構」所作出的貢獻。

發現永無止境。

克拉福德獎同樣是科學界的最高榮譽，是 1980 年由瑞典工業家克拉福德（Holger Crafoord）捐創的，旨在補充諾貝爾獎學科覆蓋面的不足，主要以獎勵數學、天文學、生態學、地質學等成就為主。

故事繼續上演。

宇宙中存在黑洞是愛因斯坦廣義相對論的預言。天文學家將宇宙中的黑洞分為恆星級質量黑洞（幾十倍至上百倍太陽質量）、超大質量黑洞（幾百萬倍太陽質量以上）和中等質量黑洞（介於兩者之間的質量）。

黑洞有強大引力，在視界內連光線都無法從中逃脫，而我們希望能看到黑洞視界外的光環。由於黑洞距離地球非常遙遠，以前的天文觀測裝置只能是望之興嘆了。

2017 年 4 月起，科學界組織了海拔三四公里以上的 6 個地區，8 個天文臺站，成立了黑洞 EHT 合作組進行同步觀測。他們利用地球自轉，

組織了一個口徑如地球直徑大小的甚長基線干涉測量裝置，形成了觀測波段為 1.3 毫米的虛擬望遠鏡。獲得的黑洞照片揭示了對室女座星系團中超大質量 M87 中心黑洞的「一瞥」。這個黑洞距地球 5,500 萬光年，質量為太陽的 65 億倍。圖片展示的是黑洞視界外的一個環狀結構，其中心的闇弱區域為黑洞陰影。它證明了愛因斯坦廣義相對論是正確的。

自然界最大的「奧祕」就在於這些奧祕最終能否被人類所認識。科技發展永遠是在「否定之否定」中、不斷推陳出新中發展起來的，所以勇於創新的人學習一些哲學應該是十分有益的。

在工程科學研究中，否定中的否定現象更是比比皆是。如化學反應裝置中，有一種被稱為流化床的先進化學反應器，由於是用參加反應的氣流將粉狀催化劑懸浮起來進行催化反應的，所以反應效果好，生產能力大，因而被廣泛採用。

前人的研究認為催化劑顆粒大小和比重，對粉體層能否被均勻懸浮有重大影響。英國學者格爾達特曾經給出一個以粒徑 - 顆粒密度為座標的相圖。他斷定只有落在 A 區的顆粒層，才能有均勻的懸浮狀態，這一觀點被世界工業界廣泛接受。而落入 C 區的顆粒，由於顆粒粒徑小（對應於石油裂解用催化劑，直徑小於 30 微米），在表面凡得瓦力的作用下，易形成溝流，因此這個區域成為流化床反應器設計的禁區。

中國清華大學化工系反應工程研究所的研究人員，嘗試把粒徑大幅度減小幾百倍至數千倍，研究奈米尺度的顆粒層能否被均勻流化，並將其應用於反應器設計。實驗結果顯示，原生奈米顆粒，也正是因為在凡得瓦力作用下，可形成穩定的顆粒聚團，而顆粒聚團在反應氣流的作用下，可以穩定均勻地被懸浮起來，由此他們開發出奈米聚團流態化技術。

由此為基礎，他們還進一步開發出大規模碳奈米管、石墨烯和三維

碳奈米材料的大量製作反應技術。

顆粒層中粒徑降至 30 微米以下，不能被氣流均勻穩定懸浮。但粒徑再下降至數百倍，可能重新被氣流均勻穩定懸浮，出現了否定中的否定現象，真是「柳暗花明又一村」。

碳奈米管的強度是同等直徑鋼材的 100 倍，而其比重僅為鋼材的 1/7，科學家預測理論上可以用碳奈米管製造天梯，直達太空實驗艙。而石墨烯透明、高導電、高導熱、高強度的特性，在觸控式螢幕、鋰電池等多種高新技術中將得到廣泛的應用。

◆ 社會科學創新的複雜性 —— 共享諾獎的背後

貢納爾‧默達爾（Karl Gunnar Myrdal, 1898–1987），出生於瑞典，儘管於 1923 年獲得法律學位，但他轉而研究經濟學，認為該學科能將科學、數學與他探索的社會執行方式結合起來。1927 年獲斯德哥爾摩大學經濟學博士。

他是瑞典這個福利國家政策與規劃的主要建構者之一，他強烈倡導在瑞典施行凱因斯的財政政策，實行財政赤字，減少失業。在理論上，他引進了「事前與事後」（exante-expost）的區別，澄清了宏觀經濟分析，創立了累積的因果關係的思想，作為均衡分析可供選擇的方法，還提出了大量政策建議以解決貧困問題。

默達爾是凱因斯主義的繼承人，凱因斯曾對亞當‧斯密（Adam Smith）提出的《國富論》（*The wealth of nations*）提出質疑。亞當‧斯密主張自由市場經濟，認為市場中，有的商販賣糧食，有的商販賣布，有的商販開飯店等，雖然他們都是為了自身謀利，但整體卻形成「人人為我，我為人人」的市場格局，市場「有隻看不見的手」會調節經濟，可

使之有序執行。從哲學角度看，是「有序可以出於無序」，但這與熱力學第二定律的普適性是矛盾的，熱力學第二定律的熵增原理是說「有序自發地導致無序」。實踐中發現，在市場經濟初期，曾出現無良企業以劣充好、偷偷排放汙染等，還會造成生產無政府狀態。

約翰·凱因斯（John Keynes, 1883–1946）是世界經濟學界偉大的創新者，主張國家政策干預經濟，也必須透過政府政策影響社會生活，並主張建設公共住房、交通，改善電網等。他為羅斯福任美國總統的政府1933年扭轉經濟大蕭條作出了貢獻。他的另一個預言是，要求德國鉅額賠款會帶來政治不穩定和極端政治團體的出現，甚至引發另一場世界大戰。這個預言被後來的希特勒政權的出現所證實，而且這也成為第二次世界大戰後，聯合國對德、日經濟上實行寬大政策的依據。

另一位經濟學大師哈耶克（Friedrich von Hayek, 1899–1992），是經濟學理論創新的著名學者。他出生於書香家庭，整個家族在學界享有盛譽。他1923年獲維也納大學政治學博士，1924年3月至1924年5月前往美國研讀貨幣政策，成為第一位預測到美國經濟崩潰的學者。他堅決反對政府干預經濟，並對通貨膨脹政策大力抨擊，認為不合理的擴張性貨幣政策會誤導投資者，結果將造成經濟體系的嚴重扭曲。主張自由主義市場經濟的哈耶克，與凱因斯展開了15年的論戰。實際上，在市場經濟高度成熟時期，大企業受制於違法成本高、行業標準約束嚴格，國家干預已經不太必要了。哈耶克的主張為英國撒切爾首相的去國有化經濟政策的成功作出了貢獻。

最令人驚奇的是，1974年諾貝爾經濟學獎被授予了默達爾（凱因斯已逝世）和哈耶克這兩位主張完全相反的經濟學家，這說明社會科學的極端複雜性。其實，在不同社會條件下，兩者的觀點均與熱力學第二定律相吻合，所以，創新者應該有因勢利導的靈活素養。

◆ 小微企業的創新與創業的精妙之道

科技創新的重要歸宿應是科技創業，這是社會經濟發展的發動機。

企業沒有自有技術是沒有前途的。從國外經驗考察得出的結論是，只有在一個方向上長期磨練的小企業才能站穩腳跟。以日本為例，京都有一個由宮地家族創立的、從事開發自動縫紉機的小企業，即 HAMS，全能自動縫紉機公司。公司 1954 年成立時僅有 3 個員工，開始以自動專用棉被縫紉機入手，以此提高了效率，挖到了第一桶金。

當時日本服裝有西化趨勢，婦女文胸背後搭扣採用通用縫紉機縫製，操作費時費力。他們以百折不撓的努力，發揮工匠精神，雖經多次失敗，但最終完成了被認為不可能連續自動縫紉的任務，取得實驗成功。該機器被許多製衣廠訂貨，成為市場上唯一的品牌。接著他們發現牛仔褲的製造過程中，皮帶褲絆因為厚布料多層重疊，很難操縱普通縫紉機縫製，工序十分繁重。他們又經多次實驗，成功開發了牛仔褲褲絆的自動縫紉機。大獲成功後，他們去美國參加展覽，將機器推廣到全世界。公司全盛時期員工也只有 23 人，但創造了高額利潤。這樣一個小微公司，由於專注一個一個很小的技術需求，發揚工匠精益求精的精神，闖出了一番天地。這是小微企業創新創業的模範之一，也正是由這樣一個個專精的小企業支撐了日本製造強國的地位。

◆ 42 —— 宇宙神祕數字的終極答案

經典科幻作品《銀河便車指南》（*The Hitchhiker's Guide to the Galaxy*）中提到生命、宇宙和一切的終極答案是「42」。

該書的故事梗概是，地球人亞瑟·鄧特（Arthur Dent）在地球毀滅前逃離的旅途中，發現一個驚人祕密 —— 地球不過是一次實驗。一群超高

智慧的老鼠，為了找出生命、宇宙和一切的終極答案，製造的「深思」超級電腦，經 750 萬年的計算，解得的終極答案是「42」。至於為什麼是「42」，則需一臺更強大的電腦 ——「地球」。地球之所以被老鼠們製造出來，就是賦予它破解「42」奧祕的使命。

這部令人驚奇、腦洞大開，又充滿了英式幽默的作品，被改編成電影、電視劇、遊戲、漫畫等。同時，作品觸動了數學家們的興趣，畢竟古希臘數學家畢達哥拉斯就有「萬物皆數」的思想。

雖然 42 只不過出於一部科幻小說，所謂的終極答案，僅是一個「玩笑」。但數學家對 42 的研究卻特別認真起來。

2000 多年前人們已經知道了，數字 42：

1. 是一個正整數、自然數、偶數；

2. 是一個合數，即除了被 1 和自身以外，還能被其他多個數整除的數。

3. 是一個普洛尼克數（pronic number），可以寫成兩個連續非負整數的積，即 6×7。

4. 也是一個楔形數，即三個不同質數的積，即 $2 \times 3 \times 7$。

「數論」這門學科誕生後，數學家又發現，42 是第 5 個卡塔蘭數，第 6 個佩服數，十進位制中第 8 個自我數，第 19 個奢侈數和第 20 個哈沙德數等（由於這些解釋過於專業，故略去）。

其實數學家早已知道，凡是屬於（$9n \pm 4$）的數都不能被寫成為三個整數的立方和。在 100 以內的自然數中，只有 33 和 42，是否可被如此表述，尚是未知的。

2019 年 3 月，布里斯托爾大學的數學家，用超級電腦運算了三週，找到了滿足 33 的解，即：

接著兩位數學家合作倡議把數十萬臺電腦聯合起來。在全球近 50 萬志願者家中的電腦支撐下，用了幾個月的時間找到了答案，

但是這類的研究遠未完結，1,000 以內還有 9 個數沒有找到答案，它們分別是 114、165、390、579、627、633、732、921 和 975，仍吸引著數學家們的冒險。

由此可見，科學創新的發現，完全可由非功利的好奇心驅使，上例就是由一個科幻小說的玩笑所引發的嚴肅的科學研究。

◆ 循環經濟原理 ── 「蓋亞」假說與「美狄亞」假說

從 1965 年起，世界開啟了火星生命探測計畫，發現地球的大氣成分與火星、金星等行星的大氣成分截然不同。由於地球上生物的存在，生物的代謝功能參與了地球上的碳循環和水循環，以維繫生命和生態機制。地球上的植物（製造者）– 動物（消費者）– 微生物（分解者）這一物質循環形成了平衡穩態系統，而物種的多樣複雜性相互關聯，形成生物的食物鏈，並在不斷進化中發展，最終形成了完美的地球生態系統。

英國大氣學家詹姆斯·洛夫洛克（James Lovelock）用古希臘大地母親神「蓋亞」來命名這個被看成有生命特徵的地球生態系統，它是所有生命體的和諧家園。像「蓋亞」一樣，地球也擁有某種「自我調節」能力，只要我們人類「尊重自然」、「順應自然規律」，地球的自然生命系統就可以穩定地、和諧地、可持續地發展。

另一位資深環保主義環境學者彼得·沃德（Peter Ward），在他的著作中，雖然也把地球看成某種有機生命體，但他反對「蓋亞」擁有自我穩定調節能力。他認為情形恰好相反，生命非但不能維護環境的適宜和穩定，反而總是在敗壞環境，不斷進行自我毀滅，提出了自然生態的

「美狄亞」假說，用希臘神話中殺害自己孩子的惡母「美狄亞」來隱喻自然生態系統。

沃德以大氣層中二氧化碳的濃度不斷上升，導致氣候變化的溫室效應為論據提出，如果新陳代謝是生命的本質，生產廢棄物就是生命的宿命。廢棄物被產生它的生命所厭惡，這些廢物又必然在環境中不斷累積，最終達到這些生命無法耐受的程度，導致大滅絕。

他充分發揮了想像力，認為另一些能夠利用這些廢棄物的生命會隨之崛起，「美狄亞」會用一次次的「大滅絕」更新著地球生命。

實際上，「美狄亞」假說只能看作是對人類活動的一種警示，是不符合科學發展規律的。

雖然動物在新陳代謝過程中，利用著高品質的資源，產生著大量低品質的廢棄物，這在熱力學中稱為「增熵過程」。但是透過能量的注入，工業化社會、資訊化社會完全可以把低品質的廢棄物再生利用。1977 年諾貝爾化學獎得主伊利亞·普里高津（Ilya Prigogine, 1917–2003）提出了「非平衡態熱力學」概念，從科學原理上闡述了這一理論。說明任一複雜系統，在遠離平衡態的耗散結構下，與外界進行物質、能量、資訊交換中的子系統，可以透過自組織實現「熵減過程」，即從低品質的廢物向高品質物質轉化過程。這樣就可以維繫地球生態的穩定發展，就可以形成資源循環利用的穩定過程。

20 世紀出現的環境問題是人類犯的錯誤，如大量使用化石能源，造成了大氣的汙染。在意識到這一問題後，我們提出循環經濟與低碳經濟發展規劃，可以控制二氧化碳排放，而實際上，化石能源並不是人類可依靠的主要能源。

我們知道太陽給予地球的能量是目前全球能源需求的若干倍。如果

利用重氫核聚變反應電站開發成功，人類可利用海水中大量的重氫資源，供應清潔無汙染的能源，且使用期限可達數萬年。

誠然，地球生物圈也不是永遠平衡穩態的，但只要太陽可以穩定供應能源，地球生態系統就將與太陽系並存。太陽系已經有 45 億年的壽命，科學家估算它大約還能存在 45 億年。地質學家告訴我們，地球上的物種延續最長的如恐龍等，也極少達到億年。人類作為地球的一個「年輕」的物種能存活多少年，倒是值得我們人類深入思考。

6 方法
METHOD

重大的發明創造表現出歷史時代的必然性。

個體事件的迸發,表現形式有其偶然性和隨機性,或許可被某些天才所預見。

6.1
概述

創新（innovation）從突顯「新」的出發點，可把這一過程分為以下層次：

⇨ 發現（discovery）── 對自然現象觀察中發現新現象，提出並延引成新猜想。

⇨ 發明（invention）── 從對自然規律的體察，證實該原理、利用該原理改造世界。英語中 invention 一詞是廣義的，指創製新產品，發現新事物，也可指創作文學藝術作品。

⇨ 創造（creation）── 是指利用這些原理，推演出新產品設計、新的使用方法等。英語中 creation 這一詞原本與造物主（creator）連繫在一起，隱含只有上帝才有資格創造。

⇨ 創業（start an undertaking）── 把以上三種創新成果進行工業化過程，組織各生產要素之間最優匹配，並產生經濟效益。

不能相信重大的發明創造可被預先規劃設計出來，或按照某種方式、某種模式被製造出來。所謂的創新方法或許只能造成某些輔助作用。

重大的發明創造表現出歷史時代的必然性，而個體事件的迸發，其表現形式有偶然性和隨機性，或許可被某些天才所預見，故不必過度迷戀於方法索求，但發明創造的成果應用於創業，其捷徑是有方法可循的。

美籍奧地利經濟學家約瑟夫·熊彼得（Joseph Schumpeter, 1883–1950）曾把發現（discovery）、發明（invention）和創造（creation）與其在創業的經濟活動時的第二次創新（secondary innovation）相區分，認為

「只要發明等還沒有得到實際的應用，它在經濟上就是不發揮作用的」，他所認為的「創新」（實際上是第二次創新）不是一個技術概念，而是一個經濟概念。他所謂「創新」就是要「建立一種新的生產函數」，即「生產要素的重新組合」，就是要把一種從來沒有關係的生產要素和生產條件的「新組合」引進到生產體系中去，以實現對生產要素或生產條件的「新組合」。而這種「新組合」的目的是獲得潛在的利潤，即最大限度地獲取超額利潤，這實際上指的是創業。

他進一步明確指出這種「新組合」可包括以下 5 個方面：

1. 生產出一種新產品；
2. 採用一種新的生產方法；
3. 開闢一個新的市場；
4. 獲得一種新原料或半成品的供應來源；
5. 實現一種新的企業組織形式。

由此可見，熊彼得所討論的是有關「創業」及其過程中第二次創新的方法問題。

創業和創新的關係是，只有透過創業才能更廣泛地實現發明創造的社會和經濟價值，造福人類。

創造和創業過程中的技術創新，在一定程度上講，它們的構思有一定的可預見性，與科學規律發現的不可預見性不同，其可以按照以下原則預見技術發展趨勢。

1. 慣性原則。基於事物發展有延續性、慣性或稱為「垂直思考」，透過推理、延伸、演繹，透過外推法、回歸分析法，可大致發現技術發展趨勢。

2. 水平思考的跳躍原則。即橫向內推、發散性思考，是一種有跳躍性、非線性的思考；這種思考模式多會出現黑馬式突破。

3. 相關原則。事物發展不是孤立的，而是相互連繫的，如因果關係、並行關係、正負回饋關係等。如製造飛機需發展制鋁產業，而其中的電解鋁需要當地發展電力產業，而電力產業需要銅導線傳輸，所以還要發展鍊銅產業，這一切都是環環相扣。又如在金融危機時期，奢侈品滯銷，而物美價廉的低檔產品暢銷，據此可預測技術開發方向。

機率原則。它是由難預期的「預設知識」（tacit knowledge）所驅動的。1958 年，心理學家、科學家、哲學家麥可·波蘭尼（Michael Polanyi, 1891–1976）把知識分為兩類：

一類是「明確知識」，是指能以言傳的，可用書面文字、圖表公式表達的知識，由邏輯表達性傳承。

第二類稱「預設知識」，指非邏輯、心理體驗、技巧，難以清晰表達，不可言傳，只能意會的，但又是和諧的。

由此，在技術創新開發中有以下幾種原理可參考。

1. 原理推演法。如愛因斯坦的能量與質量轉化關係 $E = mc^2$，可見中子鏈式反應可推斷鈾原子彈，從這種核裂變可控研究可建設核裂變發電站，在核裂變產生的高溫、高壓下，可產生核聚變，進而生產核聚變的氫彈。如果核能夠可控，則未來可建設核聚變電站。熱核聚變變電站的開發，已成為當今世界的開發重點之一。

2. 缺陷消除法。即不斷改變不足而創新。如用焦炭還原鐵礦石生產鑄鐵，缺陷是含碳量高，加工困難。加入矽、鎂等活潑金屬，可調節含碳量，生產出的鋼材雖然強度、加工效能好，但易鏽蝕。透過加

入鎳、鉻等元素生產出不鏽鋼，再透過軋鋼，改善冷卻速度，就能生產出微晶超強度鋼材。

3. 移植法。如把用於軍事目的夜視技術用於探礦、探險，把航天技術開發成果推廣應用於全球定位系統。

4. 綜合法。為了提高聚丙烯、聚氯乙烯材料硬度，新增碳酸鈣（$CaCO_3$）、二氧化矽（SiO_2）等粉體材料，增加穩定性、抗彎曲性。

5. 仿生法。如雷達發明受到蝙蝠的回聲探路的啟發，而膜分離海水淡化技術是受到動物的腎臟功能的啟發。

創新是企業賴以生存的生命線。在商業和經濟模式中，企業80%的利潤來自20%的產品，這被稱之為「長尾理論（The Long Tail）」。因此，頭部的少數產品，特別是新產品就特別重要，企業只有不斷推出創新產品，才能不被市場淘汰。這與經濟學家提出的「資金邊際效益遞減」原則，即沒有技術創新投入、必導致資本產出利潤萎縮，是不謀而合的。

當進入創業階段，科學知識的創新顛覆性價值退居次位，而需首先考慮創業的技術的可行性、實用性。如在建築領域，鋼筋混凝土構件被廣泛應用，它的原理從材料力學角度看並不高深。混凝土實際上是人造石材，而天然石材只能抗壓，適合做柱子，不適合做房梁，因為房梁的下半部分載荷是拉伸應力。後來人們發明了在混凝土梁的下面加上鋼筋，拉伸應力由鋼筋承擔，使混凝土梁成為廣泛使用的建築構件，混凝土的價值就被充分利用了。

1950年代，美籍華人林同炎有個重大的改進性創新。傳統上，將鋼筋加入混凝土梁中，由梁中的鋼筋承受拉應力。但鋼筋無論抗拉還是抗壓的強度，遠高於混凝土，而且在斷裂前會有明顯變形，在梁的載荷不

斷增大時，鋼筋遠未被拉斷前，梁下部的混凝土已經開裂，這表明梁中的鋼筋尚有很大的潛力。

而林同炎在鋼筋混凝土製造過程中，預先給鋼筋加上拉應力，在混凝土梁凝固成型後，使其附近的混凝土預先承受壓應力，使整體荷載能力得到提高，人們將此稱之為預應力鋼筋混凝土構件。後來這種構件得到更廣泛的使用，這種創新應用的社會和經濟價值遠高於其學術價值。

相反，一件發明，即便學術價值很高，但實現起來要求許多配套技術，這些配套技術不成熟、不穩定，如果用於創業就要十分小心了，要充分預估超前實施的風險。例如，2018 年 10 月和 2019 年 3 月，印度尼西亞獅子航空和衣索比亞航空公司的兩架波音 737MAX 客機先後失事，兩起空難都與客機新增的自動防失速系統（MCAS）系統被錯誤啟用有關。該空難就是不成熟的創新成果被超前使用所導致。

世界上創新創業有突出成就的國家當首推以色列。以色列立國僅 70 多年，國土面積大約只有臺灣的 6 成，人口不到 900 萬。以色列土地貧瘠，水資源匱乏，也沒有石油和其他礦產資源，而且四周被敵對國包圍。上述劣勢逼迫以色列不斷地創新創業，維持國家的高水準執行，其人均 GDP 早已超過 3 萬美元，進入已開發國家行列，並發展了先進的國防工業和世界最為領先的節水農業。

2008 年的數據顯示，以色列平均每 1,844 個人中就有一個創業者，以色列的人均風險投資額是美國的 2.5 倍、歐洲的 30 倍、中國的 80 倍，居全球第一。科技行業對以色列 GDP 的貢獻率高達 90% 以上，每萬名以色列僱員中，就有 140 位科技人員或工程師；還有 350 家領先的跨國企業在以色列建立了開發中心。

　　特拉維夫市目前有大約 1,450 家創新企業，每 290 個居民中就有一名創新企業家。以色列之所以有這樣的成就，有以下幾點值得我們認真思考。

　　第一，具有以色列式的冒險精神和對失敗的包容精神。以色列創新管理局首席科學家 Ami Appelbaum 博士表示，以色列的創業公司有 90%～95% 的失敗率，特拉維夫及其周邊有 5,000 家左右新創公司，每年也有 20% 左右消失，但又會新增 20% 左右。

　　在以色列，連續創業者是非常受歡迎的，一方面他們有許多成功經驗可以分享，也有許多失敗教訓可以吸取，這些人絕不會因失敗而裹足不前。

　　第二，以色列人善於創業和鑽研，勇於自信地提出自己的想法。一旦有好點子提出，馬上會採取行動去創新嘗試。以色列人有一種真正創新的氣質，他們從年輕時代起就開始不斷挑戰、質詢，喜歡標新立異，從不墨守成規，顯示出歷史上多災多難的猶太民族聰明、認真、頑強、奮鬥的生存與競爭觀念。

　　第三，以色列在創業方面有良好的機制。以色列青年人如果想要創業，私營的商業化孵化器企業會投資 15%，政府投資 85%。如果創業失敗，孵化器企業承擔失敗損失，政府投資無須償還。如果創業成功，需要返還 40% 股份給孵化器公司，政府不拿股份。創業獲利後每年償還政府投資的 3%。而創業者的退出機制是上市或者溢價出售企業給大企業以取得回報。國家承諾，將國內生產總值（GDP）的 4.3% 用於各項開發的支出，相比之下，全球平均開發支出僅占 GDP 的 2.4%。

　　此外，普遍來看，創業者還應具備一些獨特的素養，這些素養大致可歸納如下：

1. 善於確定創業目標、方向,並判斷它的商業價值;
2. 預先設定這一創業目標吸引眼球的要點,並彰顯它迷人的魅力;
3. 善於評估專案的難度和訣竅,申請適宜的專利,且不易被複製和模仿;
4. 從感知(感性)正確判斷出真相,抓出真正的創新點;
5. 對分析、實踐到製造的全過程,掌握可大規模生產的技術,並合理地控制住成本;
6. 將產品推向市場的能力;
7. 享受過程收益,願意再投入,將成果宣傳和放大;
8. 保持冠軍思維,不斷更新,不斷注入新的創新元素,努力保持長期領先的局面。

　　人類文明中的發現、發明、創造,一般來講都是人類知識累積的產物,也是人類文明發展歷史背景下的產物,它的出現有必然性。也就是說,人類智慧發展中相匹配的預備知識,以及生產力水準、物質水準提高到某一特定層次,就必然有新的認知和產物出現。但是這些發現、發明、創造的出現又有偶然性,在何人身上展現出來,以何種形式展現出來,又因人的「個體」的差異和環境的機遇而有一定的偶然性,有時甚至有超時代的跳躍。所以發現、發明、創造一般是難以規劃的,所以也應該沒有特定方法可以走捷徑。而在這些創新成果要進一步轉化為生產力時,則是可以進行策劃的,可以用最改善、最迅速的方法實現,這就是熊彼得所創立的創新經濟學理論體系。在它發展過程中熊彼得還曾提出不同的方法體系,供企業創業、二次創新中參考、使用。

6.2
腦力激盪法

　　該方法是 1939 年由美國紐約 BBDO 廣告公司副經理亞歷克斯‧奧斯本（Alex Osborn）在廣告策劃中提出的一種技法，稱「腦力激盪法」（brain storming）。奧斯本借用「精神病人的可能是無邏輯、無邊際的『胡言亂語』、『天馬行空的思維』」這句話來形容這一過程。

　　這是透過一個會議來集思廣益。為了使參會人員都能做到敞開思想，暢所欲言，毫無顧忌，對會議作了特定的組織方式。參會人員一般不超過 10 人。會議的時間掌握在一小時之內，做到乘興而來，盡興而去。每次會議目標明確，發言直擊要害，所有的人可以任意發表自己的想法。具體規定如下：

1. 絕不允許批評別人提出的設想；
2. 提倡任意自由思考；
3. 任何人不能做判斷性結論；
4. 提出的設想越多越好，設想越多，獎勵越多；
5. 針對目標，集中要點；
6. 參會人員不分上下級，人人平等相待；
7. 不允許私下交談，以免干擾別人的思考；
8. 不允許用集體意見壓制他人，沒有少數服從多數原則，堅決保護少數；
9. 各種設想不加區別，一律記錄在案；
10. 尊重首發創造性意見的產權。

在交談中鼓勵每個人充分利用別人的設想來激發自己的靈感，以期在相互激勵過程中產生比單獨思考時更多的設想方案，形成思維的「共振」或「諧振」。

6.3
腦力激盪法

奧斯本提出這一方法後受到廣泛的關注。各國專家先後提出了許多新的改進方案，如卡片腦力激盪法、默寫式腦力激盪法，等等。奧斯本也在他提出的會議幾項原則上，進一步提出九大問題，以便啟迪思路，開拓思維的想像空間，促進人們產生出更多新的設想。

1. 可否引申或改變引申

引申思考有無其他用途：可否改變引申，哪些部分可借鑑使用等。

工程師喬爾吉是一個狩獵愛好者，常在灌木叢中鑽來鑽去，獵取野兔。衣服上經常被鬼針草沾滿，他只能耐心地把鬼針草一粒粒地拽下來，同時思考這些橢球形草籽怎麼會牢牢地黏在衣服上呢？

在好奇心的驅使下，喬爾吉把鬼針草放到放大鏡下觀察，看到鬼針草上布滿了密密麻麻、帶有倒鉤的小尖刺。植物就是利用它才把種子附著在其他動物身上帶到遠處去繁殖的。

在這一啟示下，他想能不能利用這種有小小尖刺倒鉤的構造，製造一種一按就能黏貼住，一拉又能鬆脫開的尼龍帶？這或許比衣服上的拉鍊更方便。經過實驗研究，他終於發明了「貝爾克洛鉤拉黏附帶」（尼

龍黏扣），可代替鈕扣、拉鍊等，被廣泛用於服裝、輕工、軍事等方面，
獲得很大成功。

這不能不使人聯想到中國魯班的傳說，他也是在觀察了絲茅草齒形
葉子邊緣時受到啟發，發明了木工鋸。

引申思考這兩個相距數千年的故事卻有驚人的相似之處。

2. 可否組合

能否目標組合、原理組合、方法組合、要件組合、單元組合、訴求
組合、構想組合、材料組合⋯⋯如智慧手機組合了通訊、照相、遊戲等
功能。

3. 擴大

用擴大規模、尺寸，解決現有困難，包括更大、更高、更長、更
濃、更重、增多、更純⋯⋯如化學工業中的放大生產規模增效等。

4. 縮小

縮小現有設計來創新。如包括更小、更短、更輕、更稀、更省略、
更薄⋯⋯如電腦、手機等電子裝置等。

5. 修改

即修正現有設計，改變外觀、改變組成原料、改變輪廓、改變顏
色、改變運動速度方向等。

6. 重新調整配置

即改變順序、改變配置、改變用途、改變部件等。

315

7. **反轉**

即反轉現有設計的操作、順序、角色、方向，或調換因果來解決現有問題。

8. **替代**

即以其他物替代既有設計，包括替代動力源（如汽柴油車被電動車替代）、替代材料（如用更輕的塑膠替代鋼鐵）、替代方法（如用膜法海水淡化替代蒸發）等。

例如，日本某公司發現山路轉彎處設定的防撞車的鏡子原來是用玻璃製造，很容易被砸破，所以想用其他不易打破的如塑膠真空鍍金材料來製造，結果大獲成功，創造了巨大的商機。

9. **改變傳統眼光，發現原對象的新用途**

如用放大鏡聚光原理作太陽能的集能塔，用雷射進行晚會表演等。

愛因斯坦說過：「提出一個問題往往比解決一個問題更重要，而提出新的問題需要從新的角度思考，需要有創造性的想像力。可見發現和提出問題就等於成功了一半。」

1946 年，赫爾默、戈登在美國蘭德公司工作時，發現在討論會上常出現屈從於權威或者盲目服從多數的現象，他們將該現象稱之為會議上的「馬太效應」。為了避免這個現象，會議改為非面對面的調查問卷法 —— 由公司方擬定調查表，按照既定程式，以函件方式分別向專家組進行徵詢，而專家又以匿名方式提交意見，經過幾次反覆徵詢和回饋，使意見逐步集中，最後獲得具有很高準確率的集體判斷結果。

6.4
5「W」2「H」分析法

該方法是第二次世界大戰中美國陸軍兵器修理部首先使用的方法，追求在回答問題中創新。具體指：

1. WHAT 是什麼？目的是什麼？需要做什麼工作？
2. HOW 怎麼做？如何提高效率？如何實施？
3. WHY 為什麼？理由何在？原因是什麼？結果是什麼？
4. WHEN 何時？什麼時間完成？什麼時機最恰當？
5. WHO 誰？由誰來承擔？誰完成？誰負責？
6. WHERE 何處？在哪裡做？從哪裡入手？
7. HOW MUCH 多少？做到何種程度？數量多少？費用多少？產出多少？

對一個問題追根究柢，有可能發現新的知識，探尋深層次的矛盾和隱藏的優點、缺點，學會發明首先要學會提問。

6.5
TRIZ 法

1946 年，蘇聯海軍專利局工作人員根里奇·阿奇舒勒（Genrich Alt-shuler）在研究了成千上萬份專利後，發現任何領域的產品改進、技術變革與創新，和生物系統中的生命週期與自然進化是一樣的，都存在產

生、生長、成熟、衰老、滅亡的過程，是有規律可循的。他認為當一項
發明發展到一定程度之後，再繼續改良時，會出現這種現象：某一參數
的提高可使某一功能得到提高，卻可能使另一功能產生惡化。發明遇
到需進一步提升效能時，不同效能之間的變化會出現矛盾或衝突。這
時，人們往往利用折衷或妥協的辦法來解決，但這種折中或妥協，恰是
無法解決出現核心問題的根本原因，甚至使發明成本增加或嚴重到整體
失敗。

  阿奇舒勒把分析和解決這些矛盾的方法，和直至達到理想化的最終
結果的過程稱為 TRIZ 理論。首先他把矛盾抽成物理矛盾和技術矛盾。

1. 物理矛盾

  一般來說，這種矛盾是本質上的、不可調和的，需要把複雜性難題
進行分解，從空間、時間或尺度上分離，這才有可能會出現一個全新的
結果。如 1960 年代蘇美兩國爭先登月，需要解決合適的運載火箭難題，
當時出現的矛盾是，加大火箭的推力必須加大火箭噴嘴的數量，從而必
須加大火箭結構的複雜性，但複雜性的增加，必然會導致效能上以及可
靠性的降低。當時蘇聯解決這一矛盾的方法是折中妥協，從計算出火箭
往返所需的最小的能量出發，設計了一個必需裝備的 32 個噴嘴的巨型火
箭，總推力為 1,000 萬磅，這種推力與複雜程度的妥協，承擔了巨大的
可靠性風險，結果 N-1 火箭三次發射失敗，最終使蘇聯登月希望破滅。

  而美國在分析這一矛盾時，採取的方法是把登月在空間、時間進行
分解。即，把火箭設計成往返飛行和登月兩步。先繞月飛行，再派登月
艙往返月球與火箭之間，最後返回地球。這種難題分解同時又無縫連線
的創新方案，使所需的火箭推力大幅減少，僅需要 6 個噴嘴、150 萬磅

的火箭推力即可完成。這就大大減少了火箭的複雜性，並相應提高了它的可靠性，減少了風險，使美國順利完成了載人登月的計畫。

2. 技術矛盾

技術矛盾非實際的矛盾，是可以透過技術方法進行化解的。TRIZ 法給出了 8 個可變法則協調矛盾，40 條原理化解矛盾，以幫助發現產生矛盾的根源，並加以消除。

8 個可變法則是：

1. S 曲線進化法則；
2. 系統完備性法則；
3. 能量傳遞法則；
4. 協調性法則；
5. 提高理想度法則；
6. 子系統不均衡進化法則；
7. 動態性進化法則；
8. 向微觀級進化法則。

這些原理是阿奇舒勒從幾百萬條專利中進行歸納和總結並篩選後獲得的，實用性強。

例如：

1. 「分割」原理的應用

電腦內的檔案、圖片和影片資訊，提取、儲存、交流等操作，原來可以採用傳統光碟形式進行，但十分不方便，需要光碟燒錄機等外加裝置，能不能有更方便的操作呢？

　　1993 年，朗科科技股份有限公司的鄧國順從新加坡回國，隨身攜帶的幾張光碟，由於當地氣候潮溼導致光碟全都損壞了，這引發了他創新的衝動，「是否可以用一種新的產品來替代？」

　　他採用了「分割」思路，即把電腦的記憶體分割出來一部分，成為外層裝置，以靈活地將資訊移出移入。為此鄧國順足不出戶「閉門造盤」，用壞了 4 臺電腦，他將一個容量為 32M 的 MP3 拆抽成 4 塊 8M 的快閃記憶體晶片做出了最初的樣品，並取名隨身碟。隨身碟從 3 公尺高處落下，安然無恙，使用方便，體積小到如同鑰匙，很快在全世界得到推廣。

2. 「巢狀」原理的應用

　　2001 年，商業音樂市場正受到網路發展的巨大威脅。人們可以免費在網路上下載和分享數位音樂，CD 銷量直線下降，微軟、戴爾等廠家認為該領域已沒有潛力再可挖掘。

　　史蒂夫·賈伯斯所領導的蘋果公司卻有不同認知，蘋果公司與其他電腦公司最大的區別在於一直設法嫁接藝術與科學，其團隊擁有人類學、藝術、歷史、詩歌等人文教育背景。賈伯斯和他的團隊設計了一個可以裝進口袋的小硬碟，戴上白色耳塞，不但外觀優雅，功能鍵便捷，還可以連續欣賞儲存在其中的 1 萬首歌曲。賈伯斯說服大音樂公司以每首歌 99 美分的價格出售音樂，從而建立起了 iTunes 線上音樂商店，成功地把藝術巢狀於 IT 產業。

　　2007 年 iPhone 橫空出世，蘋果公司憑藉著創新觸控式螢幕，集合多種個性化功能。截止到 2010 年底，蘋果公司已在世界各地賣出了 9,200 萬臺 iPhone，打敗了傳統手機製造商，用賈伯斯的話來說：「微小的創新可以改變世界。」

3. 有效作用的連續性原理（功能延伸）

1940 年第二次世界大戰正處於決戰階段，德國飛機對英倫三島狂轟濫炸，而英國伯明罕大學正積極從事軍用雷達微波能源的研究工作。他們設計出一種能夠高效產生大功率微波能的磁控管，但由於戰爭原因，這種新產品無法在英國投產，他們便決定與美國雷聲公司合作。

當時在雷聲公司工作的培西·史賓賽（Percy Spencer）對此十分感興趣，一次他在接近一臺微波發射器時，身體有熱感，口袋內的糖果也被熔化了。後來再把一袋玉米粒放在波導管喇叭口前，發現玉米爆成了玉米花。於是史賓賽萌生了發明連續性延伸微波技術，從應用於雷達轉為廚房加熱爐的念頭。

他屢次變化磁控管的功率以選擇最適宜的加熱溫度。1947 年，雷聲公司推出了第一臺家用微波爐，到 1965 年，史賓賽設計成功一種耐用和廉價的微波爐，獲得巨大成功。從此微波爐走進千家萬戶，用微波烹飪食物又方便又快捷，使主婦可離開煙燻火燎的灶臺。

4. 空間維數變化原理，廉價替代

1973 年，馬丁·庫珀（Martin Cooper, 1928–）在紐約街頭，掏出一個約有兩塊磚頭大的黑色物體，打電話給他競爭對手，開啟了手機時代。

從 1973 年到 1983 年，馬丁·庫珀努力使手機的體積繼續縮小，重量更輕。到了 1983 年，他所設計的手機重量只有 450 克，可以裝到口袋裡，輕巧且使用方便，這是它被廣泛使用的關鍵。

但當時手機的價格相當昂貴，一度達到 4,500 美元，經過多方努力後才使價格不斷下降，如今全球有 80% 的人口都在使用手機。馬丁·庫

珀曾說：「我有一個夢想，就是每個人都有自己的電話號碼，你想找他，就打他本人的電話，而且可以在任何一個地方打電話。」可以說，他的夢想已經實現了。

5. 同屬性組合原理

1958 年，傑克・基爾比（1923–2005）成為得州儀器公司僱員時已經 35 歲了。他在美國南部悶熱的夏季無論如何也不願離開實驗室，因為基爾比的腦子裡形成一個天才的想法 —— 既然電阻、電容這兩種無源裝置可以用與電晶體有源裝置相同的材料製造，那麼這些部件是否可以預先在同一塊材料上組合，就地製造，並方便地連線成一個完整的電路呢？

他決定用半導體矽作為基材。他的實驗於 1958 年 9 月取得成功。當時的積體電路僅包含一個單體電晶體，他當時決不會想到，在他 2005 年辭世時，積體電路已進入到奈米級別，應用領域無所不包。

2000 年，這位 77 歲的老人因發明積體電路獲得了諾貝爾物理學獎。

6. 物理化學參數改變原理

當今世界化石能源的利用，伴隨著大量 CO_2 排放，對全球氣候變化產生不利影響，所以 CO_2 減排成為當代工業發展的重要命題。

工業界的共識認為 CO_2 減排首先要做的是節能，提高其能源轉換效率。當前化石能源轉化為電能是透過燃燒加熱介質來驅動汽輪機發電實現的。由於遠遠達不到卡諾循環的理想狀態，即便是超臨界發電的熱效率已達到 44%，但仍很難再提高其價效比。這使人們鍾情於無須熱功能轉換的動力體系，如水力發電。

開發以非化石能源為源頭的、無須熱功轉換的動力體系，具有較高的能源轉換效率，如燃料電池發電、太陽能電池等，屬於破壞性創新的範疇。

　　TRIZ 方法在獲得廣泛認同後，迅速向全球擴充套件。

　　1985 年後，部分 TRIZ 專家移居美國，使該方法得到進一步普及，並使更多人意識到創新首先要消除心理慣性。俄羅斯學者迪莫霍夫把生物學、生態學和數學與 TRIZ 理論相結合，使之獲得進一步發展。例如：響尾蛇的鼻子和眼睛之間的窪處有一個感應紅外線的器官，對溫度十分敏感，能感應出攝氏 0.0001 度的溫差變化，人類對溫度的變化能感知度僅為攝氏 0.1 度。利用響尾蛇器官的功能原理，解決了空對空導彈追蹤敵機尾部噴氣口熱源的導彈設計難題。

7 願景

VISION

要立於世界先進民族之林，自主創新是唯一出路。

7.1
科技創新能力是國際競爭的主要展現

　　一個國家的經濟實力、國防實力、民族凝聚力構成了一個國家的綜合國力，綜合國力最終決定於科技水準，而決定科技水準的是人才的素養，人才素養的主要表現就在創新能力上。

　　其實在早在 2005 年，美國科學院曾在給國會諮詢報告中就明確指出：隨著高級知識在全球擴散和低成本勞動力的出現，美國在市場、科學和技術方面的優勢受到侵蝕，不強力鞏固美國的競爭力基礎，美國將很快失去自己卓越地位；主張已開發國家可透過科技高速發展，壟斷高階市場，獲取比較優勢；（企圖）再用第二次世界大戰前透過暴力達到目的的手段，已不是最有力的手段了。國家間競爭的主要形式將是用技術壟斷、智慧財產權、環境門檻等，來保持其優勢。到了 2010 年，美國科學院、工程院、醫學科學院三個最高學術機構，再次簽署向國會、總統的諮詢檔案，重新強調原有觀點，而且稱已經要迎接颶風了。

　　可見要邁向先進的康莊大道，自主創新是唯一出路。

7.2
美國創新策略的三次變化

　　2007 年，美國總統簽署了一項法案，這一法案的主題之一是加強美國創新策略，並把國家科學基金會（NSF）經費從 2006 年的 56 億美元增

加到 2011 年的 112 億美元。為此,在 6 年內,其創新策略的表述還三次作了更改。

美國經歷 6 年實踐,三易其稿,打造其國家創新策略,提供了一個頂層和基層相互呼應、創新要素與國家策略相互交織的案例,可供我們參考。

7.3
對未來創新的重點領域的暢想

對於未來創新科技發展,人們有著許多美好憧憬。新技術會在許多領域改變人類社會的格局,會擁有改變人們生活方式和價值觀的潛力。許多個人或機構都曾做過預測,全球研究機構就曾對技術進步方向做過多種構想,有些已經被證實,有些仍在人們的期待中。如 3D 列印、自動或半自動交通工具、儲電和電動汽車,都已經變成為現實,5G 網路也正在建設中。

近十幾年來,人們從不同角度、不同的社會需求,對未來創新發展的方向分別進行論述,難於進行邏輯歸納,僅列舉如下:

1. 美國國家工程院(NAE)於 2008 年對未來工程創新提出如下 14 項工程大挑戰,作為目標和願景。

1. 經濟實用太陽能開發;

2. 核能源;

3. 經濟的 CO_2 封存技術;

4. 管理氮循環；

5. 提供清潔用水，全球水管理；

6. 重建改善城市基礎設施；

7. 推進健康資訊學；

8. 研製更有效藥物；

9. 腦科學；

10. 防止核恐怖；

11. 確保網路安全；

12. 增強虛擬現實；

13. 推進適性化學習；

14. 設計科學探索工具。

　　這中間，整體目標是延續地球上的生命，讓世界可持續發展，更安全、更健康、更快樂。為了完成上述工程大挑戰，美國國家工程院於 2016 年又提出「大挑戰學者計畫」，除了在開發中要跨學科合作、融合多元文化，還要以市場為導向，綜合培養創造者，包括團隊合作及高等技能訓練，以解決 21 世紀最緊迫的全球性問題。

　　該計畫所提出的 14 項工程大挑戰，雖然沒有內在的邏輯關係，甚至互不相干，但也可以為未來工程創新提供大致的參考目標。

　　2. 麥肯錫全球研究院（McKinsey Global Institute）2013 年前曾公布了一份研究報告，其中列出了 12 項將會改變全球經濟的破壞式技術，同時還包括了量化分析，對認識破壞式技術對創新的影響具有重要意義。麥肯錫機構認為，未來 10 年（2015–2025 年）裡，對經濟發展有著重要意義的技術，將是那些正在蓬勃發展的技術，如正在已開發國家和新興市場快速發展的網路、電腦合成聲音及處理客戶服務電話的高度自動化

系統、將感測器嵌入物理對象以監控工廠產品流動的「物聯網」，以及雲端計算等。麥肯錫預測，這些領域內的每一項創新，到 2025 年至少都將為世界經濟帶來 1 兆美元的效益。猜想到 2025 年，這 12 種技術的應用每年產生的潛在經濟效益，將達到 14 兆美元到 33 兆美元之間。

這 12 項破壞式技術分別為：

1. 行動網路。幾年內網路相連，將有數億人手中擁有智慧手機，可穿戴裝置也為商業企業和公共部門創造更多提高工作效率的機會，行動網路將全球幾十億人緊密連繫起來。

2. 知識型工作自動化。人工智慧、機器學習能力及更人性化的使用者介面，可使機器人承擔曾被認為無法實現的自動化工作，這將給知識性工作帶來巨大的變化。

3. 物聯網。透過在機器和其他物理對象中嵌入感測器和執行器，能夠將物質世界融入網路世界，如監測產品流通、農田電腦管理、病患遠端護理等。

4. 雲端計算技術。雲端計算可使電腦應用或服務都可透過網路提交，可使網路服務爆炸性成長，應對突發事件時可擁有更大靈活性和處理能力。

5. 先進機器人技術。人工智慧、機器對機器的通訊及感測器和執行器等技術的發展，感官能力更強、更敏捷，智慧化程度更高的機器人會出現。

6. 新一代基因組技術。透過 DNA 書寫技術來定製生物體、生物酶催化劑，基因科學對醫藥、農業等帶來深遠影響。

7. 自動或半自動交通工具。從戰場上的無人機到無人駕駛汽車的機器視覺、感測器、執行器效能會迅速提高，將給運輸帶來巨大變革。

8. 能量儲存技術。先進電池儲存有助於太陽能、風能等不穩定的能源納入電網，為電動車創造更大發展空間。

9. 3D 列印技術。3D 列印可使產品更能按客戶個性化要求生產產品，大幅降低製造商庫存成本，科學家可以「生物列印」出人體器官。

10. 先進材料。先進材料可以滿足先進製造業需求，提供更強、更耐熱、更耐蝕、更輕質、更導熱、更導電、更高磁性、更韌、更硬、更耐磨等先進材料，以及各種奈米材料、自修復材料等。

11. 先進油氣田勘採技術。水平鑽井和水力壓裂技術已廣泛使用於頁岩氣開發，發現並開採更多化石能源和甲烷水合物、深層礦藏等。

12. 可再生能源。太陽能、風能、水力能、波浪能、地熱能等，可視為可持續性使用的不枯竭能源，甚至人造樹葉等直接把水和 CO_2 轉化成化學品。

這 12 項技術的預測，有些已經或正在變為現實。

除了麥肯錫全球研究所關注的 12 項破壞式技術之外，尚有：

1. 新一代核裂變技術，向安全、穩定技術發展，是世界重要的非 CO_2 排放能源重大研究方向。

2. 核能潛力巨大，研究在快速進展中，核聚變所用重氫等材料資源宏大，可以說取之不盡、用之不竭，而且無核汙染問題，是人類能源利用的最高夢想。

3. CO_2 的封存技術、水淨化技術等，可使人類生態環境有重大改善。

4. 私人太空技術等。

在基礎科學研究方面，顛覆性的發現，必為工程技術的顛覆性發展奠定基礎。

天文學方面也面臨著挑戰。

總之，各方面的領域都在等待突破性進展，都在醞釀著破壞性創新。

3. 中國在 2008 年舉辦了「紀念望遠鏡發現 400 週年國際學術研討會」。回想 1608 年荷蘭眼鏡商漢斯‧利帕希（Hans Lippershey）曾將兩塊透鏡固定在一個金屬管子裡，製成了最早的望遠鏡，1611 年伽利略改進瞭望遠鏡，並發現了木星有 4 顆衛星，金星有盈虧等系列天文觀現象。

而今天科學家對未來天文學有何期待呢？會議上曾有過下列預測：

（1）微波背景輻射提供了宇宙年齡 400,000 年時的影像，那時宇宙基本沒有結構，更沒有星系、恆星、行星，也沒有比鋰元素更重的其他元素。問題是在暗物質和暗能量的主導的引力勢阱作用下，今天的複雜的天文世界是如何形成的？

（2）暗能量占宇宙中總能量的 70%，關於暗能量的本質及數值描述，除了一些泛泛的理論假設，沒有任何令人信服的解釋。

（3）對類地行星和生命的探測。早在 2,500 年前，希臘哲學家就開始思考這一問題。目前已探測到超過 4,000 顆太陽系外行星，如圍繞著 HR8799 的恆星（距地球 128 光年），有三個質量為木星 5 ～ 10 倍的行星。隨著空間望遠鏡、超大型地面望遠鏡的發展，對系外行星的研究有望對人類在宇宙中是否可能有同類生物給出回答。

美國國家航空暨太空總署（NASA）曾釋出報告稱，在美國加利福尼亞州莫諾湖中發現了一種細菌，它可以用「砷」取代「磷」來維持存活，此前因為砷是劇毒物，一直被認為不太可能作為生命的基本構成元素。這項發現足以改變人類對地球上生命系統執行的認識。

莫諾湖是西半球最古老的湖泊之一，在滄海桑田的變遷中，形成了

高鹽、高鹼、高砷的特殊環境。這種細菌頑強地生存下來了，在元素週期表中砷、磷屬於同族，有許多類似的化學特性，而在生物體相互替代。在一些極端條件下，某生物中的磷被砷替代參與生命代謝和生物結構，似乎合乎情理。

生命的可能性總是超乎人類的想像，在其他行星上有完全不同於地球的環境，既然已發現砷可替代磷，那麼「矽」代替「碳」為什麼就不可能呢？那麼我們尋找「地外生命」的視野是否應該更寬闊？

（4）尋找人類宜居行星。如果能宜居，則該行星應具有適宜的溫度，地表有液態水和有大氣層。對人類是否有可能移居的其他行星，一直是一個浪漫的科幻話題。

4. 中國科學技術協會在 2019 年第 21 屆年會上，提出了 20 個有待突破的重大科學問題與工程技術難題。這些課題既和民生息息相關，又有面向未來的策略意義，它們是：

1. 暗物質粒子研究；

2. 對雷射核聚變新途徑探索；

3. 單原子催化劑催化反應機理；

4. 高能量密度動力電池材料；

5. 情緒意識產生的根源；

6. 細胞器之間的相互作用；

7. 單細胞多組學技術；

8. 廢棄物資源生態安全利用技術整合；

9. 全智慧化植物工廠關鍵技術；

10. 近地小天體調查、防禦與開發問題；

11. 大地震機制及其物理預測方法；

12. 原創藥物靶標發現的新途徑與新方法；
13. 中醫藥臨床療效評價創新方法與技術；
14. 人工智慧系統的智慧生成機理；
15. 氫燃料電池動力系統；
16. 可再生合成燃料；
17. 綠色超音速飛機設計技術；
18. 重複使用航天運輸系統設計與評估技術；
19. 公里級深豎井全斷面掘進技術；
20. 海洋天然氣水合物和油氣一體化勘探開發機理和關鍵工程技術。

　　這 20 項技術。雖然意義價值和學術難度相差較大，各有不同，但也反映學者對各學科、各領域的一些關注點，可供參考。

　　5. 生命科學的第三次革命。

　　蘇珊‧霍克菲爾德（Susan Hockfield），美國麻省理工學院（MIT）校長，她曾經在美國科學進步協會上作了「下一輪創新革命」的學術報告，對生命科學的發展進行了分析，提出了她的觀點：

　　生命科學第一次革命是指 1953 年華生和克里克提出的 DNA 雙股螺旋結構所開創的分子生物學，它的發展揭示了 DNA 的遺傳編碼資訊是如何轉錄成 RNA 密碼，並在蛋白質內行使各種生物學功能。

　　生命科學第二次革命是基因組學的創立和發展，由於先進醫療診斷器械如 CT（電腦斷層掃描）、MRI（核磁共振成像）、PET（正子斷層造影）等的應用，生物醫學取得驚人的進展。人類基因組計畫的實施不但需要新的強大基因測試技術，也需要數學科學家的合作。

　　生命科學的第三次革命是指工程、物質科學和生命科學的融合和相輔相成。第三次生命科學序幕的拉開可從三個例子來描述。

1. 「奈米機器」用於儲藏、輸送抗癌藥物，並在光的驅動下，直接釋放藥物攻擊癌細胞，而抗癌藥物釋放量等可以透過光強度、波長和照射時間來精確調控，美國加利福尼亞大學洛杉磯分校在這方面已取得了很好的成績。

2. 利用病毒（如 M13 噬菌體）的屍體作為範本，沉積上有蓄電效能的六氟磷酸鋰奈米粒子，和有導電作用的石墨烯或奈米碳管，作為製造鋰電池電極材料，該項技術在美國麻省理工學院已取得突破。

3. 麻省理工學院學者利用基因組學技術詮釋了海洋微生物生態系統，為人類了解、監控環境和氣候變化提出了一個新的方法。這是一個學科交叉、產業融合的生命科學發展的嶄新革命。

6. 破解資訊時代的困惑。

人類社會已經進入資訊時代，資訊的爆炸式成長對社會進步有著重大推動作用。首先，哲學家必然對資訊本質的定義進行研究，哲學領域中曾對資訊給出過三種解讀：

1. 把資訊僅僅作為物質的某種存在方式或屬性，從而將其簡單歸結為物質現象，不承認其自身存在的獨立性。

2. 把資訊直接看作是精神的代名詞，而非物質的。

3. 把資訊看作是與精神和物質不同的，具有獨立存在意義的一個全新世界。近年來，人們意識到客觀事物在相互作用中，普遍存在著各式各樣的事物的自身顯示，以及相互對映、相互表徵普遍連繫的複雜關係。該現象使世界整體本身都已經被二重化了，它們都既是物質體，又是資訊體，並且這兩個世界又是鑲嵌在一起的。所以在我們涉及資訊思維、加工、改善處理創新時必須具有哲學認知。

　　資訊是否可以在人腦和電腦之間建立連繫，是正在研究並取得初步成果的領域。完成腦機互動，就是可以直接提取大腦神經訊號來控制外部裝置，從技術上腦機介面技術可分為侵入式和非侵入式，兩者各有優缺點。

　　各國科學家在腦機介面領域已取得一些進展。美國範斯坦醫學研究所宣布，他們在一位四肢癱瘓患者的大腦中植入晶片，可使癱瘓患者手臂重新活動，完成抓握、轉腕、攪拌等動作，甚至還可以彈吉他。美國匹茲堡大學科學家在實驗中，令癱瘓病人操作機械手完成簡單動作。

　　但另一方面，人工智慧已取得了驚人的成績。AlphaGo 於 2016 年戰勝了世界圍棋冠軍李世石，這應是人工智慧史上一座新的里程碑。美國電腦學會（ACM）將 2019 年 ACM 計算獎授予 AlphaGo 開發團隊的領導者大衛·席爾瓦（David Silver），以表彰他將電腦用於遊戲和對弈中的突破性進展。

　　人機對弈並不是首例，1997 年 IBM 公司的機器人「深藍（Deep Blue）」曾擊敗了當時的西洋棋冠軍加里·卡斯帕羅夫（Garry Kasparov），一時震驚了學術界。

　　「深藍」的演算法核心是暴力搜尋，其原理是生成盡可能多的下棋走法，執行盡可能深的搜尋。它可以快速削減搜尋路徑，並不斷對局面進行評估，找到最優走法，這依靠的是電腦的強大能力。嚴格地講，這是電腦的勝利，不是人工智慧的勝利。

　　圍棋是一項變數極多、充滿不確定性的競技運動。下每步棋的可能性選擇都是一個幾乎無窮盡種類的量級。理論上講，如果不考慮限制條件，棋盤上的狀態共有 361 種，下法可選方案共有 361 的階乘，這個數字約等於 10 的 768 次方，幾乎是天文數字。人類已知宇宙中的原子數目

總量與之相比較也相形見絀，所以要戰勝圍棋高手，就需要另闢蹊徑。

席爾瓦團隊報告的新版程式 Alphago Zero，從空白狀態學起，在不利用人類任何圍棋比賽數據作為訓練數據的條件下，能夠迅速透過 2900 萬次自我博弈來自學圍棋，並以 89：11 的戰績擊敗自己的「前輩」。

所以 Alphago Zero 戰勝對手主要依靠的是強化學習、深度學習和蒙地卡羅樹搜尋的「三駕馬車」的並駕齊驅作為核心技術。這些技術成功的應用，推動了其他領域包括機器人、智慧駕駛、智慧製造、電力改善配置、量化金融、智慧醫療等應用領域的進步。

不過 Alphago Zero 的勝績不代表人工智慧的全部，它還只是人工智慧發展的初級階段，因為 Alphago 的方法，在明確定義的環境下效果明顯，如在圍棋等具有明確評判制度的遊戲中表現出色。但是在某些難以量化，更具有開放性、隨機性的情景在就會有困難，如自動駕駛，涉及技術鏈條長，包括定位、感知、預測、決策、規劃和控制等，若想有全面完成駕駛的人工智慧，還需有更多的研究。

但人工智慧目前所取得的成果均是建立在以下條件下的，它們都滿足了下面的 5 個條件，即①必須有豐富的數據或知識的支持；②資訊供給必須完全；③資訊必須確定；④過程必須是靜態的；⑤任務須是單一和有限領域的。否則，目前的人工智慧是無法靈活應對不完全資訊博弈的。如目前人工智慧就不行打麻將，因為它是屬於通用人工智慧，這種智慧要能跟人類的智慧相近，要有推理能力，要能應對突發事件，要可應對無法精確描述的感性表達。

3,000 年前，奇書《穆天子傳》中（原文載於〈列子．湯問〉），古人曾對智慧機器人有過一個超前的想像：

周穆王西巡狩，越崑崙，不至弇山。反還，未及中國，道有獻工人名偃師，穆王薦之，問曰：「若有何能？」偃師曰：「臣唯命所試。然臣已有所造，願王先觀之。」穆王曰：「日以俱來，吾與若俱觀之。」翌日偃師謁見王。王薦之，曰：「若與偕來者何人邪？」對曰：「臣之所造能倡者。」穆王驚視之，趨步俯仰，信人也。巧夫！領其顱，則歌合律；捧其手，則舞應節。千變萬化，唯意所適。王以為實人也，與盛姬內御並觀之。技將終，倡者瞬其目而招王之左右侍妾。王大怒，立欲誅偃師。偃師大懾，立剖散倡者以示王，皆傅會革、木、膠、漆、白、黑、丹、青之所為。王諦料之，內則肝膽、心肺、脾腎、腸胃，外則筋骨、支節、皮毛、齒發，皆假物也，而無不畢具者。合會復如初見。王試廢其心，則口不能言；廢其肝，則目不能視；廢其腎，則足不能步。穆王始悅而嘆曰：「人之巧乃可與造化者同功乎？」詔貳車載之以歸。夫班輸之雲梯，墨翟之飛鳶，自謂能之極也。弟子東門賈、禽滑釐聞偃師之巧以告二子，二子終身不敢語藝，而時執規矩。

上述文字大意如下：

偃師周穆王向西巡狩的時候，曾經在遙遠的異域遇見奇人偃師。偃師是古代傳奇中最神奇的機械工程師，他曾獻給周穆王一個比起現代機械人還要出色的人偶。偃師造出的人偶酷似常人的外貌，周穆王一開始還以為只是偃師的隨行之人，經過偃師的解說，才讓這位神性極強的名王也驚奇萬分。那人偶前進、後退、前俯、後仰，動作和真人無一不像，掰動下巴，則能夠曼聲而歌，調動手臂便會搖擺起舞，讓旁觀者驚奇萬分，周穆王看得有趣過癮，還讓寵姬一起出來觀看。表演將畢，那人偶卻向周穆王的寵姬拋了拋媚眼，讓周穆王勃然大怒，一心認定這個

靈活宛似活人的東西本就是個不折不扣的真人，便要將偃師當場處決。偃師卻將人偶立刻拆開，發現它只是由皮革、木頭、膠漆、黑白紅藍顏料組成的死物。周穆王趨前細看，人偶的內部器官俱有，外邊則是筋骨、關節、皮毛、牙齒、頭髮一應俱全，但卻都是假物，一經組合，卻又是一個活生生的人偶，將人偶的心拆走，人偶便無法說話，拆走肝則眼目皆盲，將它的腎拆走，就無法走路。

最後，周穆王心悅誠服，大嘆偃師技法的高超。

何時能在現實社會出現偃師這樣的能人，機器人也能暗送秋波，眉目傳情，使人墜入愛河呢？總之人工智慧才剛剛起步，離真正的 AI 還很遙遠。

7. 腦科學破解思維的奧祕。

科學家試圖深入了解人腦在資訊判別、記憶處理乃至靈感閃現瞬間腦部的活動，了解靈感的一種突然的頓悟。這種頓悟是一連串激烈而複雜的腦部反應累積後迸發的，與系統推理相比，可能需要更多神經活動。

腦部掃描研究顯示發現，當自己不知道在想什麼、在走神時，腦部活動可能是最劇烈的，「用靈感來解決問題與用分析來解決問題，具有本質上的區別」，美國費城德雷賽爾大學心理學家約翰·庫尼歐斯（John Kounios）這樣認為：「這是因為這牽涉到不同的腦部執行機制。」

哥倫比亞大學一位教授懷疑：「人的腦子在走神時，可能會比理性思考時產生更多新主意，出現更多出乎意料的思維融合，這也許為新思想的誕生創造了一個精神平臺。」研究發現腦電波中的 γ 波爆發前，幾乎總伴隨著控制視覺的 alpha 波的強度變化。這表明，腦部在靈感出現前，有意抑制神經細胞的活躍度，就像我們集中注意力時會有意識地閉上雙眼，這是為降低腦中的雜波，保護好新思想的萌芽。

　　當然這些表象學的研究成果，一方面引起了我們極大的興趣，另一方面也提示我們，對具體思考、抽象思考，以及對頓悟過程發生、發展的科學原理等的認識，可能需要未來很艱難的探索過程。

　　一種名為 DICI 的基因是目前公認的一個和思覺失調症關係最密切的基因。美國約翰‧霍普金斯大學科學家在《細胞》（Cell）雜誌上發表文章，說明 DICI 基因的一項新功能，他們發現這種基因能對成年小鼠大腦內新生成的神經細胞進行調控，如果此基因出了問題，那麼新生成的腦細胞就會失控，隨機地（而不是有條理地）與現有的神經網路進行結合，這些新細胞的樹突數量也會相應增加，而且非常容易被刺激，換句話說，缺乏這個基因的小腦很容易失去控制，變得「混亂」。

　　對於人而言，缺乏 DICI 類似基因會引發患者產生幻覺，行為偏執，甚至產生嚴重影響患者正常生活的症狀。這種病在全世界發病率保持在 1% 左右，這比率在遺傳病中算是相當高的了。

　　數學家約翰‧奈許（John Nash）認為，這種現象會使大腦更加富有想像力，也就更富有創造力，奈許本人就是這樣一個例子。他一生都在和思覺失調症鬥爭，但卻運用他非凡的數學才能在經濟學博弈論領域作出優異的貢獻，獲得了 1994 年的諾貝爾經濟學獎。

　　奈許絕不是歷史上唯一的一個具有思覺失調症的奇才，梵谷和牛頓都曾經患過思覺失調症。另外，世界最著名的科學家愛因斯坦、詹姆斯‧華生都有一個患了思覺失調症的兒子，那這兩個科學家體內是否都攜帶了某個能夠致病的基因缺陷？科學界一直有一個假說，認為人類很多疾病是進化過程中的副產品，認為導致思覺失調症的基因欠缺可能使人更加富有創造力，並且反而成了遺傳優勢，這種猜想果真是正確的嗎？這也有待於腦科學發展和進一步探究。

要查明人類大約在 1,350 立方公分腦容量、1400 克腦重量的複雜生物器官中，包含約有 860 億個神經元、10^{14} 個大腦突觸和 17 萬公里的神經纖維之間的工作機制，其複雜性和難度肯定會需要時日的。人腦若充分利用，可儲存 50 億本書的資訊，相當於世界最大美國國會圖書館的 500 倍，人腦細胞每秒鐘可完成 1,000 億次的資訊傳遞和交換，一般人大腦開發利用程度僅有 10% 以下。可以想像一旦人類將大腦皮層中沉睡的細胞全部喚醒，將創造一個何等全新的世界。

8. 最新宇宙觀的啟示。

1917 年，愛因斯坦將廣義相對論公式應用到整個宇宙，想看看能否得到對宇宙本質的新認識。他十分驚訝地發現，用公式算出的宇宙是正在膨脹的。當時科學家們的共識是，相信宇宙是靜止不變的，宇宙膨脹的理論似乎是荒謬的。這時愛因斯坦覺得唯一的選擇是引進一個附加因素「宇宙學常數」。到了 20 世紀 20 年代晚期，天文學家意識到他們錯了，宇宙的確在膨脹，事實上，愛因斯坦所新增的這個「宇宙常量」恰恰反映出宇宙正在膨脹的觀測事實，「宇宙學常數」也恰好反映宇宙「暗能量」的存在。

最先進的宇宙認識來自最新的宇宙觀測和發現。斯隆數字巡天觀測結果分析星系團行為時發現了一種暗能量，它是一種斥力，正驅動著宇宙加速膨脹。人類所認識的物質世界僅占宇宙整體構成的約 4%，其中重元素占 0.03%，微中子占 0.3%，星系物質占 0.5%，自由氫和氦占 3.17%。還有 96% 的成分，竟是人類還不了解的暗物質（占 23%）和暗能量（占 73%）。科學界希望透過對它們的科學認識，能形成人類新的時空觀、運動觀、物質觀，這將對未來整個自然科學和哲學發展，產生難以估量的革命性影響。

　　總之，人類對未知世界充滿了好奇和憧憬，尋求突破和創新，每個人都有各自闡述的關切重點。但科學家、工程師、藝術家前進中走到某一個境界時，會不會遇到佛法中所謂的「所知障」而難以突破？如過去開發飛行器時曾遇到過的「音障」，而天文觀測是否可能遇到「光障」，誠如史蒂芬‧霍金在《新時間簡史》中認為的那樣。「史蒂芬‧霍金光錐」以外的宇宙，應該是哲學家的趣味命題，也是科學家、工程師永恆追求的夢想。

　　人類從創新中誕生，必在創新中成長！

參考文獻

[01] 詹姆斯・D・華生。基因・女郎・伽莫夫 —— 發現雙股螺旋之後 [M]。鍾揚，等譯。上海：上海科技教育出版社，2003。

[02] 伯頓・霍爾德曼。諾貝爾獎 [M]。楊群，等譯。長沙：湖南科學技術出版社，2016。

[03] 楊振寧。什麼是創新 [J]。清華人（雙月刊）。2008, 5(28):18。

[04] 華覺明。中國四大發明和中國24大發明 [N]。中國智慧財產權報，2008-10-29(11)。

[05] 尤瓦爾・赫拉利。人類簡史 [M]。林俊宏，譯。北京：中信出版集團，2017。

[06] 伊利亞・普里高津。未來是定數嗎？ [M]。曾國屏，譯。上海：上海科技教育出版社，2005。

[07] 魏鳳文，武軼。科學史上的365天 [M]。北京：清華大學出版社，2018。

[08] 蓋瑞・祖卡夫。像物理學家一樣思考 [M]。廖世德，譯。海口：海南出版社，2011。

[09] 恩斯特・彼得・費舍爾。科學簡史 [M]。陳恆安，譯。杭州：浙江人民出版社，2018。

[10] 王渝生。世界科技一百年 [J]。科學中國人，2001, 3-2012, 11。

[11] 埃爾溫・薛丁格。生命是什麼 [M]。羅來鷗，羅遼復，譯。長沙：湖南科學技術出版社，2018。

[12] 奚啟新。錢學森傳 [M]。北京：人民出版社，2014。

[13] 艾倫‧查爾默斯。科學及其編造［M］。蔣勁松，譯。上海：上海教育出版社，2007。

[14] 沈銘賢。科學觀 —— 現代人與自然的對話［M］。南京：江蘇科學技術出版社，1988。

[15] 尼古拉斯‧雷舍爾。複雜性 —— 一種哲學概觀［M］。上海：上海科技教育出版社，2017。

[16] 戴汝為。現代科學技術體系與大成智慧［J］。中國工程科學，2008, 10(10):4。

[17] 中國工程院教育委員會。國際工程教育前沿與進展 2019［R］。浙江大學科學發展策略研究中心，2019。

[18] 史蒂芬‧霍金。時間簡史［M］。許明賢，吳忠超，譯。長沙：湖南科學技術出版社，1988。

[19] 張益唐。我成功的三個「祕訣」［N］。中國科學報，2019-8-6(9344)。

[20] 金湧，魏飛。Multi-phase Chemical Reaction Engineering and Technology [M]。北京：清華大學出版社，2006。

[21] 張小平，白本鋒。與諾獎同行 與大師對話［M］，北京：清華大學出版社，2017。

[22] 孫永旭。百則偶然科技發明［M］。北京：科學出版社，2001。

[23] 陳佳洱。建設科學強國，努力成為世界主要科學中心［R］。中國工程院諮詢專案報告，2018, 10。

[24] 馬丁‧奧利弗。哲學的歷史［M］。太原：希望出版社，2003。

[25] 金湧，J Arons。資源‧能源‧環境‧社會 —— 循環經濟的工科科學基礎［M］。北京：清華大學出版社，2009。

[26] 金湧，朱兵，陳定江。低碳經濟的工程科學原理［M］。北京：化學
　　　工業出版社，2012。

[27] 尤瓦爾·赫拉利。未來簡史［M］。北京：中信出版集團，2017。

[28] 徐健吾。溯因推理及其在行為科學研究中的方法論前景［J］。科學
　　　與社會，2019, 9(4):39。

[29] 楊建鄴。科學大師的失誤［M］。北京：北京大學出版社，2020。

[30] 郭奕玲，沈慧君。諾貝爾獎的搖籃：卡文迪許實驗室［M］。武漢：
　　　武漢出版社，2000。

跋

耄耋之年，為擴大閱讀範圍，不時鑽進圖書館，以廣泛翻閱古今中外各種典籍以為自娛，但常也未能求得甚解。

冥想呆坐時，回想自己自 1959 年入職中國科學技術大學，至 2019 年從清華大學退休，舉凡 60 年，在以「得天下英才而教之」自許的兩所大學任教，為爭得學術上的一席之地且又不誤人子弟，從不敢平庸敷衍。

自己面對的學子皆是未來國家工程開發的棟梁，聰明靈慧，自學領悟能力強，如照本宣科很難滿足其對知識的飢渴。

在思索中外學術大師在發現、發明、創新和創業中，獲得巨大成功的背景和過程，若能讓授課回歸到科學技術史上那些偉大時刻，與發明家一起去觀察、思考、理解和解讀他們所創造出來的知識，倘更能了解他們的知識結構、悟性、修養、素養對激發創新思考能力的作用，並進行深入剖析，常常會使課堂活躍，獲得較好的效果。

近年來，為順應時代的需求，自己漸漸迸發出對科普的興趣，以一孔之見根據授課心得撰寫了此書，不是側重弘揚大師們的偉大成就，也不是單純闡明重大學術成就的內涵，而是想窺探學術大師們的內心世界和人生真諦，這或許對正在激流勇進的青少年讀者創新、創業有所裨益。所以撰寫之初的立意為：

1. 講授知識，更是以知識為載體，講述故事的前因後果，來龍去脈；
2. 著重於創新知識形成的科學和社會背景，講述知識傳承中大師們的縱向碰撞；

3. 學術大師們之間的橫向互動、影響和交流；

4. 學術大師們生活、成長的學術背景；

5. 學術大師們的思維脈絡和研究方法；

6. 學術大師們的素養與品格；

7. 學術大師們創新中的內心活動；

8. 創新、創業的一些基本概念；

9. 創業中的一些技巧；

10. 當今時代對創新、創業的渴求及創新、創業對社會發展的巨大推動。

本書希望以最少的泛泛說教，更多的故事案例分析，從更深層次、多角度啟迪讀者內在的創新潛質。

雖然近年來多次與大、中學生，研究生討論科技創新課題，進行過師生交流，並在各地做過百多場有關的科普報告，不斷收集和累積了一些素材，但在提筆撰寫此書時，仍深感知識面狹窄，對許多數據理解深度有限，恐立論偏頗，志大而才疏，甚至不免謬誤，乞望讀者指正。

金湧

科技啟示錄，從想像到實現，一窺發明與創新偉人的思維世界：

從哈里森的航海鐘到愛因斯坦的相對論！跨越學科對話，孕育創新火花

編　　著：金湧
發 行 人：黃振庭
出 版 者：崧燁文化事業有限公司
發 行 者：崧燁文化事業有限公司
E-mail：sonbookservice@gmail.com
粉 絲 頁：https://www.facebook.com/sonbookss/
網　　址：https://sonbook.net/
地　　址：台北市中正區重慶南路一段六十一號八樓 815 室
Rm. 815, 8F., No.61, Sec. 1, Chongqing S. Rd., Zhongzheng Dist., Taipei City 100, Taiwan
電　　話：(02)2370-3310
傳　　真：(02)2388-1990
印　　刷：京峯數位服務有限公司
律師顧問：廣華律師事務所 張珮琦律師

-版權聲明

定　　價：475 元
發行日期：2024 年 04 月第一版
◎本書以 POD 印製

國家圖書館出版品預行編目資料

科技啟示錄，從想像到實現，一窺發明與創新偉人的思維世界：從哈里森的航海鐘到愛因斯坦的相對論！跨越學科對話，孕育創新火花 / 金湧 編著 . -- 第一版 . -- 臺北市：崧燁文化事業有限公司 , 2024.04
面；　公分
POD 版
ISBN 978-626-394-170-0(平裝)
1.CST: 科學家 2.CST: 傳記 3.CST: 發明
309.9　　113003881

電子書購買

臉書

爽讀 APP